“十四五”国家重点出版物出版规划项目
智能机器人基础理论与关键技术丛书

面向任务的变胞机构动态性能设计理论

王汝贵　陈辉庆　著

科学出版社
北　京

内 容 简 介

本书介绍面向任务的变胞机构系统动态性能设计理论与方法，基于变胞机构的优点，以自动化生产线中码垛机器人为应用背景，将面向任务的变胞机构运动学、尺度优化、轨迹规划、动力学、动态稳定性、可靠性等方面的研究进行有机整合。全书共8章，主要涉及变胞机器人机构设计与尺度优化、变胞机器人轨迹规划、变胞机构系统动力学建模与模型解析、变胞机构系统动态稳定性分析、变胞机构系统可靠性分析、变胞式码垛机器人性能分析试验等内容。

本书为变胞机构的工程应用提供了理论支撑，可供高等院校机械工程、机器人工程等专业的高年级本科生、研究生以及相关领域科研人员参考。

图书在版编目(CIP)数据

面向任务的变胞机构动态性能设计理论 / 王汝贵, 陈辉庆著. -- 北京 : 科学出版社, 2025. 3. --（智能机器人基础理论与关键技术丛书）. -- ISBN 978-7-03-080707-6

Ⅰ. TP242.6

中国国家版本馆CIP数据核字第2024FA5951号

责任编辑：朱英彪　王　苏 / 责任校对：任苗苗
责任印制：肖　兴 / 封面设计：有道文化

科学出版社出版
北京东黄城根北街16号
邮政编码: 100717
http://www.sciencep.com
北京中科印刷有限公司印刷
科学出版社发行　各地新华书店经销
*
2025年3月第　一　版　开本：720 × 1000　1/16
2025年3月第一次印刷　印张：14
字数：282 000

定价：128.00元

（如有印装质量问题，我社负责调换）

序

Metamorphic Mechanisms 一词于 1998 年在国际上被提出，次年我和中国工程院院士张启先共同将其译成变胞机构，并引入中国。由于变胞机构源于生物进化原理，来源于艺术折纸，具有变拓扑、变自由度特征，在国内外掀起了研究的热潮，出现了许多新机构。2009 年的首届国际可重构机构与可重构机器人大会将这一大类机构概括为可重构机构，由此形成了可重构机构大领域、变胞机构子领域。这些机构的研究成为机构学的一个新领域，多年的研究构造了变胞机构学的理论体系。

机械自动化水平逐步提高，对工业机器人的功能需求也随之增加，变胞式工业机器人的优势逐渐体现。变胞机构具有构态变换、运动方式比传统工业机器人复杂等特点。在面向任务的变胞机构构态变换过程中，机构中构件间的合并或分离，使得系统产生内冲击力。这种内冲击力以及工作任务载荷的随机性将给机构系统带来较大的振动干扰，严重时会导致系统失稳，影响机构系统的工作安全性和可靠性。为提高变胞式工业机器人的工作效率，尽可能发挥各个构态的优势，需要重点关注变胞机构构态变换时的动态稳定性、动态可靠性及相关的轨迹规划问题，这些是变胞机构工程应用的重要方面，是变胞机构在实际工程中广泛应用所迫切需要研究的内容，也是推动变胞机构研究取得深入发展的必要工作。

王汝贵教授及其团队对这些问题进行了十多年的研究，在面向具体工程任务的变胞机构动态性能设计理论方面取得了初步的成果，在考虑构态变换内冲击力影响下的动态稳定性和可靠性等方面卓有成效。这些研究不仅解决了变胞机构在工程应用中的实际问题，还进一步完善了变胞机构学的应用基础理论。在这些研究的基础上，王汝贵教授与陈辉庆博士撰写《面向任务的变胞机构动态性能设计理论》一书，具有十分重要的指导意义。

该书在动态性能设计方面为变胞机构在面向任务的工程应用提供了接近实际的理论依据，呼应机构学未来的发展方向，对于完善面向任务的变胞机构应用基础理论和发展现代机构学特别是行为机构学，具有重要的科学意义和工程应用前景。

王汝贵教授曾于 2015 年夏去英国的伦敦国王学院做访问学者，他是一位在理论结合实践特别是工程实践上很有造诣的学者。我很高兴接受王汝贵教授的邀请，为该书作序。相信该书的出版将对变胞机构子领域以及可重构机构大领域的发展和应用产生很大的促进作用！

戴建生

英国皇家工程院院士

欧洲科学院院士

2024 年 9 月

前　言

机构学揭示了机械系统的组成原理，是机械工程领域的传统基础学科，也是现代机械装备设计的基础和发明创造的源泉。18世纪下半叶，机械工程学科开始迅速发展，机构学成为一门独立的学科。18～19世纪，随着对机械结构学、机械运动学和机械动力学的不断深入研究，机构学形成了一个完整的学科体系。20世纪下半叶，机器人学科研究领域进一步发展，机构学发展成为一门成熟的学科。作为国际现代机构学研究前沿与热点内容之一的变胞机构，是20世纪90年代英国皇家工程院院士戴建生在研究折纸式装饰性纸盒和研制自动操作多指手的过程中发现的一类新型机构，是可变自由度或可变构件数目的新型机构。变胞机构的提出给传统的机构学带来了生机与活力，它改变了传统机构学的概念和机构设计方法。

变胞机构具有类似可展式机构的高度可缩和可展性，可改变杆件数，改变拓扑图并导致改变自由度，具有多功能阶段变化、多拓扑结构变化、多自由度变化等特征；可以根据功能需求或环境等的变化，在运动中改变构态，进行自我重组或重构，从而适应不同任务，灵活应用于不同场合。将变胞机构应用于工程中，生成面向任务的变胞机构，不仅能够使产品灵活适应工程任务多样性的变化，还能够满足高产、高效的要求，在机器人、航空航天、机械制造等领域具有广阔的应用前景。

在面向任务的变胞机构构态变换过程中，由于机构中构件间的合并或分离，系统产生内冲击力，这种内冲击力以及工作任务载荷的随机性都会给机构系统带来较大的振动干扰，严重时会导致系统失稳，直接影响机构系统的工作安全性和可靠性。因此，有必要开展此类机构系统的动态稳定性研究。对于变胞机构动态稳定性研究，不能局限于某种变胞机构本身，应该面向实际的工程应用对象，将变胞机构、控制系统、工程任务要求看作一个系统，综合考虑系统机电耦合、刚弹耦合、变胞机构构态变换内冲击力、任务载荷的随机性等主要因素的影响，研究面向任务的变胞机构稳定性问题。这不仅能够解决变胞机构在工程应用中的实际问题，还能够进一步完善变胞机构学的基础理论，具有重要的科学意义和工程应用前景。只有真实表达出机构系统动态实际工况，解析系统实际存在的、刚弹耦合和机构构态变换所产生的、冲击激励与机构系统动态可靠不确定性和模糊性参数之间的影响关系，以及其与系统动态性能之间的内在联系，才能建立能全面反映面向任务的变胞机构系统关于机械、故障和动力学状态的非线性耦合动力学解析模型，进而建立同时考虑面向任务的变胞机构系统随机变量、多种有界不确定性变量、模糊区间变量的多失效模式功能函数和动态可靠性解析模型，准确地分析机构系统的动态可靠性问题。在传统机构可靠性研究方面，虽然取得了一些可喜的成果，但是其可靠性解析模型建立及分析时没有同时考虑机构系统刚弹耦合和构态变换时内冲击力及任务载荷随机性因素的综合影响，也鲜见从非线性随机振动的角度研究综合考虑多失效模式、多种不确定性和模糊性共存的机构动态可靠性问题。因此，不能将传统机构可靠性研究方法直接移植应用于面向任务的变胞机构动态可靠性研究。

我于 2004 年秋跟随蔡敢为教授攻读博士学位，主攻多自由度弹性连杆机构机电耦合动力学建模与分析问题。蔡敢为教授师从华中科技大学廖道训教授和中南大学钟掘院士，具有非常扎实的力学基础、宽广的机械设计理论和敏锐前瞻的前沿视野，在他的指导下，我们以多自由度弹性连杆机构为研究对象，针对驱动电机转子偏心时不均匀气隙磁场，分析其实际运行状态的机电耦合关系，建立以电机横振、扭振为节点位移的可控电机有限元单元，应用有限单元法建立含电机电磁参数和弹性连杆机构结构参数的多自由度弹性连杆机构机电耦合系统非线性动力学模型，提出一种多自由度机电耦合系统非线性动力学模型的数值求解与分析方法，分析多自由度弹性连杆机构系统的共振现象产生机理，研究多自由度弹性连杆机构机电耦合系统在电磁参数激励及自激惯性力作用下的亚谐共振、超谐共振、内共振、参激共振和多重共振等非线性动态特性，并深入研究其稳定性问题等。

2008 年 7 月，我参加了在大连召开的中国机构与机器科学学术会议（CCMMS 2008）暨海峡两岸第 4 届机构学研讨会，聆听了戴建生院士作的报告“10 years' development of metamorphic mechanism and edge of mechanisms: DMG-Lib”，正是这次会议引起了我对变胞机构学的关注和兴趣。2010 年 11 月，戴建生院士应邀来广西大学作报告《21 世纪机器人与制造业领域的机构学研究》，我再次了解到了关于变胞机构的研究进展，激发了对变胞机构进一步深入研究的兴趣，也开始与戴建生院士有了更多的交流。之后，我开始尝试将机构动力学的研究基础与变胞机构结合，开展面向任务的变胞机构动态性能设计理论研究工作，分别于 2012 年和 2018 年申报并获批两项国家自然科学基金项目。

我于 2005 年即读博第二年夏天，入职广西大学从事教学研究工作，在学业和工作上均得到导师蔡敢为教授的指导与帮助；2015 年夏，赴英国的伦敦国王学院（King's College London）跟随戴建生院士从事访问学者研究工作；2019 年秋，到清华大学跟随刘辛军教授从事访问学者研究工作。三位导师的学术思想、人文修养、治学态度对我各方面均产生了深远的影响。在本书完成之际，谨向三位尊敬的导师表示衷心感谢。

本书相关的研究工作得到了国家自然科学基金项目(61265003、61865001)、广西科技重大专项(桂科 AA18118007)、教育部科学技术研究重点项目(212133)，以及广西壮族自治区教育厅“广西高等学校优秀中青年骨干教师培养工程”和“广西高等学校千名中青年骨干教师培育计划”的支持，在此谨表衷心感谢。相关研究工作也得到了广西大学机械工程学院各位领导的大力支持与鼓励，在此表示衷心感谢。

感谢博士研究生陈辉庆，硕士研究生袁华强、李烨勋、张成东、吴晓波、董奕辰、赵宁娟等为本书相关研究工作做出的重要贡献，部分同学还参与了本书的校对等工作。

在完成本书的过程中，我们参考了大量的国内外文献，在此对相关文献的作者表示衷心感谢。

由于本人学识与能力有限，书中难免存在一些不完善、疏漏之处，恳请广大读者不吝赐教。

王汝贵

2024 年 9 月

目　录

主要符号表

符号	意义
$A\text{-}xyz$	机构整体固定坐标系
$A_0\text{-}\bar{x}\,\bar{y}\,\bar{z}$	梁单元坐标系
$\boldsymbol{B}$	梁单元坐标协调矩阵
$\boldsymbol{C}$	整体阻尼矩阵
F_{cost}	机器人轨迹规划的总优化目标函数
F_{dci}、F_{dmj}	机器人的驱动函数集合
$F(X_s)$	最优目标函数
$f(x_i, x_{i+1}, \cdots, x_{i+n})$	$x_i, x_{i+1}, \cdots, x_{i+n}$ 的联合概率密度函数
$f_i(x_i)$	x_i 的概率密度函数，$i=1,2,\cdots$
$\boldsymbol{G}_g$	整体重力矩阵
$\bar{\boldsymbol{G}}_g$	梁单元重力矩阵
$\boldsymbol{g}_{\text{outer}}$	外层优化问题的不等式约束
$g(X)$	总体失效函数
$\boldsymbol{h}_{\text{outer}}$	外层优化问题的等式约束
$h(X)$	集合 X 的相关性函数
$h_g(X)$	安全空间函数
$\boldsymbol{J}_{\text{total}}$	最优控制问题性能指标
$\boldsymbol{K}$	整体刚度矩阵
$\bar{\boldsymbol{K}}$	梁单元刚度矩阵
L_i	第 i 杆的长度，$i=1,2,\cdots,8$

$\boldsymbol{M}$	整体质量矩阵
$\bar{\boldsymbol{M}}$	梁单元质量矩阵
$\bar{\boldsymbol{M}}_0$	梁单元集中质量矩阵
$\boldsymbol{P}$	非保守力矩阵
$\boldsymbol{p}_{dci}$、 $\boldsymbol{p}_{dmj}$	机器人的设计参数向量
$\boldsymbol{Q}$	整体自激惯性力矩阵
$\boldsymbol{Q}_{ci},\boldsymbol{Q}_{mj}$	机器人的驱动关节的广义力矩阵
$\boldsymbol{q}_{ci},\boldsymbol{q}_{mj}$	机器人的驱动关节的广义位移矩阵
R	可靠度
$\boldsymbol{R}$	梁单元转换矩阵
$\boldsymbol{R}_{aj}$	机器人第 j 次构态变换的可变胞区域
$\boldsymbol{R}_{mj}$	实际变胞区域
$\boldsymbol{S}(\overline{x})$	单元活动坐标系到整体固定坐标系的矢量向径
U_i	梁单元坐标系下的广义坐标，$i=1,2,\cdots,12$
$\boldsymbol{u}$	机构固定坐标系下的系统整体广义坐标向量
$\boldsymbol{u}_r$	向量 $\boldsymbol{u}$ 的下界
$\boldsymbol{u}_s$	向量 $\boldsymbol{u}$ 的上界
$\boldsymbol{W}(\overline{x})$	单元活动坐标系下梁单元变形后的位置矢量矩阵
X	不确定变量集合
$\boldsymbol{X}_{\text{inner}}$	内层优化问题设计变量
$\boldsymbol{X}_{\text{outer}}$	外层优化问题设计变量
X_s	可靠性优化变量
x_i	集合 X 中的元素，$i=1,2,\cdots$
$\boldsymbol{x}(t_0)$	被控系统初始状态

$\boldsymbol{x}(t_f)$	被控系统终端状态
$\Delta\boldsymbol{O}$	Newmark 迭代法求解机构系统动力学方程的计算误差矩阵
$\zeta(\bar{x})$	梁单元的形函数
$\boldsymbol{\eta}$	振型坐标矩阵
θ_i	杆件与水平线的夹角，$i=1,2,3,4$
λ	李雅普诺夫指数
ξ	$\xi=1$ 时为二自由度构态，$\xi=2$ 时为一自由度构态，标注在变量的右上角
ς_i	第 i 阶振型阻尼比
$\boldsymbol{\phi}$	振型矩阵
ω_i	第 i 阶固有频率

第1章 绪　论

1.1 研究背景及意义

变胞机构由戴建生院士于1998年第25届美国机械工程师学会(The American Society of Mechanical Engineers, ASME)机构学与机器人学双年会上提出[1,2]，之后受到了国内外学者的广泛关注与研究。将变胞机构和可控机构结合应用于工程中，生成面向任务的可控变胞机构，可使其既具有可控机构可控可调、输出柔性、机电融合的优良性能，又具有变胞机构多功能阶段变化、多拓扑结构变化、多自由度变化等特征[3-7]。此类机构不仅能够灵活适应产品多样性的变化，还能够满足高产、高效的要求。经过二十多年的发展，可控变胞机构的相关理论日渐成熟，已实现创新性应用[8-11]。

随着机械自动化水平的提高，码垛机器人以其在机械结构、适用范围、灵活性、智能高效等方面的优势得到广泛应用，主要用于食品、电子、机械、医药等领域的自动化生产企业。将具有变胞功能的机构应用于码垛机器人，可产生一类新型的可控变胞机构式码垛机器人。相比构态单一的传统机构，此类码垛机器人机构可以改变自身拓扑结构，实现机构自由度的变化，适应不同任务，灵活应用于不同场合和不同工作对象，并能充分利用工作空间。然而，针对该类机器人的研究尚处于起步阶段，许多关键问题亟待解决，尤其在尺度优化、轨迹规划、动态性能和可靠性等方面。

1.2 变胞机构设计与尺度优化研究概况

变胞机构的结构设计是保证该机构满足工程应用的最基本前提。近年来，国内外学者结合各种应用场景设计了多种变胞机构，通过试验验证了机构设计的可行性和有效性。戴建生院士的研究团队设计了多种变胞机械手[12-14]，这些机械手具有可重构功能且可在工作空间内灵活运动；同时提出对这些机械手进行构型分析和工作空间分析的方法；在此基础上，结合爬行动物的活动行为研制了变胞仿生四足机器人[15-19]，不同的构态对应不同的爬行状态，进一步进行运动稳定性分析和步态规划研究，使其适用于多种工作环境；最后通过试验验证机器人设计的可行性。Chen等[20]设计了一种变胞水下机器人，基于水下活动情况进行运动学和动力学分析，讨论该机器人在水下应用的合理性和有效性。Xu等[21]设计了一种具有多个步态的变胞六足机器人，基于变胞原理对其进行运动学分析、稳定性分析和步态规划研究。胡胜海等[22,23]设计了变胞切割机构，并对其进行运动性能研究，验证其应用在切割加工领域的有效性。牛建业等[24]设计了一种变自由度轮足复合机器人，进行运动性能以及尺度综合分析，通过试验验证其在农业领域应用的可行性。荣誉等[25]基于构型分析方法设计了一种超冗余变胞机械臂，经过运动学分析验证其变胞实现的可行性。刘超等[26]设计了一种新型可变形轮腿式机器人，该机器人具有多种运动方式，经过运动分析验证各种运动方式的可行性。

综上所述，目前主要通过对变胞机构进行运动分析验证其构态变换的合理性和可行性。在与具体的工业生产领域相结合的变胞机构应用方面，为了得到可用于实际工业的变胞机构产品设计，确保该设计能满足实际应用中工作性能以及安全的要求，需要根据机构系统的工况条件对其进行相关的理论研究，尤其是尺度优化的理论研究。

尺度优化是保证机构满足具体实际工程要求的有效途径，可保证机构设计的合理性和实用性。虽然国内外学者对多自由度机构[27-30]、机器人机构[31-34]等传统机构的优化研究取得了较多成果，但变胞机构不同于传统的机构，它是多种构态的结合，其尺度优化模型也不同于传统机构的优化模型，各构态优化模型之间既有联系又有区别。针对面向工程任务的变胞机构的优化问题，Zhang 等[35,36]对变胞机构的尺度优化进行研究，提出一种变胞机构尺度优化方法，通过构造一个综合考虑全局和局部的优化分层方案进行优化计算。曲梦可等[37]对所设计的变胞变尺度轮腿混合四足机器人进行尺度综合优化分析，得到与运动性能相关的多种尺度参数。孙伟[38]采用教与学的优化算法对变胞机构进行尺度优化分析。Chen 等[39]提出空间离散化的变胞机构尺度优化方法，得出机构的最优尺度参数，基于此完成了实物样机的设计与制作。

1.3　变胞机构轨迹规划研究概况

机械自动化水平的逐步提高使对工业机器人的功能需求也随之增加，因此变胞式工业机器人的优势逐渐体现。变胞式机器人主要包括变胞式工业机器人和变胞式移动机器人等[40]。其中，变胞式工业机器人主要利用变胞机构构态变换的特点实现工业机器人工作效率的提升及工作质量的提高等，而变胞式移动机器人主要使移动机器人具有多种运动步态或避障等功能。

目前，关于变胞式机器人的理论研究主要集中在机构学方面。田娜等[41]提出一种新型的变结构轮/腿式探测机器人，该机器人具有可变宽窄的车身结构，从而能够更好地适应复杂的探测环境。张克涛等[42]基于六杆球面变胞机构设计了一种新型变结构腿轮式探测车，并给出该机器人的典型变形构态。Dai 等[43]应用不连续变胞机构设计了一款仿壁虎机器人。Bruzzone 等[44]研制了一种采用变胞夹具的具有柔性关节的微装配机器人。Gao 等[45]设计了一种可展开变胞式机械手，可用于未知形状物体的抓取。

轨迹规划是保证机构系统的运动轨迹满足工作任务要求的关键，是工业机器人运动控制的基础。为了保证变胞式机器人平稳高效地运行，需要对机器人运动规划进行重点研究。机器人运动规划包括路径规划、轨迹规划及步态规划等。目前，变胞式机器人的运动规划方法研究已经取得了一些成果。丁希仑等[46]基于十字交叉连杆机构设计了一种变结构机器人，并对该机器人的典型步态(储存、运输以及步行步态)进行规划。甄伟鲲等[47]基于四足变胞爬行机器人设计了两种新的步态，即扭腰直行步态和原地旋转步态，使机器人具有较强的极端环境适应能力。牛建业等[24]提出一种可变自由度的轮足复合式机构作为四足机器人的腿部机构，并根据不同地形，规划机器人足端的普通运动轨迹及越障运动轨迹。王圣捷等[19]基于变胞四足机器人的可动躯干，提出一种利用躯干运动的四足机器人自我恢复策略，该策略利用仿生学规划实现自我恢复动作。金子涵等[48]基于仿生学原理和变胞理论设计了一种模仿灵长类动物攀爬方式的新型爬管机器人，并设计了该机器人的竖直攀爬步态和翻转运动步态。

以上研究为变胞式机器人的运动规划提供了理论参考。但就研究现状来看，变胞式机器人的运动规划多为变胞式移动机器人的步态规划研究，缺乏对变胞式工业机器人的轨迹规划研究，而轨迹规划对于提高工业机器人的工作效率至关重要。因此，研究变胞式工业机器人的轨迹规划对其在机械制造、工程机械等领域的应用有重要意义。

目前的工业机器人轨迹规划主要分为两类，即关节空间轨迹规划与笛卡儿空间轨迹规划。其中，关节空间轨迹规划是在关节空间中对关节角度的驱动函数进行规划，主要保证机器人运行时关节各类参数曲线的平滑性；笛卡儿空间轨迹规划以笛卡儿空间内的末端位姿为基础，主要保证机器人末端位姿的精准度。轨迹规划方法主要有三种关键技术，即插值函数的选取、优化目标函数的确定以及优化求解算法的应用。其中，关节空间轨迹规划的插值函数多采用样条曲线的方法[49-52]，当要求轨迹曲线高阶平滑时，常采用B样条曲线对机器人进行轨迹规划[53-56]；关节空间轨迹规划的优化目标函数以时间最优为主，旨在以最短的时间完成从初始位置到目标位置的轨迹操作[57-61]；关节空间轨迹规划的优化求解算法多采用智能优化算法[62-65]。

从目前的研究现状可以看出，传统的轨迹规划方法大多基于给定的路径点(或控制点)，仅适用于构态不变的传统工业机器人，而对于构态可变的变胞式工业机器人，路径点间可采用多种构态运行，路径点(或控制点)自身的位置也需要根据构态变换的要求进行调整，因此，传统的轨迹规划方法不完全适用于变胞式工业机器人。为提高变胞式工业机器人的工作效率，尽可能发挥其各个构态的优势，王汝贵等[66]和董奕辰[67]根据变胞式工业机器人的工作原理，建立其工作轨迹模型，并基于该模型提出一种时间最优的轨迹规划方法，运用该方法得到最优的关节角度函数以及理论工作轨迹。

1.4 变胞机构动态性能研究概况

面向任务的变胞机构动态性能是变胞机构在工程应用中受载时能正常运行的基本保障。变胞机构在工作过程中顺利实现构态变换是其长期正常运行的保证。由于构态变换过程中会出现内冲击力，这种内冲击力以及任务载荷的随机性都会给机构系统带来较大的振动扰动，内冲击力、外部载荷、运动偏差等因素都会影响构态变换的正常运行，不利于机构的安全性、稳定性和运动准确性。因此，需要采用合理、有效的动态评估指标，以确保变胞机构在实际应用中的正常运行。基于此，许多学者对变胞机构动态性能进行了研究。

金国光等[68-74]对变胞机构动力学做了大量的研究工作，推导出关于刚体动力学和柔体动力学的多种建模和求解方法，对构态变换的冲击力进行分析，根据多体动力学理论，建立变胞机构任意构态的动力学方程，提出该动力学方程的求解方法；进一步地，将高斯最小约束原理应用到变胞机构冲击运动分析中。Zhang 等[75]通过对变自由度运动副进行等效变换，利用拓扑学理论和变胞理论研究了变胞机构构态变换的过程。Bruzzone 等[44]分析变胞抓手的抓取稳定性，结合机构运动学，提高了抓手的定位精度，增强了抓手抓握的灵活性。Gan 等[76]利用旋量理论得出变胞机构的几何约束和驱动力，基于此建立变胞机构的动力学模型。畅博彦等[77-79]提出 3PUS-S(P)变胞并联机构的逆动力学分析方法，得出该机构的力传递性能评价指标，以及机构构态变换时内冲击力的变化情况。Valsamos 等[80]对变胞机械手进行全局运动性能评估，以所选定的运动学指标的阈值作为评价指标，对工作空间的灵巧性进行评价，确保机械手的运动性能能满足所设定的工作任务的要求。胡胜海等[81]以一种基于变胞原理的装填机构为研究对象，应用哈密顿(Hamilton)变分原理建立该机构的刚-柔耦合动力学模型，得出弹性变形对机构运动精度的影响。荣誉等[82,83]以运动灵活性和静力承载能力为评价指标，得出 3-UPS 变胞机构的尺度参数与评价指标之间的关系，进一步推导该机构的逆动力学模型。Yang 等[84]基于模糊理论对变胞抓手进行了稳定性分析。李烨勋[85]和王汝贵等[86,87]对面向任务的变胞机构动力学进行研究，将变胞机构系统动态响应的最大李雅普诺夫指数作为动态稳定性的评价指标，分析系统构态变换的动态稳定性的变化。Zhang 等[88]对所设计的变胞机构进行力学性能分析，基于此开展动态性能优化研究。李树军等[89]建立扩展阿苏尔(Assur)杆组与变胞机构的运动形式和约束组合的关联模型，得出变胞运动副的约束形式。刘秀莲[90]建立变胞机构全构态运动性能变化模型，得出变胞机构运动性能评价指标。Song 等[91]研究 6R 变胞机构动力约束条件，得出多种构态支链。宋艳艳等[92-95]提出变胞机构冲击建模的理论方法，推导变胞构件构态变换时的冲量求解模型，得出冲量变换规律，根据权重系数法，构建面向综合评价指标的变胞机构参数优化设计模型。李小彭等[96]对所设计的变胞欠驱动手进行了运动轨迹分析，进一步开展接触力分析以及抓取试验研究。周杨等[97]以拓扑学和多体系统动力学理论为基础，提出一种可由变胞源机构动力学模型自动生成任意子机构动力学模型的构建方法。

目前的研究工作一般只考虑面向工程特定任务中的一些单一因素，未能全面考虑变胞式机器人在面向特定工作任务时的影响因素，如机器人工作时的输入电机控制参数、构态变换时负载的变化及可能伴随出现的共振等。而实际上面向任务的变胞机构存在一些不确定参数，如负载重量以及运动误差的不确定性。这些不确定参数的影响，使得机器人在实际工作过程中的动态响应也具有不确定性，导致理论分析所得结果不一定能反映实际工作中的变化情况。王汝贵等[98,99]和陈辉庆[100]鉴于面向任务的变胞机构及其工作状态在工程中的复杂性以及可能出现的多种失效模式，考虑不同种类的不确定变量(概率随机变量和非概率区间变量)的影响，将不确定变量引入机构系统的动力学模型中，开展了动态性能以及可靠性的研究。

1.5 变胞机构可靠性研究概况

可靠性是反映产品质量和安全的重要指标，决定了机械产品在其工作寿命内是否能正常且安全地工作 [101-104]，与机械产品的结构设计、加工制造、工作寿命和性能指标相关[103]。可靠性设计的目的是在机械产品的设计与研制阶段，对工作时间内产品的运行状态和安全性进行预测，指出产品存在的安全或者性能问题，以进一步予以解决[105]。可靠性问题与产品使用者的人身安全、经济利益和生产效率均高度相关。

在可靠性方法的研究方面，20 世纪 40 年代以来，可靠性技术的研究开始引起学术界的广泛关注，众多学者相继提出了多种可靠性分析方法，有蒙特卡罗法、矩方法、响应面法、支持向量机法、随机有限元法和非概率可靠性理论等[106-108]。随后，机械优化设计方法迅速发展起来，为工程设计领域提供了可靠性优化理论方法。基于此，可靠性灵敏度的设计方法[109,110]已应用于解决可靠性优化问题。另外，可靠性鲁棒设计方面的理论也已经很成熟[111,112]。近年来，国内外学者相继提出了基于时变的可靠性分析理论[113-116]、复杂结构的可靠性分析方法[117-119]，这为机构学领域的可靠性研究提供了理论参考。

在变胞机构可靠性研究方面，崔允浩等[120]和孙本奇等[121]根据等效阻力梯度模型建立了变胞机构构态变换的约束可靠性模型，以变胞运动副等效阻力系数作为可靠性指标，对该可靠性模型进行评估。刘胜利等[122]结合区间优化算法和蒙特卡罗法推导出多源不确定性下的变胞机构全构态运动可靠性模型，提出了使用该模型进行可靠性分析的方法，运用该方法得出交变温度工况下的变胞机构全构态运动可靠性。

对于实际应用中面向任务的变胞机构系统，鉴于其工作任务的多样性和工作条件的复杂性，需要考虑多失效模式及多种不确定变量的影响，对变胞机构弹性动力学模型进行非线性动态性能分析，进而建立可靠性模型，推导可靠性分析与优化的理论方法。

在传统机构可靠性研究方面，张义民等[123-130]在机构可靠性方面进行了大量研究，涉及机构运动精度可靠性、灵敏度设计、可靠性优化及鲁棒性优化设计以及一些可应用于机构学领域的可靠性理论。吕震宙等[131,132]提出了弹性连杆机构刚度可靠性分析的改进响应面法。文献[133]～[138]针对不同类型的机构提出了多种可靠性分析方法，涉及支持向量机法、极值响应面法、神经网络方法等。Wang 等[139]针对运动机构提出多种不确定参数影响下的可靠性分析方法。Wang 等[140]基于 Copula 函数提出时变机构的可靠性分析方法。Zhang 等[141]提出基于截断正态变量分析机构系统可靠性和灵敏度的分析方法。进一步，考虑机构转动副关节间隙影响下的可靠性分析方法相继被提出[142-147]。

综上所述，在传统机构可靠性研究方面已经取得了一些可喜的成果，为变胞机构动态可靠性的研究提供了理论基础。但是传统机构可靠性研究中进行可靠性解析模型建立及分析时没有同时考虑机构系统耦合关系、构态变换时内冲击力及任务载荷随机性因素的综合影响，也鲜见从非线性随机振动的角度综合考虑多失效模式、多种不确定性研究机构动态可靠性问题。针对上述问题，王汝贵等[98,99,148,149]开展了面向任务的变胞机构的可靠性研究，相继提出了基于变量状态空间的运动可靠性分析及优化方法、基于动态响应区间的构态变换动态可靠性分析方法、多失效模式动态可靠性分析及优化方法，对变胞机构构态变换的可靠性进行了评估。

动态可靠性对机构系统的重要性是无可争议的，可靠性方面的产品故障必然导致维修、保修索赔、顾客投诉、产品召回等方面的损失，极端情况下会导致人员伤亡。针对面向任务的变胞机构动态可靠性研究，对于保障变胞机构在实际应用中的效能至关重要，且顺应了机构学领域未来的发展趋势[150,151]，是变胞机构在实际工程中广泛应用所迫切需要研究的重要内容，也是推动变胞机构研究取得深入发展的必要工作。

1.6 本书主要内容

变胞机构的研究已经取得了一些成果，但也存在不足之处：一是构态变换轨迹规划理论尚未突破，二是动态性能分析理论存在不足，三是与工程应用对象脱节。这些问题在某种程度上制约了变胞机构学术研究的进展。

本书基于目前变胞机构的研究现状，将变胞机构与可控机构相结合，应用于码垛领域，形成一种变胞式码垛机器人[152,153]。该机器人不仅拥有可控机构可控、可调等优点，而且具有变胞机构的多构态、多功能等特点。本书针对该机器人开展轨迹规划、动态性能及可靠性研究，以期为面向任务的变胞机构在实际工程中的应用提供理论与试验支撑。

本书共 8 章。第 1 章为绪论，阐述目前变胞机构设计与尺度优化、轨迹规划、动态性能及可靠性的研究现状，介绍本书的主要内容。第 2 章为变胞机器人机构设计与尺度优化，以码垛应用为工程背景，针对工作任务完成变胞式码垛机器人的机构设计，提出基于工作空间离散化的尺度优化方法，得到机器人机构最优的机构尺度参数和从机构简图到机器人实物样机的技术路线。第 3 章为变胞机器人轨迹规划，考虑机器人的构态变换过程，建立其工作轨迹模型，提出一种时间最优的轨迹规划方法，得到优化后的机器人输入关节角度函数以及输出端理论工作轨迹。第 4 章为变胞机构系统动力学建模，运用有限元法采用梁单元建立机器人的非线性动力学模型。第 5 章为变胞机构系统动力学模型解析，运用改进的 L-P（林德斯泰特-庞加莱）法和纽马克（Newmark）校正迭代法进行模型解析，得出机器人构态变换后的共振情况和非共振情况的时域响应和频域响应。第 6 章为变胞机构系统动态稳定性分析，采用 Wolf（沃尔夫）法计算机器人动力学模型动态响应的李雅普诺夫指数，以最大李雅普诺夫指数为动态稳定性的评价指标，分析机器人构态变换的动态稳定性。第 7 章为变胞机构系统可靠性分析，考虑多种不确定变量（概率随机变量和非概率区间变量），针对面向任务的变胞机构相继提出基于变量状态空间的多失效模式运动可靠性分析及优化方法、基于动态响应区间的构态变换可靠性分析方法和多种失效模式动态可靠性分析及优化的方法，对机器人的可靠性进行计算和优化。第 8 章为变胞式码垛机器人性能分析试验，介绍物理样机控制系统实现，对机器人物理样机开展轨迹规划、动态响应和动态可靠性的试验分析，验证本书分析理论的合理性和正确性。

第2章　变胞机器人机构设计与尺度优化

针对具体的工作任务，判断变胞机构能否满足实际工程任务要求、构型是否合理有效，机构的尺度优化是关键。虽然国内外学者对多自由度机构[27-30]、机器人机构[31-34]等传统机构的优化研究取得了很多成果，但由于变胞机构多个构态的复杂性，其尺度优化与其他传统机构不同，各构态的优化模型之间既有联系又有区别，基于运动学、工作空间和尺度参数的变胞机构在工程应用中的优化研究仍少见。

目前的机构优化方法主要是针对机构运动性能指标进行优化以得到最佳尺度参数，较少关注工作空间的变化，因此可能出现所需达到的工作空间较小而优化所得到的尺度参数较大的情况，不利于节省空间；同时，机构尺寸整体较大将导致机构样机制作的经济成本增加，不利于机构在实际工程中的推广应用。目前，针对变胞机构尺度优化的研究较少，尤其是基于工作空间的尺度优化。因此，有必要对其进行深入研究。

本章以码垛任务为背景，设计一种变胞式码垛机器人。对该机器人机构进行运动分析、奇异性分析和工作空间分析，并结合其工作性能得出合适工作空间，进一步提出基于工作空间离散化的机构优化方法。该方法可解决变胞机构尺度优化时尺度参数的关联问题，用于对所设计的变胞式码垛机器人进行尺度优化，可得出紧凑性较好且工作空间较大时的尺度参数及合适的工作空间范围。

2.1　构型选择与分析

2.1.1　机构构型选择

机构构型选择首先要实现码垛机器人机构在二维平面工作空间内任意位置的定位，最简单的实现方式为平面二自由度开环机构 A-B-F 支链，如图 2.1 所示，需要在 A 点和 B 点连接输入电机，若在机架处加装电机，则该机构可实现三维工作空间中的定位。此机构虽然活动空间大，但串联机构定位精度较低，且控制电机一般安装在机构内，不利于减轻机构的重量和增加机构运动的平稳性。

考虑将码垛机器人机构的输入电机均安装在机架上，加入另一个支链，从而使整个机构变为闭环并联机构，可解决定位精度低的问题。改进后的码垛机器人机构如图 2.2 所示。通过增加支链，A-B-F 支链能在二维平面工作空间内进行精确定位。

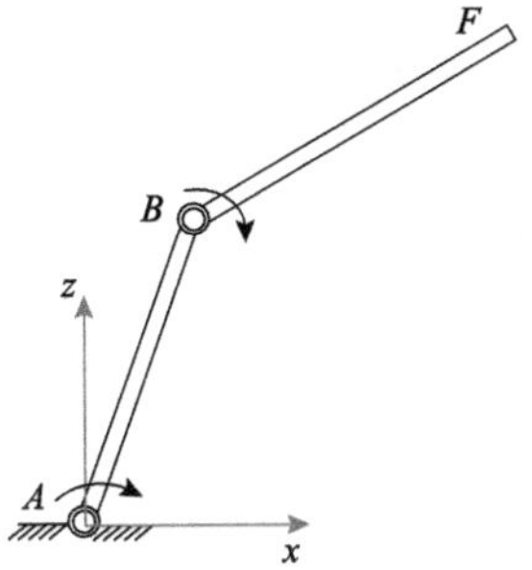

图 2.1　平面二自由度开环机构

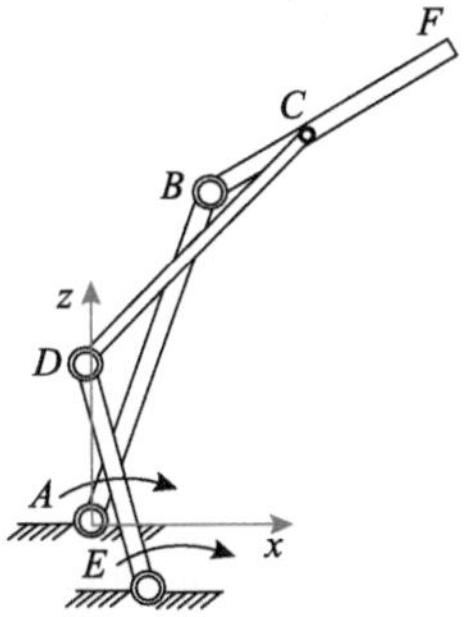

图 2.2　改进后的机构

虽然改进后的机构具有一定的优点，但其只具有单一构态，只能满足单一的工作状况。为了克服这些缺点，引入变胞机构是一个很好的选择。考虑在这种单一构态机构的基础上增加构态，形成多构态的变胞机构，不同的构态分别对应不同的功能，可使得机构克服单一构态的缺点，满足更多工作状况的要求。改进后的变胞式码垛机器人机构如图 2.3 所示，在工作过程中，通过 B 点和 N 点的分离与接合实现机构二自由度和一自由度构态的变换。此类码垛机器人机构与其他机构相比，具有两个显著的优点：①机构在二自由度构态时，如图 2.3(a)所示，可实现码垛机器人货物抓取与摆放时的精确定位，结合机器人底座的旋转运动，可使码垛机器人在其工作空间内任意定位，具有较好的灵活性；②机构在一自由度构态时，如图 2.3(b)所示，码垛机器人能够在大空间范围内快速移动以及码垛搬运结束后迅速回位，单个输入运动即可实现整机动作，具有较好的运动稳定性。

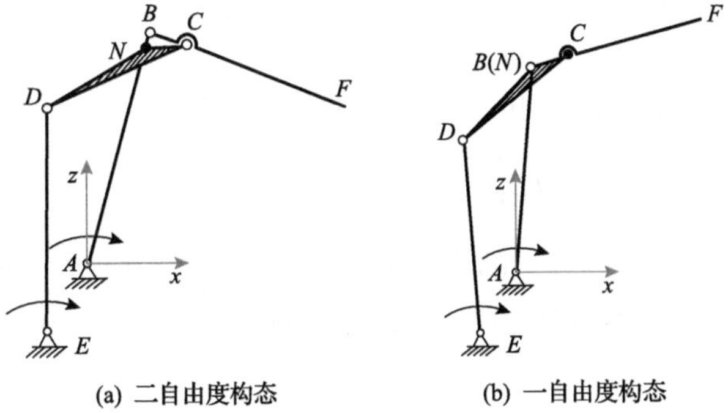

图 2.3　新型变胞式码垛机器人机构示意图

根据上述设计思路，为了保证输出端在运动过程中保持垂直，最终设计得到的码垛机器人机构如图 2.4 所示。若在底座加设电机，则可使底座能 360°转动，实现在三维空间中的定位。

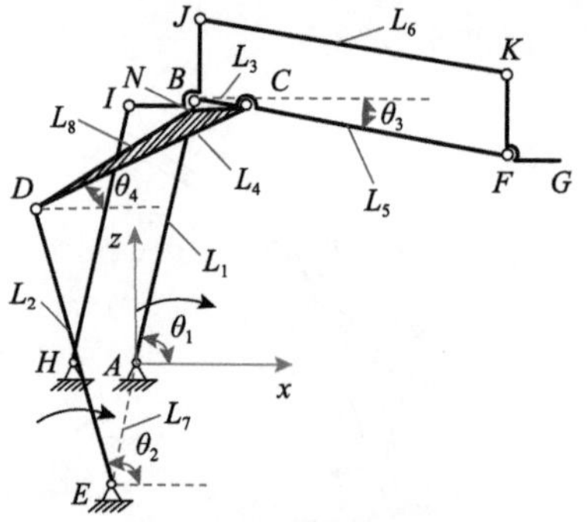

(a) 二自由度构态

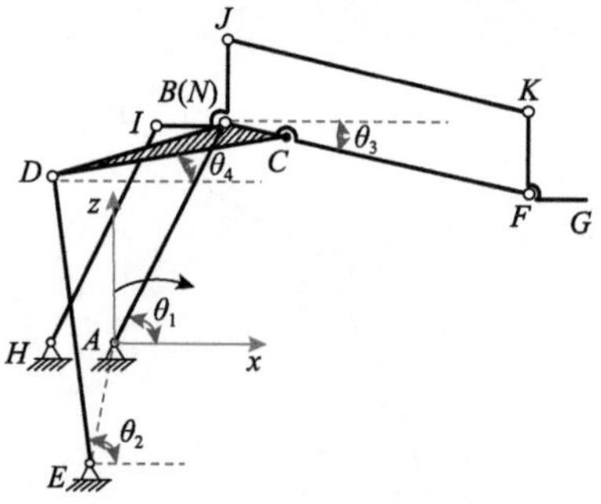

(b) 一自由度构态

图 2.4　码垛机器人的平面机构简图

2.1.2　机构构型分析

对机构进行运动分析，机构系统运动简图中杆长和角度标识如图 2.4 所示。为了便于标识，设 *AB* 杆的长度为 L_1，*ED* 杆的长度为 L_2，*BC* 杆的长度为 L_3，*CD* 杆的长度为 L_4，*CF* 杆的长度为 L_5，*BF* 杆与 *JK* 杆的长度均为 L_6，L_6=L_3+L_5，*AE* 杆的长度为 L_7，*ND* 杆的长度为 L_8；L_1 与水平面的夹角为 θ_1，L_2 与水平面的夹角为 θ_2，L_3 与水平面的夹角为 θ_3，L_4 与水平面的夹角为 θ_4，这些角度均以逆时针方向为正方向。

由几何关系可知，机器人机构在二自由度构态时，*AB* 杆、*ED* 杆、*BC* 杆、*CD* 杆、*AE* 杆应满足如下装配条件：

$$L_{\max} < L_a + L_b + L_{\min 1} + L_{\min 2} \tag{2.1}$$

式中，$L_{\max}$ 为最长杆的杆长；$L_{\min 1}$ 为最短杆的杆长；$L_{\min 2}$ 为次短杆的杆长；L_a、L_b 为其余两杆的杆长。

判断转动副是否为周转副的条件为[154]

$$L_{\max} + \min\left(L_i, L_j\right) < \sum L_S \tag{2.2}$$

式中，L_i 和 L_j 为转动副所连接的相邻两杆杆长；$\sum L_S$ 为其余三杆杆长之和。

文献[155]中根据平面闭环铰链五杆机构的杆长范围，将五杆机构分为如下两种尺度条件：

$$\begin{cases} L_{\max} + L_{\min 1} + L_{\min 2} \leqslant L_a + L_b, & \text{尺度条件I} \\ L_{\max} + L_{\min 1} + L_{\min 2} > L_a + L_b, & \text{尺度条件II} \end{cases} \tag{2.3}$$

为了使机器人底座结构尺寸尽量小，L_2、L_4 的取值尽量小，*AE* 杆不为最长杆，连架杆 *AB* 杆不为最短杆和次短杆，则有以下情况[154,155]：

(1)满足式(2.3)尺度条件 I，当 $L_{\min 2}=L_2$ 时，记为二自由度构态尺度情况 1，机构为无条件双曲柄机构，D、E、A 为周转副，其中 AB 杆、ED 杆、CD 杆为曲柄，有约束条件：

$$\begin{cases} L_1+L_2+L_7<L_3+L_4, & L_{\max}=L_1 \\ L_3+L_2+L_7<L_1+L_4, & L_{\max}=L_3 \\ L_4+L_2+L_7<L_1+L_3, & L_{\max}=L_4 \end{cases} \tag{2.4}$$

(2)满足式(2.3)尺度条件 I，当 $L_{\min 2}=L_3$ 时，记为二自由度构态尺度情况 2，C 为周转副，有约束条件：

$$\begin{cases} L_1+L_3+L_7<L_2+L_4, & L_{\max}=L_1 \\ L_2+L_3+L_7<L_1+L_4, & L_{\max}=L_2 \\ L_4+L_3+L_7<L_1+L_2, & L_{\max}=L_4 \end{cases} \tag{2.5}$$

若转动副 A 与 E 为周转副，则机构为有条件双曲柄机构；若转动副 A 与 E 之一不为周转副，则机构为曲柄摇杆机构。

(3)满足式(2.3)尺度条件 I，当 $L_{\min 2}=L_4$ 时，记为二自由度构态尺度情况 3，C 为周转副，有约束条件：

$$\begin{cases} L_1+L_4+L_7<L_2+L_3, & L_{\max}=L_1 \\ L_2+L_4+L_7<L_1+L_3, & L_{\max}=L_2 \\ L_3+L_4+L_7<L_1+L_2, & L_{\max}=L_3 \end{cases} \tag{2.6}$$

若转动副 A 与 E 为周转副，则机构为有条件双曲柄机构；若转动副 A 与 E 之一不为周转副，则机构为曲柄摇杆机构。

(4)满足式(2.3)尺度条件 II，$L_{\min 1}=L_7$，且满足如下条件：

$$L_{\max}+L_{\min 1}\leqslant L_a+L_b+L_{\min 2} \tag{2.7}$$

当 $L_{\min 2}=L_i(i=2,3,4)$，$L_{\max}=L_j(j=1,2,3,4;i\neq j)$ 时，有约束条件：

$$\begin{cases} L_j+L_7+L_i>L_a+L_b \\ L_j+L_7<L_a+L_b+L_i \end{cases} \tag{2.8}$$

记为二自由度构态尺度情况 4，若转动副 A 与 E 为周转副，则机构为有条件双曲柄机构；若转动副 A 与 E 之一不为周转副，则机构为曲柄摇杆机构。

(5)满足式(2.3)尺度条件 II，不满足如下条件：

$$L_{\max}+L_{\min 1}<L_a+L_b+L_{\min 2} \tag{2.9}$$

记为二自由度构态尺度情况 5，机构为双摇杆机构。

(6)满足式(2.3)尺度条件 II，L_3和L_4为最短两杆杆长时，记为二自由度构态尺度情况 6，机构为双摇杆机构。

机器人机构在一自由度构态时，AB杆、BD杆、ED杆、AH杆需满足如下装配条件：

$$L_{\max} + L_{\min 1} \leqslant L_a + L_b \tag{2.10}$$

式中，L_a、L_b为除$L_{\max}$和$L_{\min 1}$的其余两杆杆长。若$L_{\min 1} = L_7$，记为一自由度构态尺度情况 1，机构为双曲柄四杆机构；若$L_{\max} = L_2$，记为一自由度构态尺度情况 2，机构为曲柄摇杆机构；若$L_{\min 1} = L_8$，记为一自由度构态尺度情况 3，机构为双摇杆机构。

2.2 运 动 分 析

运动分析能有效构建机构输入参数和输出参数的关系，是本章后续奇异性分析和工作空间分析的前提，也是后续轨迹规划、动力学建模的基础。

如图 2.4 所示，工作空间内输出端F点x方向位移x_F和z方向位移z_F分别为

$$\begin{cases} x_F = x_A + L_1 \cos\theta_1 + L_6 \cos\theta_3 \\ z_F = z_A + L_1 \sin\theta_1 + L_6 \sin\theta_3 \end{cases} \tag{2.11}$$

2.2.1 二自由度构态正运动分析

如图 2.4(a)所示，该机构有两个输入端，为杆件AB和ED，设$\theta_1^{(1)} \in [0,\pi]$，$\theta_2^{(1)} \in [0,\pi]$(上标(1)指$\xi = 1$，表示二自由度构态)均已知，有

$$\begin{cases} \theta_3^{(1)} = \psi_1 + \psi_2 - \pi + \gamma \\ \theta_4^{(1)} = \psi_1 - \psi_3 + \gamma \\ \psi_1 = \arctan\left(\dfrac{d_1 - b_1}{c_1 - a_1}\right) \\ \psi_2 = \arccos\left(\dfrac{L_3^2 + L_{BD}^2 - L_4^2}{2L_3 L_{BD}}\right) \\ \psi_3 = \arccos\left(\dfrac{L_4^2 + L_{BD}^2 - L_3^2}{2L_4 L_{BD}}\right) \end{cases} \tag{2.12}$$

式中，

$$
\begin{cases}
a_1 = x_A + L_1 \cos\theta_1^{(1)} \\
b_1 = z_A + L_1 \sin\theta_1^{(1)} \\
c_1 = x_E + L_2 \cos\theta_2^{(1)} \\
d_1 = z_E + L_2 \sin\theta_2^{(1)} \\
L_{BD} = \sqrt{(d_1 - b_1)^2 + (c_1 - a_1)^2} \\
\gamma = \arctan(z_E / x_E)
\end{cases}
\tag{2.13}
$$

则该构态时输出端 F 点的坐标值 (x_F, z_F) 可由式(2.11)求出。

2.2.2 一自由度构态正运动分析

如图 2.4(b)所示，一自由度构态时机构只有一个输入端，为 AB 杆，$\theta_1^{(2)} \in [0, \pi]$（上标(2)指 $\xi = 2$，表示一自由度构态）为已知，根据机构的几何数学关系得

$$
\begin{cases}
\theta_3^{(2)} = \nu + \vartheta_1 - \pi + \gamma \\
\theta_4^{(2)} = \nu - \vartheta_2 + \gamma \\
\theta_2^{(2)} = \pi - 2\arctan\left(\dfrac{d_2 - \sqrt{d_2^2 + e_2^2 - f_2^2}}{e_2 - f_2}\right) + \gamma
\end{cases}
\tag{2.14}
$$

式中，

$$
\begin{cases}
\nu = -2\arctan\left(\dfrac{a_2 - \sqrt{a_2^2 + b_2^2 - c_2^2}}{b_2 - c_2}\right) \\
\vartheta_1 = \arccos\left(\dfrac{L_3^2 + L_8^2 - L_4^2}{2L_3 L_8}\right) \\
\vartheta_2 = \arccos\left(\dfrac{L_8^2 + L_4^2 - L_3^2}{2L_8 L_4}\right) \\
a_2 = 2L_1 L_8 \sin\left(\theta_1^{(2)} + \gamma\right) \\
b_2 = 2L_8\left[-L_2 \cos\left(\theta_1^{(2)} + \gamma\right) - L_7\right] \\
c_2 = L_2^2 + L_8^2 + L_7^2 - L_1^2 + 2L_2 L_7 \cos\left(\theta_1^{(2)} + \gamma\right) \\
d_2 = 2L_2 L_1 \sin\left(\theta_1^{(2)} + \gamma\right) \\
e_2 = 2L_1\left[-L_2 \cos\left(\theta_1^{(2)} + \gamma\right) - L_7\right] \\
f_2 = L_8^2 - L_2^2 - L_1^2 - L_7^2 - 2L_2 L_7 \cos\left(\theta_1^{(2)} + \gamma\right)
\end{cases}
\tag{2.15}
$$

同理，该构态时输出端 F 点的坐标值 (x_F, z_F) 可由式(2.11)求出。

2.2.3 逆运动分析

如图 2.4 所示，各杆杆长(包括 A 点的坐标值 (x_A, z_A) 和 E 点的坐标值 (x_E, z_E))均已知，逆运动分析是已知输出端 F 点的坐标值 (x_F, z_F)，反过来求 $\theta_1^{(\xi)}$、$\theta_2^{(\xi)}$、$\theta_3^{(\xi)}$、$\theta_4^{(\xi)}$。由几何关系可知

$$\begin{cases} \theta_1^{(\xi)} = \arctan\left(\dfrac{z_A - z_F}{x_A - x_F}\right) + \arccos\left(\dfrac{L_1^2 + L_{AF}^2 - L_6^2}{2L_1 L_{AF}}\right) \\ \theta_3^{(\xi)} = \arctan\left(\dfrac{z_B - z_F}{x_B - x_F}\right) \\ \theta_2^{(\xi)} = \arctan\left(\dfrac{z_E - z_C}{x_E - x_C}\right) + \arccos\left(\dfrac{L_2^2 + L_{CF}^2 - L_4^2}{2L_2 L_{CF}}\right) \\ \theta_4^{(\xi)} = \arctan\left(\dfrac{z_D - z_C}{x_D - x_C}\right) \end{cases} \tag{2.16}$$

式中，

$$\begin{cases} z_B = z_A + L_1 \sin\theta_1^{(\xi)} \\ x_B = x_A + L_1 \cos\theta_1^{(\xi)} \\ z_C = z_A + L_1 \sin\theta_1^{(\xi)} + L_3 \sin\theta_3^{(\xi)} \\ x_C = x_A + L_1 \cos\theta_1^{(\xi)} + L_3 \cos\theta_3^{(\xi)} \\ z_D = z_E + L_2 \sin\theta_2^{(\xi)} \\ x_D = x_E + L_2 \cos\theta_2^{(\xi)} \\ L_{AF} = \sqrt{(x_A - x_F)^2 + (z_A - z_F)^2} \\ L_{CF} = \sqrt{(x_C - x_F)^2 + (z_C - z_F)^2} \end{cases} \tag{2.17}$$

2.3 奇异性分析

当机构系统处于奇异位形时，会产生许多不利的影响，一方面导致输入端驱动力迅速增大，另一方面导致机构系统的运动轨迹具有不确定性，因此，机构系统在运动过程中需避免出现奇异位形。

式(2.11)对时间 t 求导得

$$\begin{cases}\begin{bmatrix}\dfrac{\mathrm{d}x_F}{\mathrm{d}t}\\ \dfrac{\mathrm{d}z_F}{\mathrm{d}t}\end{bmatrix}=\begin{bmatrix}\dfrac{\partial x_F}{\partial\theta_1^{(1)}} & \dfrac{\partial x_F}{\partial\theta_2^{(1)}}\\ \dfrac{\partial z_F}{\partial\theta_1^{(1)}} & \dfrac{\partial z_F}{\partial\theta_2^{(1)}}\end{bmatrix}\begin{bmatrix}\dfrac{\mathrm{d}\theta_1^{(1)}}{\mathrm{d}t}\\ \dfrac{\mathrm{d}\theta_2^{(1)}}{\mathrm{d}t}\end{bmatrix}, & \text{二自由度构态}\\ \begin{bmatrix}\dfrac{\mathrm{d}x_F}{\mathrm{d}t}\\ \dfrac{\mathrm{d}z_F}{\mathrm{d}t}\end{bmatrix}=\begin{bmatrix}\dfrac{\partial x_F}{\partial\theta_1^{(2)}}\\ \dfrac{\partial z_F}{\partial\theta_1^{(2)}}\end{bmatrix}\dfrac{\mathrm{d}\theta_1^{(2)}}{\mathrm{d}t}, & \text{一自由度构态}\end{cases}\tag{2.18}$$

机器人机构二自由度构态和一自由度构态的雅可比矩阵 $\boldsymbol{J}_y^{(1)}$ 和 $\boldsymbol{J}_y^{(2)}$ 为

$$\begin{cases}\boldsymbol{J}_y^{(1)}=\begin{bmatrix}\dfrac{\partial x_F}{\partial\theta_1^{(1)}} & \dfrac{\partial x_F}{\partial\theta_2^{(1)}}\\ \dfrac{\partial z_F}{\partial\theta_1^{(1)}} & \dfrac{\partial z_F}{\partial\theta_2^{(1)}}\end{bmatrix}\\ \quad=\begin{bmatrix}-L_1\sin\theta_1^{(1)}+\dfrac{L_1L_6\sin\theta_3^{(1)}\sin\left(\theta_1^{(1)}-\theta_4^{(1)}\right)}{L_3\sin\left(\theta_3^{(1)}-\theta_4^{(1)}\right)} & \dfrac{L_2L_6\sin\theta_3^{(1)}\sin\left(\theta_2^{(1)}-\theta_4^{(1)}\right)}{L_3\sin\left(\theta_3^{(1)}-\theta_4^{(1)}\right)}\\ L_1\cos\theta_1^{(1)}-\dfrac{L_1L_6\cos\theta_3^{(1)}\sin\left(\theta_1^{(1)}-\theta_4^{(1)}\right)}{L_3\sin\left(\theta_3^{(1)}-\theta_4^{(1)}\right)} & \dfrac{L_2L_6\cos\theta_3^{(1)}\sin\left(\theta_2^{(1)}-\theta_4^{(1)}\right)}{L_3\sin\left(\theta_3^{(1)}-\theta_4^{(1)}\right)}\end{bmatrix}\\ \boldsymbol{J}_y^{(2)}=\begin{bmatrix}\dfrac{\partial x_F}{\partial\theta_1^{(2)}}\\ \dfrac{\partial z_F}{\partial\theta_1^{(2)}}\end{bmatrix}=\begin{bmatrix}-L_1\sin\theta_1^{(2)}-L_6\sin\theta_3^{(2)}\dfrac{\partial\theta_3^{(2)}}{\partial\theta_1^{(2)}}\\ L_1\cos\theta_1^{(2)}+L_6\cos\theta_3^{(2)}\dfrac{\partial\theta_3^{(2)}}{\partial\theta_1^{(2)}}\end{bmatrix}\end{cases}\tag{2.19}$$

进一步，对 $\boldsymbol{J}_y^{(\xi)}$ 进行奇异值分解(singular value decomposition, SVD)，可求出不同构态的雅可比矩阵在工作空间内各位置的奇异值 $\delta^{(\xi)}$ 。

2.3.1　二自由度构态奇异位形分析

由文献[156]可知，当满足 $\theta_3^{(1)}=\theta_1^{(1)}$ 或 $\theta_3^{(1)}=\theta_1^{(1)}+\pi$ ，$\theta_4^{(1)}=\theta_2^{(1)}$ 或 $\theta_4^{(1)}=\theta_2^{(1)}+\pi$ 时，机构处于第 1 种奇异类型，即机构瞬时丢失 1 个自由度，成为一自由度机构，并且机构处于死点位置；当满足 $\theta_4^{(1)}=\theta_3^{(1)}$ 或 $\theta_4^{(1)}=\theta_3^{(1)}+\pi$ 时，机构增加 1 个自由度，成为三自由度机构，机构处于第 2 种奇异类型。此时即使两连架杆固定不动，机构的速度仍然无法控制。因此，必须避免这些奇异位置的出现。以下分别对这些奇异位形进行分析。

1) 出现 $\theta_3^{(1)}=\theta_1^{(1)}$ 或 $\theta_3^{(1)}=\theta_1^{(1)}+\pi$ 的奇异位形时输出端轨迹

$\theta_3^{(1)}=\theta_1^{(1)}$ 或 $\theta_3^{(1)}=\theta_1^{(1)}+\pi$ 的奇异位形如图 2.5 所示。若 θ_1 已知，则输出端轨迹为 $EDCA$ 铰链构成四杆机构的输出端 F 点的轨迹，由式(2.11)求出。

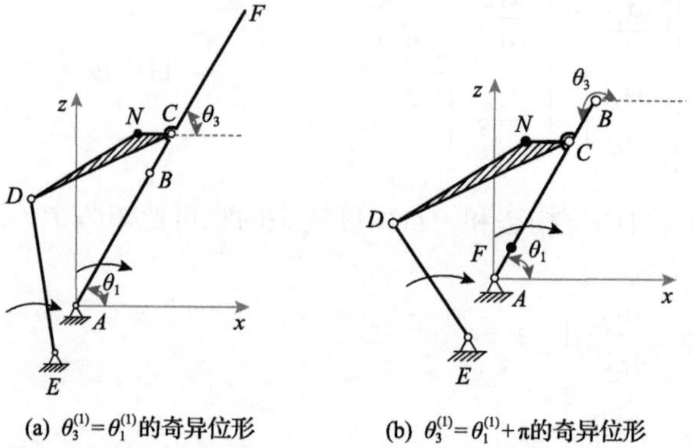

图 2.5 $\theta_3^{(1)}=\theta_1^{(1)}$ 或 $\theta_3^{(1)}=\theta_1^{(1)}+\pi$ 的奇异位形

2) 出现 $\theta_4^{(1)}=\theta_2^{(1)}$ 或 $\theta_4^{(1)}=\theta_2^{(1)}+\pi$ 的奇异位形时输出端轨迹

$\theta_4^{(1)}=\theta_2^{(1)}$ 或 $\theta_4^{(1)}=\theta_2^{(1)}+\pi$ 的奇异位形如图 2.6 所示。若已知 θ_1，再根据机构的几何关系得

$$\theta_3^{(1)} = -2\arctan\left(\frac{d_{11}-\sqrt{d_{11}^2+e_{11}^2-f_{11}^2}}{e_{11}-f_{11}}\right) \tag{2.20}$$

$$\theta_4^{(1)} = -2\arctan\left(\frac{a_{11}-\sqrt{a_{11}^2+b_{11}^2-c_{11}^2}}{b_{11}-c_{11}}\right) \tag{2.21}$$

式中，

$$\begin{cases} a_{11}=2L_1L_3\sin\theta_1^{(1)} \\ b_{11}=2L_3\left[-(L_4+L_2)\cos\theta_1^{(1)}-L_7\right] \\ c_{11}=(L_4+L_2)^2+{L_3}^2+L_7^2-L_1^2+2(L_4+L_2)L_7\cos\theta_1^{(1)} \\ d_{11}=2(L_4+L_2)L_1\sin\theta_1^{(1)} \\ e_{11}=2L_1\left[-(L_4+L_2)\cos\theta_1^{(1)}-L_7\right] \\ f_{11}=L_3^2-(L_4+L_2)^2-L_1^2-L_7^2-2(L_4+L_2)L_7\cos\theta_1^{(1)} \end{cases} \tag{2.22}$$

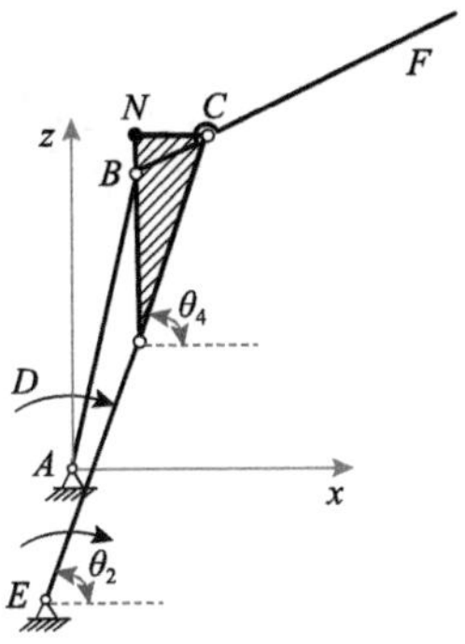

(a) $\theta_4^{(1)}=\theta_2^{(1)}$的奇异位形

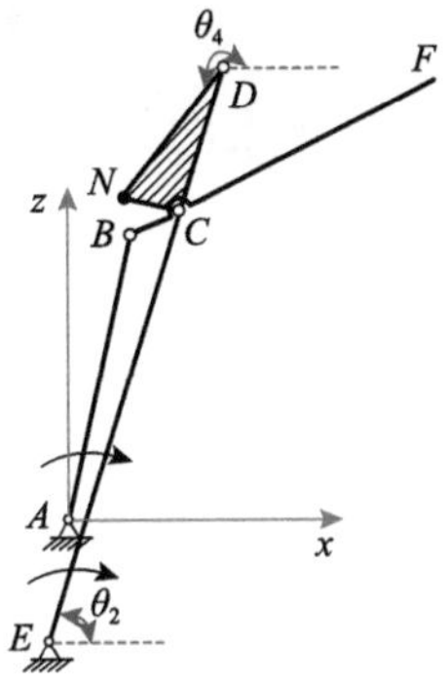

(b) $\theta_4^{(1)}=\theta_2^{(1)}+\pi$的奇异位形

图 2.6　$\theta_4^{(1)}=\theta_2^{(1)}$ 或 $\theta_4^{(1)}=\theta_2^{(1)}+\pi$ 的奇异位形

则输出端轨迹为 *ECBA* 铰链构成四杆机构的输出端 *F* 点的轨迹，可由式(2.11)求出。

3) 出现 $\theta_4^{(1)}=\theta_3^{(1)}$ 或 $\theta_4^{(1)}=\theta_3^{(1)}+\pi$ 的奇异位形时输出端轨迹

$\theta_4^{(1)}=\theta_3^{(1)}$ 或 $\theta_4^{(1)}=\theta_3^{(1)}+\pi$ 的奇异位形如图 2.7 所示。若已知 $\theta_1^{(1)}$，再根据机构的几何关系得

$$\theta_2^{(1)}=\pi-2\arctan\left(\frac{d_{12}-\sqrt{d_{12}^2+e_{12}^2-f_{12}^2}}{e_{12}-f_{12}}\right) \tag{2.23}$$

$$\theta_4^{(1)}=-2\arctan\left(\frac{a_{12}-\sqrt{a_{12}^2+b_{12}^2-c_{12}^2}}{b_{12}-c_{12}}\right) \tag{2.24}$$

式中，

$$\begin{cases} a_{12}=2L_1(L_4-L_3)\sin\theta_1^{(1)} \\ b_{12}=2(L_4-L_3)\left(-L_2\cos\theta_1^{(1)}-L_7\right) \\ c_{12}=L_2^2+(L_4-L_3)^2+L_7^2-L_1^2+2L_2L_7\cos\theta_1^{(1)} \\ d_{12}=2L_2L_1\sin\theta_1^{(1)} \\ e_{12}=2L_1\left(-L_2\cos\theta_1^{(1)}-L_7\right) \\ f_{12}=(L_4-L_3)^2-L_2^2-L_1^2-L_7^2-2L_2L_7\cos\theta_1^{(1)} \end{cases} \tag{2.25}$$

(a) $\theta_4^{(1)}=\theta_3^{(1)}$ 的奇异位形　　　　　(b) $\theta_4^{(1)}=\theta_3^{(1)}+\pi$ 的奇异位形

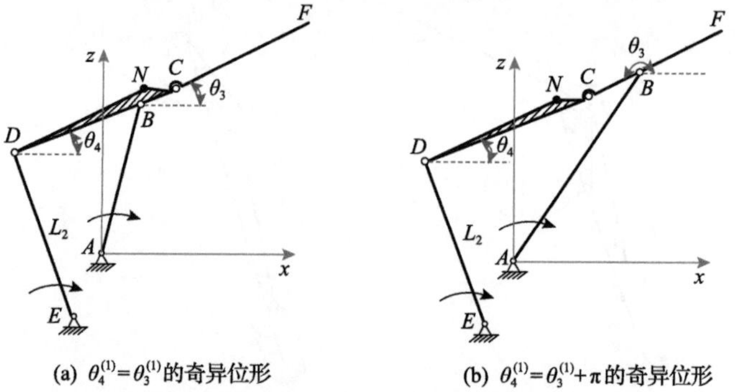

图 2.7　$\theta_4^{(1)}=\theta_3^{(1)}$ 或 $\theta_4^{(1)}=\theta_3^{(1)}+\pi$ 的奇异位形

则其输出端轨迹为 $EDBA$ 铰链构成四杆机构的输出端 F 点的轨迹,可由式(2.11)求出。

2.3.2　不出现奇异位形的尺度情况分析

以下对机构处于二自由度构态时不出现奇异位形的尺度情况进行分析。当不满足奇异位形所形成的四杆机构的装配条件时,将不会出现奇异位形,则可得不出现奇异位形的条件如下。

(1)不出现 $\theta_3^{(1)}=\theta_1^{(1)}$ 的奇异位形的条件为

$$L_1 + L_3 > L_7 + L_2 + L_4 \tag{2.26}$$

(2)不出现 $\theta_3^{(1)}=\theta_1^{(1)}+\pi$ 的奇异位形的条件为

$$L_{13\max} > \left|L_1 - L_3\right| + L_a + L_b \tag{2.27}$$

式中,$L_{13\max}$ 为除 L_1 与 L_3 外最长杆的杆长;L_a、L_b 为其余两杆的杆长。当 $L_i = \max(L_2, L_4, L_7)$ 时,设 L_a、L_b 为除 L_i、L_1 和 L_3 之外的其余两杆的杆长,有

$$\begin{cases} L_i + L_3 \geqslant L_1 + L_a + L_b, & L_1 \geqslant L_3 \\ L_i + L_1 > L_3 + L_a + L_b, & L_3 > L_1 \end{cases} \tag{2.28}$$

(3)不出现 $\theta_4^{(1)}=\theta_2^{(1)}$ 的奇异位形的条件为

$$L_2 + L_4 > L_7 + L_1 + L_3 \tag{2.29}$$

(4)不出现 $\theta_4^{(1)}=\theta_2^{(1)}+\pi$ 的奇异位形的条件为

$$L_{24\max} > \left|L_2 - L_4\right| + L_a + L_b \tag{2.30}$$

式中，$L_{24\max}$ 为除 L_2 与 L_4 外最长杆的杆长。当 $L_i=\max(L_1,L_3,L_7)$ 时，有

$$\begin{cases} L_i + L_2 > L_4 + L_a + L_b, & L_4 \geqslant L_2 \\ L_i + L_4 > L_2 + L_a + L_b, & L_2 > L_4 \end{cases} \tag{2.31}$$

(5) 不出现 $\theta_4^{(1)}=\theta_3^{(1)}$ 的奇异位形的条件为

$$L_{34\max} > |L_3 - L_4| + L_a + L_b \tag{2.32}$$

式中，$L_{34\max}$ 为除 L_3 与 L_4 外最长杆的杆长。当 $L_i=\max(L_1,L_2,L_7)$ 时，有

$$\begin{cases} L_i + L_3 > L_4 + L_a + L_b, & L_4 \geqslant L_3 \\ L_i + L_4 > L_3 + L_a + L_b, & L_3 > L_4 \end{cases} \tag{2.33}$$

(6) 不出现 $\theta_4^{(1)}=\theta_3^{(1)}+\pi$ 的奇异位形的条件为

$$L_3 + L_4 > L_7 + L_1 + L_2 \tag{2.34}$$

进一步对机构处于一自由度构态时不出现奇异位形的尺度情况进行分析，由于机构一自由度构态尺度情况 1 为双曲柄四杆机构，不存在奇异位形；机构一自由度构态尺度情况 2 为曲柄摇杆机构，机构一自由度构态尺度情况 3 为双摇杆机构，均存在奇异位形，与图 2.6(a) 所示一致，机构处于奇异位形时输出端 F 点的轨迹由式 (2.11)、式 (2.20)～式 (2.22)、式 (2.23)～式 (2.25) 求得。

2.4　工作空间分析

2.4.1　*A-B-F* 支链工作空间

为了得出机构系统可实现的工作空间，需对机构系统的支链所能实现的工作空间进行分析，首先分析 *A-B-F* 支链的工作空间。

A-B-F 支链的工作空间如图 2.8 中灰色区域所示，工作空间为圆环状，满足如下条件：

$$|L_1 - L_6| \leqslant L_{AF} \leqslant |L_1 + L_6| \tag{2.35}$$

圆环半径的大小取决于 L_1 和 L_6 的取值范围。由杆件的几何数学关系可知，在 L_1 与 L_6 之和一定的条件下，$L_1 = L_6$ 时该支链的工作空间为圆形，工作空间内无空心圆部分，此时工作空间最大。

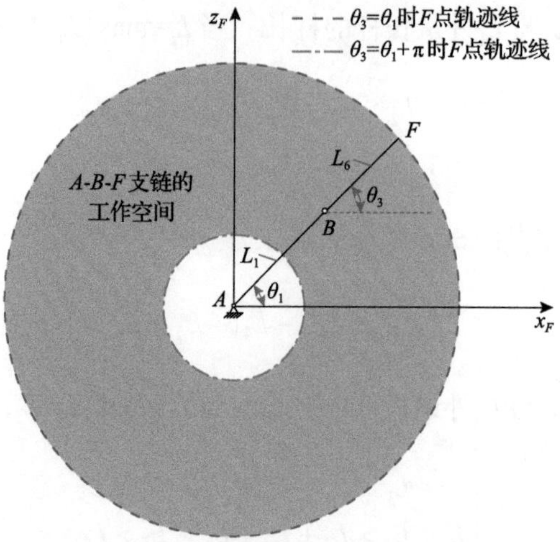

图 2.8　理论最大工作空间

由于码垛机器人机构中 AB 杆的输入角 $\theta_1 \in [0, \pi]$，而且机架底座安装旋转电机后的工作空间左右对称，A-B-F 支链能完成的有效工作空间如图 2.9 所示，该空间称为理论最大工作空间。

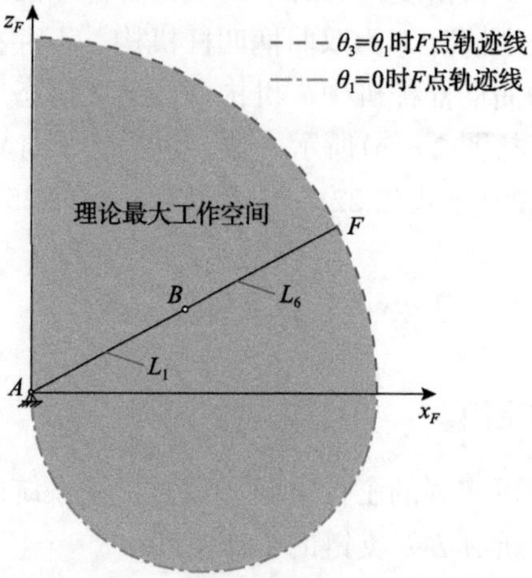

图 2.9　A-B-F 支链能完成的理论最大工作空间

2.4.2　加入 E-D-C 支链后的工作空间

ED 杆的输入角 θ_2 需要满足合理范围，$\theta_2 \in [0, \pi]$，则工作空间内有效范围如图 2.10 中白色区域所示，图中灰色区域为 $\theta_2 < 0$ 或 $\theta_2 > \pi$ 时 F 点的区域，其中 $\theta_2 < 0$ 或 $\theta_2 > \pi$ 一般只出现其一，为无效区域。

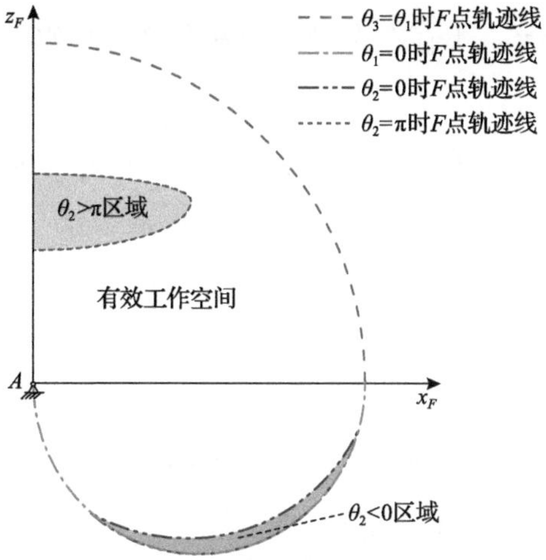

图 2.10　加入 E-D-C 支链后有效工作空间区域

$\theta_2=0$ 或 π 时 F 点轨迹线（$ADBC$ 铰链构成的四杆机构时 F 点的轨迹），可由式（2.14）和式（2.15）求出。

2.4.3　二自由度构态工作空间内的奇异曲线

由于 E-D-C 支链的加入，机构的工作空间内将出现奇异位形轨迹，由 2.3.2 节所述的 6 种二自由度构态尺度情况的尺度关系以及 3 种不出现奇异位形的条件可得出机构工作空间内的奇异曲线的位置。由于 $L_1=L_6$，则 $\theta_3^{(1)}=\theta_1^{(1)}+\pi$ 奇异位置 F 点的轨迹为一个点（原点）。考虑工作空间内杆件干涉问题，结合图 2.11 的杆件方位分布情况，从中选取图 2.11（a）所示的方位分布。因此，θ_2 对应的无效区域为 $\theta_2>\pi$。

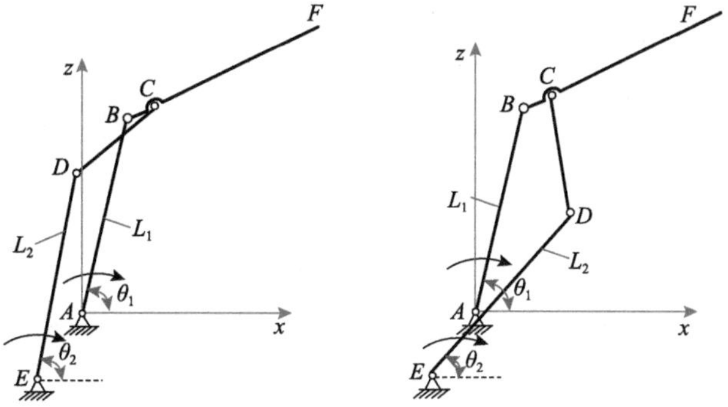

(a) 杆件方位分布一　(b) 杆件方位分布二

图 2.11　机构杆件位置分布

由式（2.1）～式（2.9）可知，对于二自由度构态尺度情况 1，存在奇异位形

$\theta_4^{(1)}=\theta_2^{(1)}$ 或 $\theta_4^{(1)}=\theta_2^{(1)}+\pi$，不存在奇异位形 $\theta_3^{(1)}=\theta_1^{(1)}$ 或 $\theta_3^{(1)}=\theta_1^{(1)}+\pi$、$\theta_4^{(1)}=\theta_3^{(1)}$ 或 $\theta_4^{(1)}=\theta_3^{(1)}+\pi$；对于二自由度构态尺度情况 2，存在奇异位形 $\theta_3^{(1)}=\theta_1^{(1)}$ 或 $\theta_3^{(1)}=\theta_1^{(1)}+\pi$ 和 $\theta_4^{(1)}=\theta_3^{(1)}$ 或 $\theta_4^{(1)}=\theta_3^{(1)}+\pi$，不存在奇异位形 $\theta_4^{(1)}=\theta_2^{(1)}$ 或 $\theta_4^{(1)}=\theta_2^{(1)}+\pi$；对于二自由度构态尺度情况 3，可能存在奇异位形 $\theta_4^{(1)}=\theta_2^{(1)}$ 或 $\theta_4^{(1)}=\theta_2^{(1)}+\pi$ 和 $\theta_3^{(1)}=\theta_1^{(1)}$ 或 $\theta_3^{(1)}=\theta_1^{(1)}+\pi$，但 $\theta_3^{(1)}=\theta_1^{(1)}$ 或 $\theta_3^{(1)}=\theta_1^{(1)}+\pi$ 的轨迹线在 $\theta_1^{(1)}=0$ 轨迹线的下方，不在有效工作空间区域内，因此不存在奇异位形 $\theta_4^{(1)}=\theta_3^{(1)}$ 或 $\theta_4^{(1)}=\theta_3^{(1)}+\pi$；对于二自由度构态尺度情况 4、情况 5 和情况 6，可能存在奇异位形 $\theta_3^{(1)}=\theta_1^{(1)}$ 或 $\theta_3^{(1)}=\theta_1^{(1)}+\pi$、$\theta_4^{(1)}=\theta_2^{(1)}$ 或 $\theta_4^{(1)}=\theta_2^{(1)}+\pi$ 和 $\theta_4^{(1)}=\theta_3^{(1)}$ 或 $\theta_4^{(1)}=\theta_3^{(1)}+\pi$。

二自由度构态尺度情况 1～情况 6 的有效工作空间如图 2.12 所示，白色区域为有效工作空间区域，其他颜色的区域为无效区域。由式(2.11)和式(2.18)进一步可求出二自由度构态尺度情况 1～情况 6 的有效工作空间区域内的奇异值分布情况。

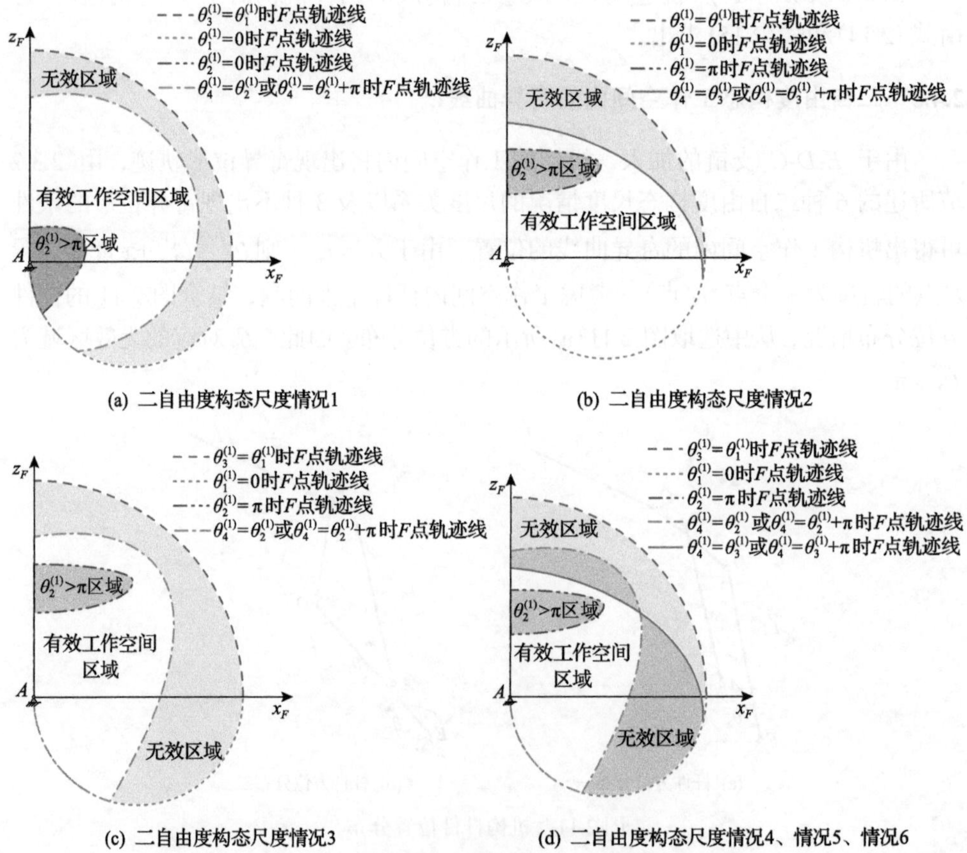

(a) 二自由度构态尺度情况1　(b) 二自由度构态尺度情况2

(c) 二自由度构态尺度情况3　(d) 二自由度构态尺度情况4、情况5、情况6

图 2.12　二自由度构态各尺度情况的有效工作空间

空间运动性能评价指标一般有条件数[157]（$\delta_{\max}^{(\xi)}/\delta_{\min}^{(\xi)}$）、最小奇异值[158]（$\delta_{\min}^{(\xi)}$）和可操作度[159]（$\delta_1^{(\xi)}\delta_2^{(\xi)}\cdots\delta_n^{(\xi)}$）。由式(2.18)可知，在二自由度构态，当奇异位形 $\theta_3^{(1)}=\theta_1^{(1)}$，$\theta_1^{(1)}=\theta_3^{(1)}+\pi$，$\theta_4^{(1)}=\theta_2^{(1)}$，$\theta_4^{(1)}=\theta_2^{(1)}+\pi$ 时，$\delta_{\min}^{(1)}=0$；当奇异位形 $\theta_4^{(1)}=\theta_2^{(1)}$，$\theta_4^{(1)}=\theta_2^{(1)}+\pi$ 时，$\delta_{\max}^{(1)}$ 趋于无穷，$\delta_{\min}^{(1)}$ 也较大。在一自由度构态，机构处于死点位置时，$\delta_{\min}^{(2)}=0$，$\delta_{\max}^{(2)}$ 不接近 0。因此，选取条件数的倒数 $k_J^{(\xi)}$ 作为工作空间内运动性能的评判指标，即

$$k_J^{(\xi)}=\delta_{\min}^{(\xi)}/\delta_{\max}^{(\xi)} \tag{2.36}$$

式中，$k_J^{(\xi)}\in[0,1]$，$k_J^{(\xi)}$ 较小时机构运动性能较差，$k_J^{(\xi)}$ 较大时机构运动性能较好，当 $k_J^{(\xi)}=0$ 时机构处于奇异位置。由于可能存在 $\delta_{\min}^{(\xi)}$ 与 $\delta_{\max}^{(\xi)}$ 均接近 0 但是 $k_J^{(\xi)}$ 却较大，并且 $\delta_{\min}^{(\xi)}$ 较小的情况，实际上机构运动性能较差，与上述描述矛盾，因此，综合考虑条件数和最小奇异值，进行如下设定：$k_J^{(\xi)}$ 在 $\delta_{\min}^{(\xi)}\geqslant\delta_{E\min}^{(\xi)}$（$\delta_{E\min}^{(\xi)}$ 为 $\delta_{\min}^{(\xi)}$ 的最小允许值）的区域内有效；$\delta_{\min}^{(\xi)}<\delta_{E\min}^{(\xi)}$ 的区域为无效区域。

最终得出在 $\delta_{\min}^{(1)}\geqslant\delta_{E\min}^{(1)}$ 条件下 $k_J^{(1)}\geqslant k_{JE\min}^{(1)}$（$k_{JE\min}^{(1)}$ 为 $k_J^{(1)}$ 的最小允许值）的区域，该区域作为合适工作空间，如图 2.13 所示。在该空间内，机器人机构具有较好的工作性能。

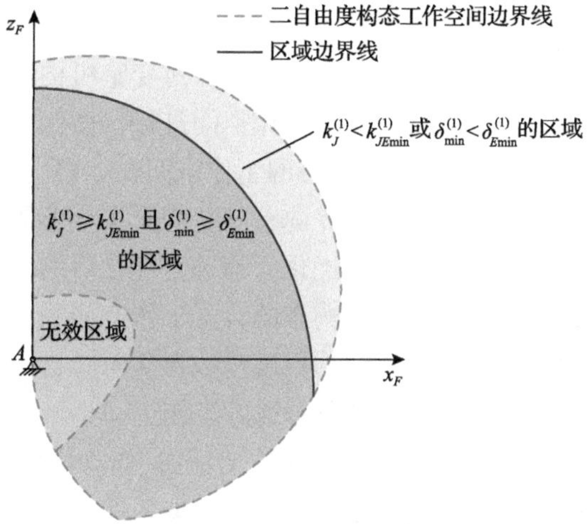

图 2.13　合适工作空间

2.4.4　一自由度构态时的工作空间

一自由度构态时其工作空间为一条曲线，如图 2.14 所示，不同的尺度参数将

生成不同的轨迹线。由式(2.11)和式(2.18)可求出该构态时 F 点轨迹线内各位置所对应的奇异值，进一步由式(2.36)可求出 $k_J^{(2)}$。一自由度构态适用于空间内大范围的快速移动，因此往往选取靠近二自由度构态合适工作空间的边缘，且满足 $k_J^{(2)} \geqslant k_{JE\min}^{(2)}$。

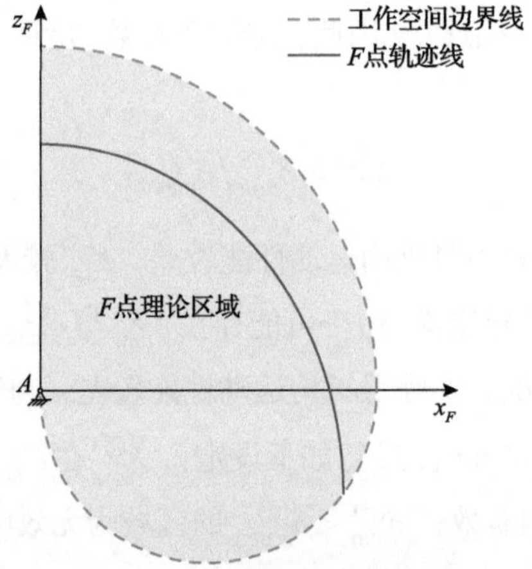

图 2.14　一自由度构态时 F 点的轨迹线

2.5　尺度优化方法

由于变胞机构存在尺度参数的关联，所以在对变胞机构进行尺度优化时需同时对各构态进行分析，若只对单一构态工作空间进行尺度优化可能导致其他构态工作空间达不到要求。由于一自由度构态的工作空间在二自由度构态工作空间内，所以采用如下优化策略：根据二自由度构态尺度情况 1～情况 6 相关的尺度参数对二自由度构态的合适工作空间进行优化，筛选出优化后的合适工作空间并初步得出相应的尺度参数；根据二自由度构态的合适工作空间确定一自由度构态工作空间轨迹要求，根据两构态相互关联的尺度参数再次对二自由度构态工作空间进行优化，最终得出优化后的尺度参数及合适的工作空间。

L_1 和 L_6 作为初选的已知值，L_2、L_3、L_4、x_E 和 z_E 作为优化变量，取 (x_A, z_A) 为坐标系原点，最后根据一自由度构态工作空间约束条件确定 L_8。

为了使机构在有限的尺度参数范围内获得尽可能大的合适工作空间，选取机构二自由度构态合适工作空间区域 S_A 与理论最大工作空间区域 S_O 之比为目标函数，但由于求解奇异曲线处 z_F 与 x_F 之间的对应关系函数 $z_F = f_F(x_F)$ 的准确表达式比较困难，所以采用数值计算方法简化计算，用工作空间内数量足够多的离散点代替连续的工作空间进行优化计算。为了提高运算效率，在优化时可选择间距较大的离散点，当优化求解结束后，再重新选取间距较小的离散点对所求得的结果进行验算，若满足约束条件，则说明结果是正确的。因此，目标函数$g_{1\max}(L_2,L_3,L_4)$为机构二自由度构态合适工作空间区域S_A的离散点数N_A与理论最大工作空间区域S_O的离散点数N_O之比。

尺度优化计算的具体步骤如下：

(1)根据工作任务要求确定已知杆长L_1、L_6。

(2)根据样机制作尺寸要求确定优化变量L_2、L_3、L_4、x_E和z_E的取值范围，在该范围内根据优化算法生成这些优化变量的值。

(3)得出二自由度构态尺度情况1～情况6的各杆长度约束条件。

(4)设定较大间距的离散点的间隔d_l，令$N_{x_l}=(L_1+L_6)/d_l+1$，$N_{z_l}=(L_1+L_6+L_6)/d_l+1$，生成$N_{x_l}\times N_{z_l}$的矩阵$\boldsymbol{A}$，设定该矩阵所有元素均为1，该矩阵称为工作空间内有效离散点矩阵。

(5)根据$\theta_1^{(1)}\in[0,\pi]$或$\theta_3^{(1)}\in[0,\pi]$，按照$\pi\times10^{-4}$的间隔生成角度数组，代入$\theta_1^{(1)}=0$、$\theta_1^{(1)}=\theta_3^{(1)}$时输出端$F$的计算公式进行计算，得到一系列轨迹点$(x_{F11},z_{F11})$、$(x_{F12},z_{F12})$、…、$(x_{F1n_{l1}},z_{F1n_{l1}})$，分别对所有轨迹点进行数学处理：$x_{F1i}/d_l+1$、$z_{F1i}/d_l+1$（$i=1,2,\cdots,n_{l1}$）取整得到一系列整数$N_{x_{F1i}}$、$N_{z_{F1i}}$，将矩阵$\boldsymbol{A}$中第$N_{x_{F1i}}$行、第$N_{z_{F1i}}$列的元素记为$\boldsymbol{A}(N_{x_{F1i}},N_{z_{F1i}})$，并令其等于0，则$\theta_1^{(1)}=0$、$\theta_1^{(1)}=\theta_3^{(1)}$时轨迹点存储在矩阵$\boldsymbol{A}$内，矩阵$\boldsymbol{A}$内该位置的元素为0，再令$\boldsymbol{A}(N_{x_{F1i}},N_{z_{F1i}})$外侧区域（$\theta_1^{(1)}=0$位置曲线中$\theta_3^{(1)}\in(-\pi,0)$下侧以外区域与$\theta_1^{(1)}=\theta_3^{(1)}$位置曲线中$\theta_3^{(1)}\in(0,\pi/2)$上侧以外区域）的元素为0，记此时矩阵$\boldsymbol{A}$中数值为1的元素的个数为$N_O$。

(6)进一步，同理可得到$\theta_2^{(1)}=\pi$、$\theta_2^{(1)}=\theta_4^{(1)}$、$\theta_3^{(1)}=\theta_4^{(1)}$时的轨迹点$(x_{F2j},z_{F2j})$（其中，$j=1,2,\cdots,n_{l2}$），分别对$x_{F2j}/d_l+1$、$z_{F2j}/d_l+1$进行取整得到$N_{x_{F2j}}$、$N_{z_{F2j}}$，令$\boldsymbol{A}(N_{x_{F2j}},N_{z_{F2j}})=0$，则$\theta_2^{(1)}=\pi$、$\theta_2^{(1)}=\theta_4^{(1)}$、$\theta_3^{(1)}=\theta_4^{(1)}$时轨迹点存储在矩阵$\boldsymbol{A}$内，矩阵$\boldsymbol{A}$该位置的元素为0，再令$\boldsymbol{A}(N_{x_{F2j}},N_{z_{F2j}})$外侧区域（$\theta_2^{(1)}>\pi$、$\theta_4^{(1)}>\theta_2^{(1)}$、$\theta_3^{(1)}<\theta_4^{(1)}$的区域）的元素为0。

(7)对矩阵$\boldsymbol{A}$中数值为1的元素$\boldsymbol{A}(N_{x_F},N_{z_F})$所对应的坐标值$(x_F,z_F)$分别进行逆运算，得出各坐标值所对应的$\theta_1^{(1)}$、$\theta_2^{(1)}$、$\theta_3^{(1)}$、$\theta_4^{(1)}$，进一步求出各坐标值所对应的雅可比矩阵奇异值$\delta^{(1)}$，进而得出$k_J^{(\xi)}$，设定$k_J^{(1)}<k_{JE\min}^{(1)}$或$\delta_{\min}^{(1)}<\delta_{E\min}^{(1)}$所

对应的矩阵 $\boldsymbol{A}$ 的元素为 0，此时矩阵 $\boldsymbol{A}$ 中数值为 1 的元素所形成的区域为合适工作空间区域，矩阵 $\boldsymbol{A}$ 中数值为 1 的元素的个数为 N_A。

(8) 得到目标函数 N_A/N_O，进行反复优化计算，求得目标函数 N_A/N_O 的最大值，选取较小间距的离散点的间隔 d_l 进行验算，判断所得的优化变量是否满足所有约束条件，若不满足则返回第(2)步重新进行优化计算，确保结果的准确性。

(9) 根据二自由度构态尺度情况 1～情况 6 的优化结果选择合适工作空间区域较好的优化结果，确定一自由度构态时工作空间轨迹线。例如，为使该轨迹线具有较大的范围，要求该轨迹线在所设定的一系列坐标值 (x_{l1}, z_{l1})、(x_{l2}, z_{l2})、…、(x_{ln_l}, z_{ln_l}) 上方范围内且满足约束条件 $k_J^{(2)} \geqslant k_{JE\min}^{(2)}$，如图 2.15 所示。相关尺度参数 L_2、L_3、L_4、x_E 和 z_E 作为优化变量，将 N_A/N_O 作为目标函数再次进行优化。

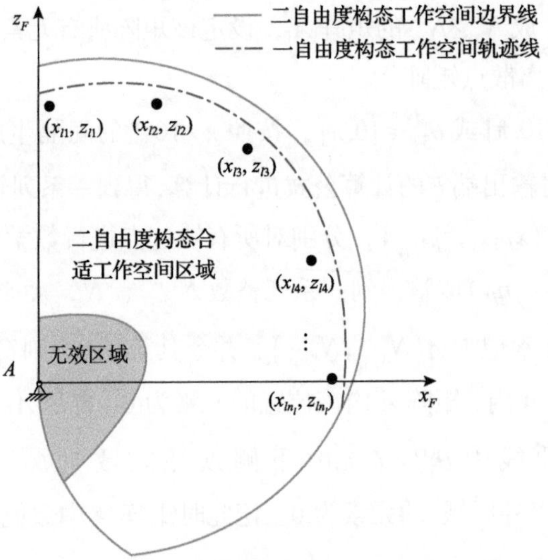

图 2.15　一自由度构态工作空间约束条件

(10) 得出优化结果，判断其是否理想，若合适工作空间内存在奇异曲线将其分割的情况或者不满足约束条件时，需返回第(9)步重新进行优化计算。若结果依旧不理想，则返回第(1)步重新进行优化计算。若优化结果理想，则优化完成，得出合适工作空间及相关尺度参数。

(11) 取较小间距的离散点的间隔 d_l 进行验算，判断所得的优化变量是否满足所有约束条件，若不满足则返回第(1)步重新进行优化计算，确保结果的准确性。

尺度优化计算的流程图如图 2.16 所示。本节所提优化方法在对工作空间进行优化计算时，采用空间离散化的思想，避免了积分求解工作空间的反复复杂运算。

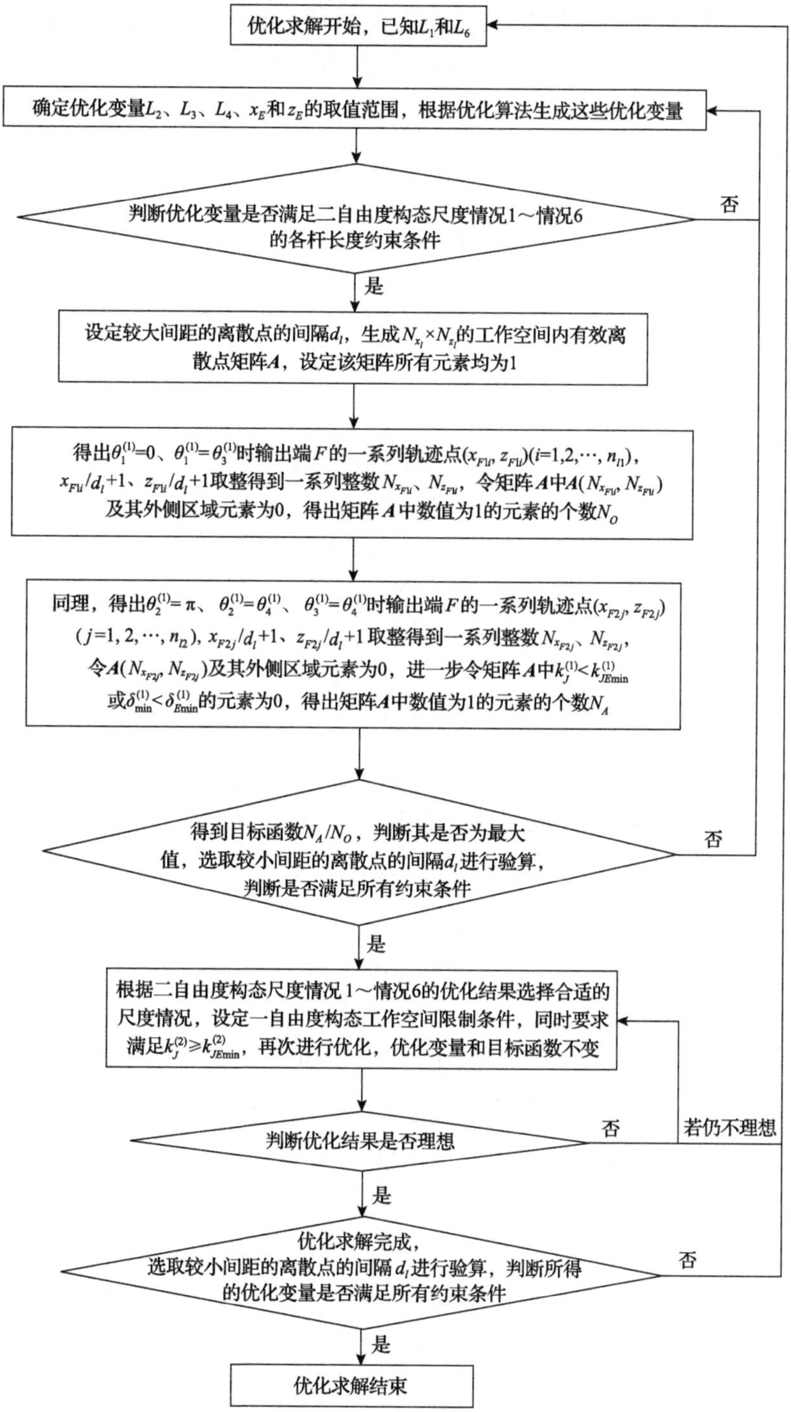

图 2.16　尺度优化计算的流程图

若不经过上述处理方法而直接运用常规优化算法计算，由于优化变量没有进行过约束处理，很可能得到不满足条件的最优解。例如，最优解对应工作空间虽大，但是由于奇异曲线的存在，工作空间处于分割状态，即工作空间无法实现，导致优化计算失效。

2.6　尺度优化实例分析

本节开展尺度优化实例计算分析，优化数学模型如下：

$$
\begin{aligned}
&\text{find}\ \{L_2, L_3, L_4, x_E, z_E\}\\
&\max\ N_A/N_O\\
&\text{s.t.}\ \begin{cases}
L_2 \in [L_{2\min}, L_{2\max}]\\
L_3 \in [L_{3\min}, L_{3\max}]\\
L_4 \in [L_{4\min}, L_{4\max}]\\
x_E = [x_{E\min}, x_{E\max}]\\
z_E = [z_{E\min}, z_{E\max}]\\
L_1 = C_1(\text{设定常数})\\
L_6 = C_2(\text{设定常数})
\end{cases}
\end{aligned}
\tag{2.37}
$$

根据工作任务的要求，选取 $L_1 = L_6 = 0.6\text{m}$ 。另考虑样机加工工艺、尺寸制作、保证机构尺寸的紧凑性，初步选取杆件长度约束条件如下：

$$
\begin{aligned}
&L_2 \in [0.12\text{m}, 0.6\text{m}]\\
&L_3 \in [0.2\text{m}, 0.48\text{m}]\\
&L_4 \in [0.12\text{m}, 0.9\text{m}]\\
&x_E \in [-0.2\text{m}, 0.2\text{m}]\\
&y_E \in [-0.2\text{m}, 0.2\text{m}]
\end{aligned}
\tag{2.38}
$$

为防止样机处于奇异位置及其附近导致输入端扭矩过大，同时确保机器人机构在工作空间内具有较好的工作性能，选取 $k_{JE\min}^{(1)} = 0.1$ ， $\delta_{E\min}^{(1)} = 0.15$ ， $k_{JE\min}^{(2)} = 0.1$ 。

取工作空间距离步长为 0.025m，运用遗传算法进行优化计算。优化结果如表 2.1 所示。对优化变量取小数点后三位，选取工作空间距离步长为 0.0025m，再次计算，得到 6 种二自由度构态尺度情况的优化结果如表 2.2 所示，合适工作空间如图 2.17 所示，最深色区域为机构合适工作空间区域 S_A（$k_J^{(1)} \geqslant 0.1$ 且 $\delta_{\min}^{(1)} \geqslant 0.15$），次深色区域为 $k_J^{(1)} < 0.1$ 或 $\delta_{\min}^{(1)} < 0.15$ 的区域以及工作空间内无法达到的区域。最深色区域

加上次深色区域为理论工作空间区域，其他区域为理论工作空间以外的区域。

表 2.1　取较大步长时的优化结果

情况	优化变量/m					目标函数
	L_2	L_3	L_4	x_E	z_E	N_A/N_O
1	0.32013	0.36817	0.60720	−0.00108	−0.03952	0.744133
2	0.34621	0.24908	0.58123	−0.02713	−0.07335	0.725587
3	0.59968	0.47604	0.27089	0.14045	0.14710	0.380394
4	0.33160	0.23273	0.60572	0.08501	−0.18009	0.791446
5	0.35603	0.35679	0.62642	0.01396	−0.18327	0.755110
6	0.52673	0.25786	0.26241	0.19926	0.17358	0.335102

表 2.2　取较小步长时的优化结果

情况	优化变量/m					目标函数
	L_2	L_3	L_4	x_E	z_E	N_A/N_O
1	0.320	0.368	0.607	−0.001	−0.040	0.7236
2	0.346	0.249	0.581	−0.027	−0.073	0.7082
3	0.600	0.476	0.271	0.140	0.147	0.3711
4	0.332	0.233	0.606	0.085	−0.180	0.8209
5	0.356	0.357	0.626	0.014	−0.183	0.7663
6	0.527	0.258	0.262	0.199	0.174	0.3259

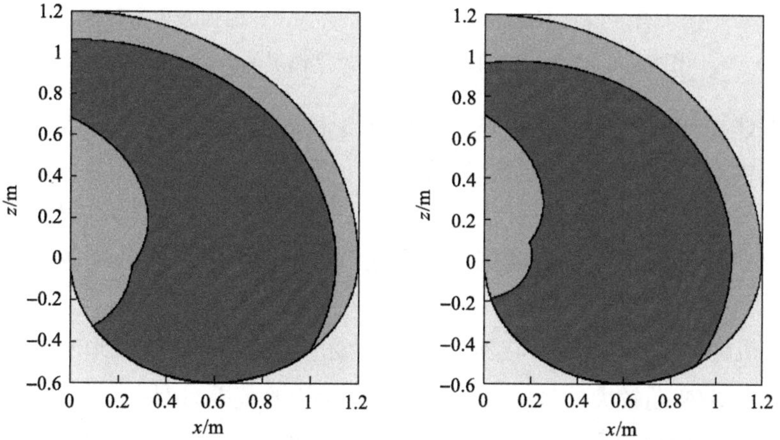

(a) 二自由度构态尺度情况1　　(b) 二自由度构态尺度情况2

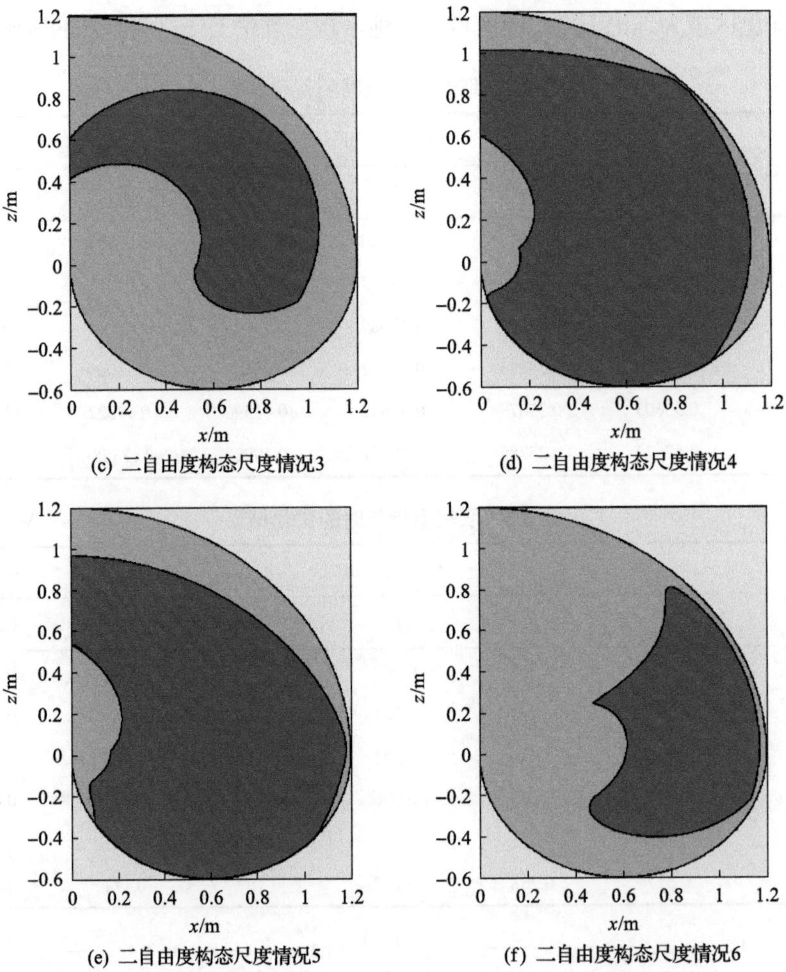

(c) 二自由度构态尺度情况3　(d) 二自由度构态尺度情况4

(e) 二自由度构态尺度情况5　(f) 二自由度构态尺度情况6

图 2.17　优化后二自由度构态各尺度情况的合适工作空间

由上述可知，二自由度构态尺度情况 3 和情况 6 的合适工作空间均较小，二自由度构态尺度情况 1、情况 2、情况 4、情况 5 的合适工作空间较大，因此选取这四种尺度情况继续进行优化。其中，优化后二自由度构态尺度情况 1 为无条件双曲柄机构，二自由度构态尺度情况 2、情况 4、情况 5 为有条件双曲柄机构。

当将机构输出点 F 在工作空间最上端坐标位置附近移动到工作空间最右端附近时，θ_1 和 θ_2 变动较大，且靠近工作空间边缘线的范围时 $k_J^{(1)}$ 较小，这可能导致二自由度构态运动时所需输入电机转矩增大，则输入电机转速会降低，码垛机器人工作效率降低。为了解决这一问题，一自由度构态工作空间选择靠近二自由度构态合适工作空间内的边缘线。若二自由度构态工作空间边缘线附近并非一自由度构态的奇异位置，则 $k_J^{(2)}$ 相对 $k_J^{(1)}$ 较大，所需输入电机转矩相对二自由度构态时较小，则输入电机转速相对较高，有利于码垛机器人在合适工作空间中实现大范围快速活动，提高工作效率。因此，设定一自由度构态工作空间约束条件如下：F 点的轨迹线需在一系列坐标点(0.2m, 1m)、(0.4m, 0.97m)、(0.6m, 0.85m)、(0.8m, 0.7m)、(1m, 0m)的上方。

为了减小输入端电机的所需力矩，要求 L_2 尽可能小；为了使得合适工作空间内没有杆件干涉，要求 $x_E \leqslant 0$，设置优化条件如下：

$$\begin{cases} L_2 \in [0.12\text{m}, 0.36\text{m}] \\ L_3 \in [0.2\text{m}, 0.3\text{m}] \\ L_4 \in [0.12\text{m}, 0.9\text{m}] \\ x_E \in [-0.1\text{m}, 0\text{m}] \\ z_E \in [-0.2\text{m}, 0\text{m}] \end{cases} \tag{2.39}$$

另外，要求 $\theta_2 > \pi$ 区域内 x 轴的范围为 $[0\text{m}, 0.18\text{m}]$，其他约束条件不变。

优化后得到圆整的结果为 $L_2 = 0.35\text{m}$，$L_3 = 0.2\text{m}$，$L_4 = 0.608\text{m}$，$x_E = 0\text{m}$，$z_E = -0.196\text{m}$，$N_A/N_O = 0.8476$。优化后所得机构为有条件双曲柄机构，其合适工作空间如图 2.18 中最深色区域所示。

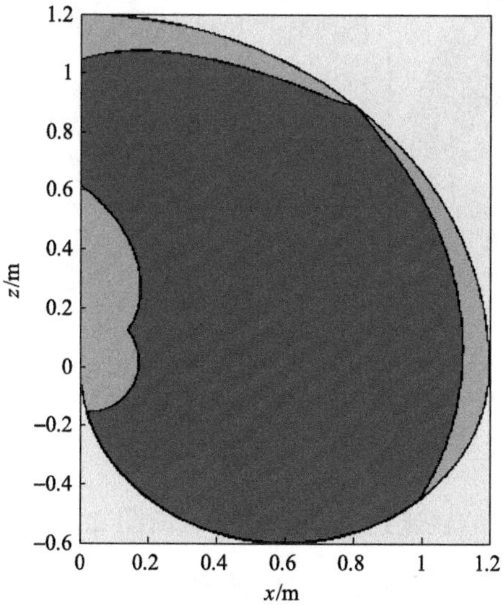

图 2.18　再次优化后的工作空间

进一步得出 θ_1 和 θ_2 在合适工作空间内的等值线图如图 2.19 所示。得出在合适工作空间内 B 点与 D 点之间的距离分布等值线图如图 2.20 所示，以及合适工作空间内 $k_J^{(1)}$ 分布如图 2.21 所示。

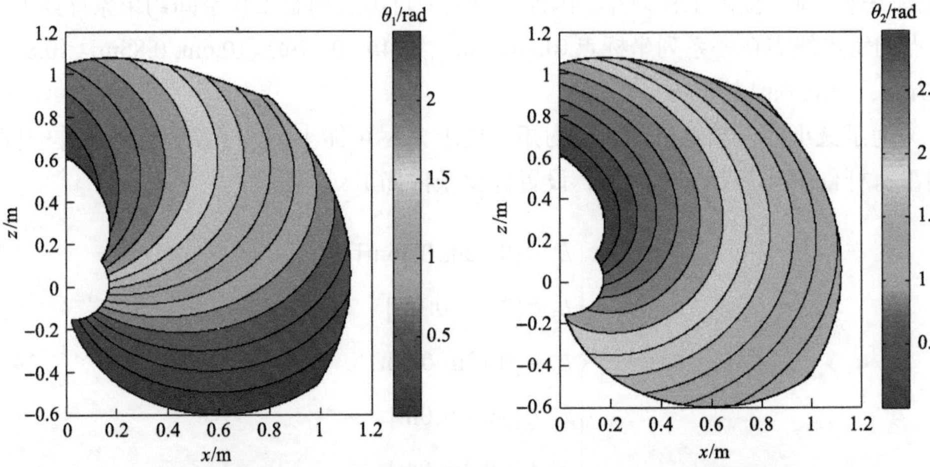

(a) θ_1的等值线图　　(b) θ_2的等值线图

图 2.19　再次优化后机构的输入端角度的等值线图

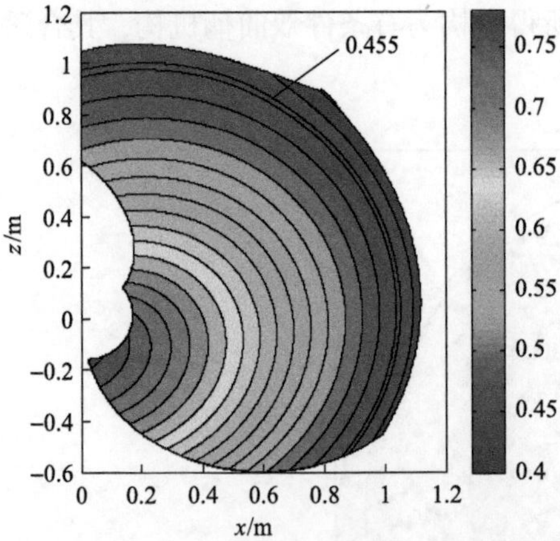

图 2.20　再次优化后机构合适工作空间内 B 点与 D 点之间距离分布等值线图

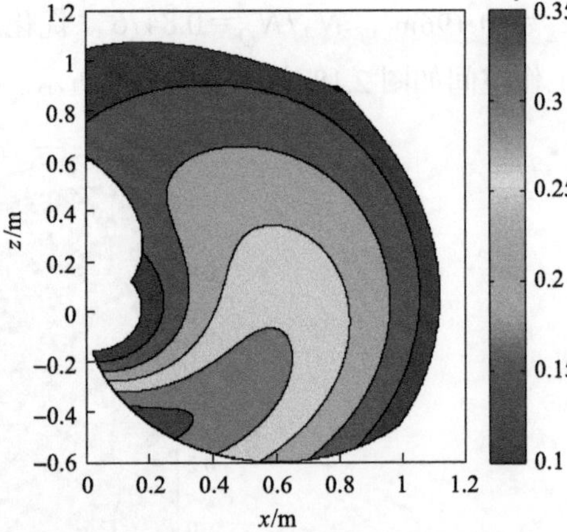

图 2.21　再次优化后机构合适工作空间内 $k_J^{(1)}$ 分布图

根据一自由度构态的轨迹约束条件要求，由图 2.20 可确定合适工作空间内 B 点与 D 点的距离，$L_8 = 0.455\text{m}$。一自由度构态时机构为双曲柄机构，$k_J^{(2)}$ 与 $\theta_1^{(2)}$ 对应关系图如图 2.22 所示。

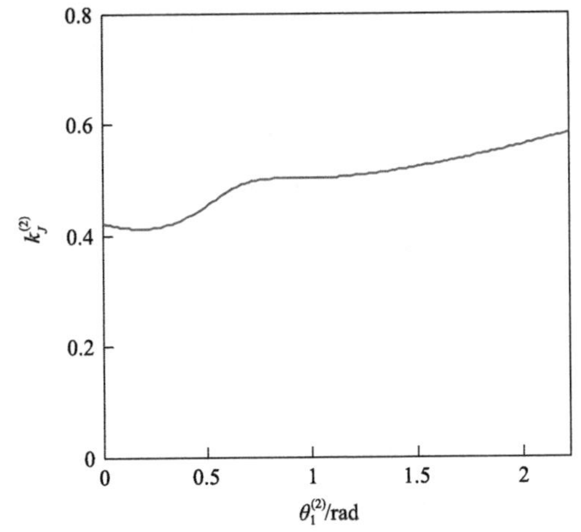

图 2.22　$k_J^{(2)}$ 与 $\theta_1^{(2)}$ 对应关系图

重新选取间距更小的离散点对所求得的结果进行验算，验算结果满足约束条件，说明结果正确。

2.7　机器人样机模型

充分考虑样机加工制作情况、机架安装电机的尺寸、机构杆件的尺寸以及杆件之间运动产生干涉的问题，确定 *A-H-I-B-J-K-F-G* 支链中其余未确定的杆件长度。选取三角形杆的 *BI* 杆尺寸为 0.2m，设计 *HI* 杆为弯曲杆，将 *IBJ* 三角形杆设计为钝角三角形折杆，选取 *BJ* 杆尺寸为 0.25m，$\angle IBJ = 120°$。

结合各个杆件的尺度参数和工作条件，考虑整机的完整性以及码垛任务中输入端转矩和输出端负载的动态性能要求，同时保证各杆件结构在运动中不发生干涉，得出了变胞式码垛机器人的三维虚拟样机，如图 2.23 所示。铰链 *A*、铰链 *E*、旋转底座处均设有控制电机和减速器并由相应的控制电机驱动，输出执行端为电磁铁并由控制电机驱动。当 *N* 点与铰链 *B* 分开时，*N* 点处气动插销未插入铰链 *B* 处气动插销孔，并且铰链 *E* 处的电磁离合器处于闭合状态，机器人处于二自由度构态；当 *N* 点与铰链 *B* 重合时，*N* 点处气动插销插入铰链 *B* 处气动插销孔，并且铰链 *E* 处的电磁离合器处于分离状态，机器人处于一自由度构态。机器人样机对应的机构简图如图 2.24 所示。进一步完成变胞式码垛机器人物理样机的制作，如图 2.25 所示。

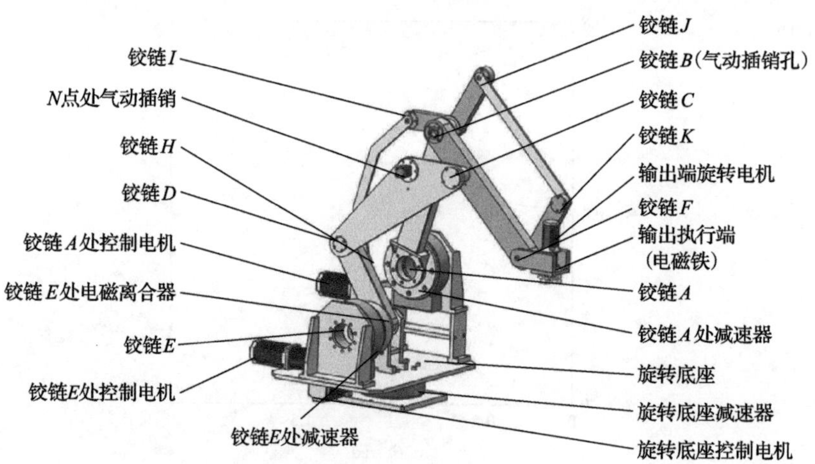

(a) 二自由度构态下主视图

(b) 二自由度构态下侧视图

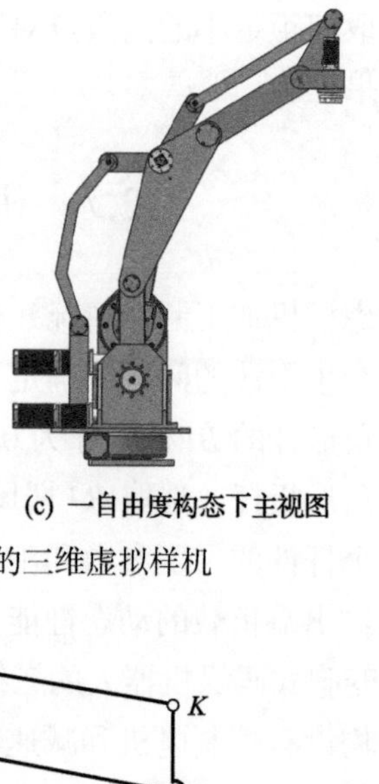

(c) 一自由度构态下主视图

图 2.23　变胞式码垛机器人的三维虚拟样机

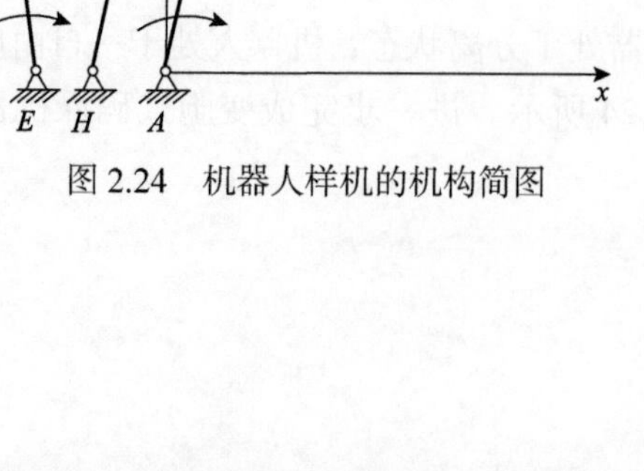

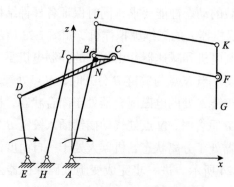

图 2.24　机器人样机的机构简图

(a) 样机与控制柜　(b) 样机停机状态

(c) 样机二自由度构态　(d) 样机一自由度构态

图 2.25　变胞式码垛机器人物理样机

第3章　变胞机器人轨迹规划

目前，变胞机器人的运动规划多为变胞式移动机器人的路径规划或步态规划，少见有对变胞式工业机器人的轨迹规划研究。为了提高机器人的工作效率、降低工作能耗，变胞式工业机器人的轨迹规划显得尤为重要。

机器人轨迹规划分为两类，即关节空间的轨迹规划以及笛卡儿空间的轨迹规划。由于码垛机器人不需要严格沿着固定轨迹运行，其轨迹规划多数为关节空间轨迹规划。关节空间轨迹规划大多采用样条曲线插值的方法，其中多项式插值曲线可以有效保证关节速度、加速度连续，并且求解相对简单。

传统工业机器人的轨迹规划主要建立在机器人运动学分析及刚体动力学分析基础上，这两者的分析结果通常作为轨迹规划的初始条件及约束条件，因而在进行实际工况下的变胞式码垛机器人轨迹规划前，需要先对其进行运动学及刚体动力学分析。然而该机器人轨迹规划相比传统机器人更为复杂，其构态变换的次数与类型也需要在实际工况下确定。为了得到这两个构态变换的参数，需要根据特定工况确定必要路径点及辅助路径点，从而建立机器人的工作路径。由于传统码垛机器人的工作路径并没有考虑构态变换，需要给出一种适用于变胞式码垛机器人的工作路径。

本章首先结合实际工况建立轨迹规划模型，确定相关参数，包括设计变量、目标函数以及约束条件。接着采用多项式插值曲线，对变胞式码垛机器人的主要关节驱动函数进行规划，依次对构态变换过程中及某一构态下的机器人主动关节的驱动函数系数进行计算。最后根据多项式次数以及优化指标，给出两种工况下的求解思路，并分别对其进行理论求解。

3.1　轨迹规划总体分析

3.1.1　工作轨迹模型

变胞式码垛机器人的优势在于能够以不同构态、不同工作轨迹实现不同功能。为了更好地发挥其优势，分析不同构态下以及构态变换过程中机器人的运动性能，需要对该机器人的工作轨迹进行建模。与传统工业机器人工作轨迹模型不同的是，变胞式码垛机器人工作轨迹建模时，需要额外考虑机器人构态变换过程中末端执行器的运动轨迹。

假设变胞式码垛机器人在某种工况下需进行 n 次构态变换，并设第 $j(j=1,2,\cdots,n)$ 次构态变换前后机器人机构的构态分别为 C_{i-1} 及 C_i（其中 $i=j$）。在每个构态下，该机器人的末端执行器均会运动一段轨迹，该段轨迹称为 $C_i(i=0,1,\cdots,n)$ 构态下末端执行器轨迹；同时，在第 j 次构态变换的过程中，机器人的末端执行器也会相应地运动一段轨迹，该段轨迹称为第 j 次构态变换末端执行器轨迹，因此在该工况下变胞式码垛机器人的工作轨迹如图 3.1 所示。

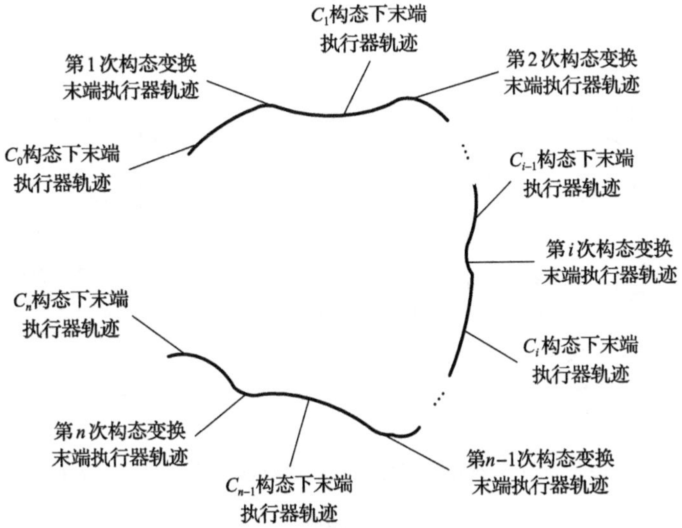

图 3.1　变胞式码垛机器人工作轨迹示意图

3.1.2　变胞式码垛机器人轨迹规划特点

传统轨迹规划的常用方法为：首先在规划路径上取路径点，接着在关节空间内对驱动函数进行最优规划，最后根据运动学正解求出实际轨迹。而变胞式码垛机器人的轨迹规划与传统轨迹规划方法的区别在于，该机器人的轨迹规划需要额外考虑机器人构态变换的影响。其难点在于机器人构态变换的次数、位置及类型均不确定，为此本节引入辅助路径点进行分析，如图 3.2 所示，其中辅助路径点指构态变换开始与结束时，末端执行器所在的路径点。

由图 3.2 可以看出，变胞式码垛机器人的轨迹规划方法需要同时优化笛卡儿空间中的辅助路径点以及关节空间中的驱动函数。优化辅助路径点包括优化其数量及位置，以及辅助路径点之间的轨迹类型等，即相应地优化了构态变换的次数、位置及类型，如图 3.3 所示。

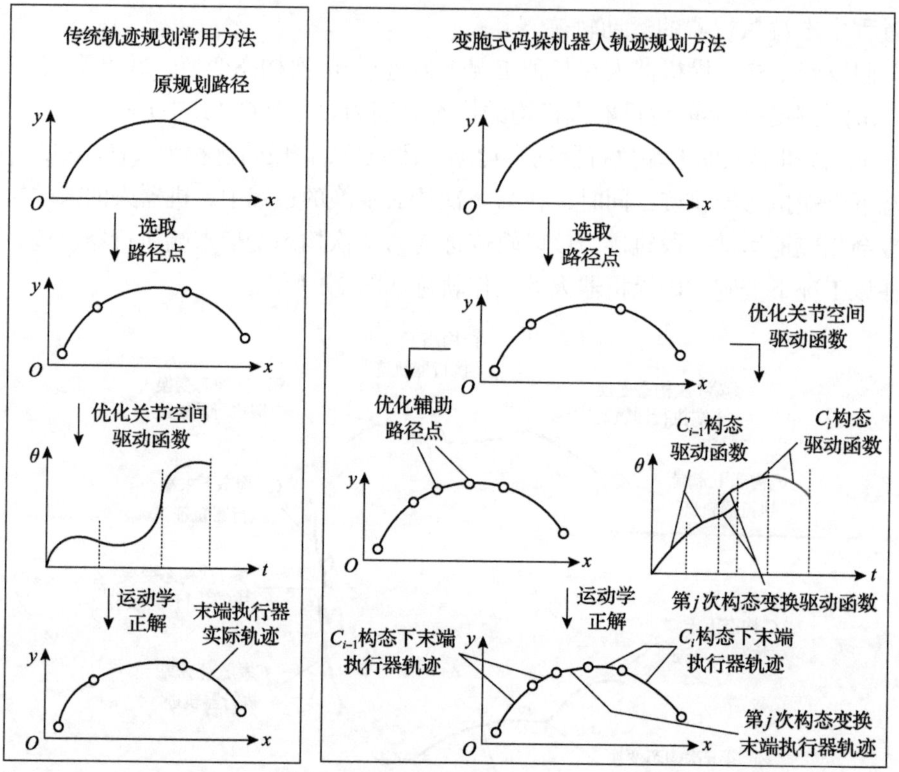

图 3.2　传统轨迹规划方法与变胞式码垛机器人轨迹规划方法对比图

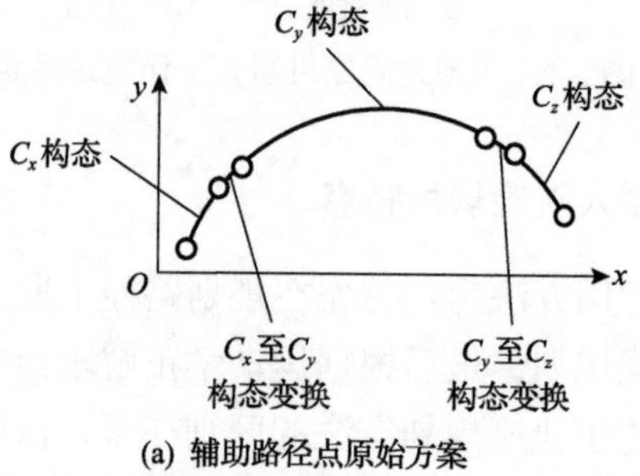

(a) 辅助路径点原始方案

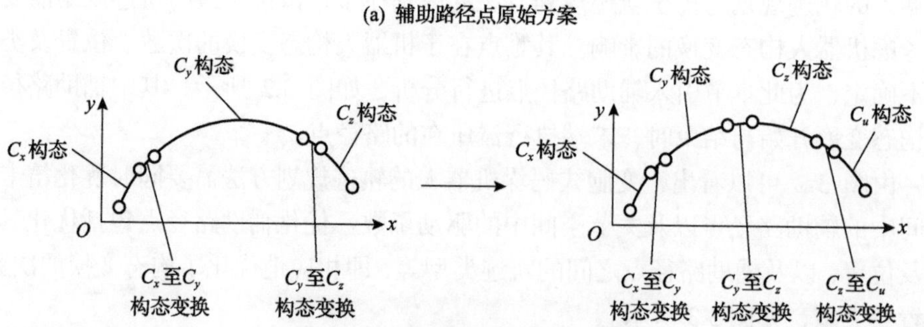

(b) 优化辅助路径点数量(优化构态变换的次数)

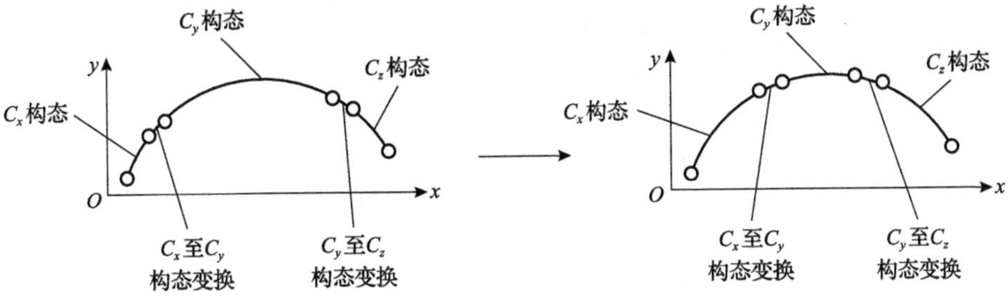

(c) 优化辅助路径点位置(优化构态变换的位置)

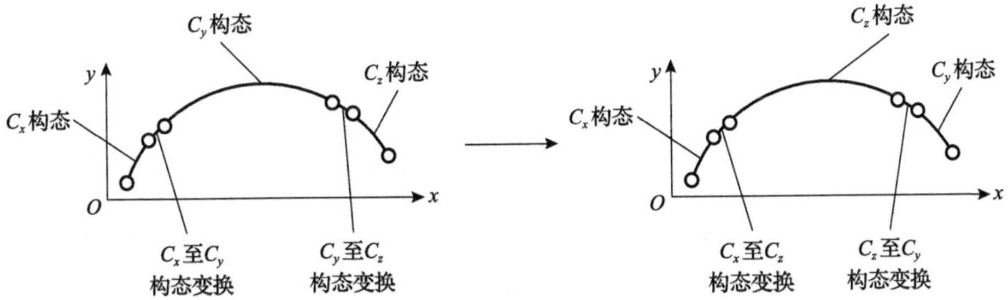

(d) 优化辅助路径点之间轨迹类型(优化构态变换的类型)

图 3.3　优化辅助路径点与优化构态变换方式的关系

3.1.3　优化辅助路径点与优化驱动函数的关系

对于一段可由多种构态运动的轨迹，优化辅助路径点的主要目标是决定各路径点之间以何种构态运动或是进行何种构态变换；而优化驱动函数类似传统轨迹规划方法，需要在笛卡儿空间选定路径点后再对关节空间进行驱动函数的优化，与传统轨迹规划方法不同的是，构态变换过程中的驱动函数可能会引入外部驱动(不在关节空间内的驱动)。

由此可以看出，优化辅助路径点与优化驱动函数的关系属于嵌套关系，其中优化辅助路径点属于外层，优化驱动函数属于内层，即在每次选定辅助路径点后，所有路径点之间(原路径点之间、辅助路径点之间以及原路径点与辅助路径点之间)均需要在关节空间对驱动函数进行优化。

优化问题的总体结构如图 3.4 所示，其中优化驱动函数的过程以原路径点与辅助路径点之间(机器人以某种构态运动)、辅助路径点之间(机器人进行某种构态变换)为例；F_{dci}、F_{dmj} 分别为机器人以 C_i 构态运动以及机器人进行第 j 次构态变换时的驱动函数集合。

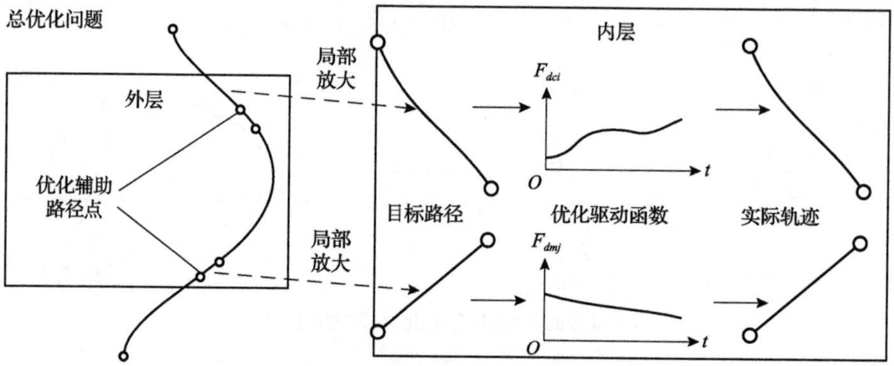

图 3.4　优化问题的总体结构

3.2　轨迹规划模型

根据前面的分析，变胞式码垛机器人的轨迹规划属于一种嵌套结构的优化设计问题，因此后面将依次给出内外层优化问题的设计变量、目标函数和约束条件的确定方法。

3.2.1　确定设计变量

外层优化问题考虑的是如何优化辅助路径点的相关内容，因此需要对构态变换的机理进行详细分析。变胞式码垛机器人在进行第 j 次构态变换的过程中，其活动构件需要在一定区域内与机架(或另一活动构件)合并(或分离)，以实现变胞动作。将活动构件所在的可使该机器人实现第 j 次构态变换的全部区域称为第 j 次构态变换的可变胞区域；将该机器人在实际进行第 j 次构态变换时，活动构件所在的区域称为第 j 次构态变换的实际变胞区域。当活动构件在第 j 次构态变换的可变胞区域内进行变胞动作时，将末端执行器所能经过的全部轨迹所覆盖的区域称为第 j 次构态变换的变胞轨迹区域；该机器人在实际进行第 j 次构态变换时，末端执行器所经过的轨迹称为第 j 次构态变换的实际变胞轨迹。机器人在进行第 j 次构态变换的过程中，其活动构件与末端执行器轨迹的对应关系如图 3.5 所示。

由图 3.5 可以看出，活动构件的实际变胞区域决定了末端执行器的实际变胞轨迹以及辅助路径点，而实际变胞区域受控于相关参数，例如，活动构件的实际变胞区域可由某些杆件或运动副的位置决定，则外层优化问题设计变量为这些杆件或运动副的位置，如图 3.6 所示。其中，$\boldsymbol{R}_{mj}$ 为第 j 次构态变换的实际变胞区域，$\boldsymbol{p}_{mj}$ 为决定 $\boldsymbol{R}_{mj}$ 的相关参数向量。

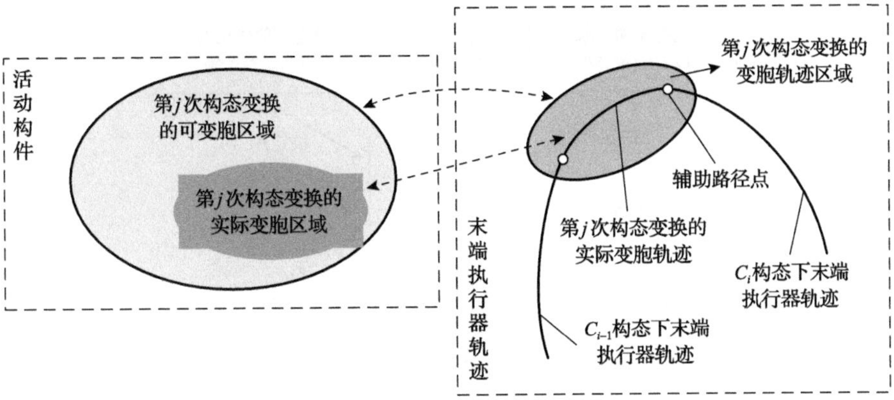

图 3.5 活动构件与末端执行器轨迹的对应关系图

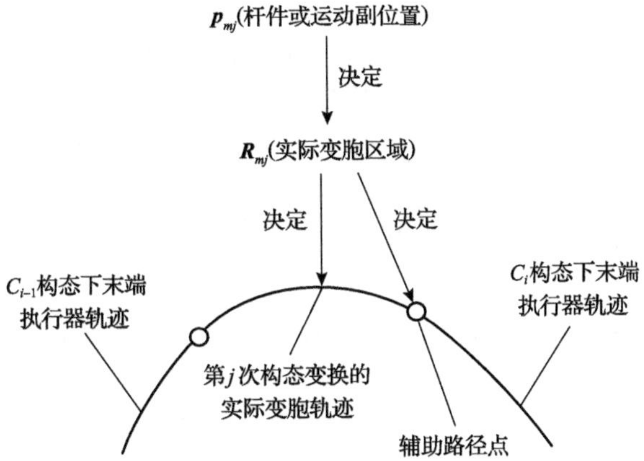

图 3.6 外层优化问题设计变量

因此外层优化问题设计变量可以表示为

$$X_{\text{outer}}=\left[\boldsymbol{p}_{m1},\boldsymbol{p}_{m2},\cdots,\boldsymbol{p}_{mn}\right]^{\mathrm{T}} \tag{3.1}$$

内层优化问题考虑的是驱动函数等相关内容，因此需要对驱动函数进行详细分析。首先，机器人在某个构态下运动时，驱动函数多作用于关节处。关节驱动函数的驱动对象多为关节角度函数，后面提到的关节驱动函数若未特殊强调均表示关节角度函数。从国内外研究现状来看，关节驱动函数有多种样条曲线形式，因此在进行机器人轨迹规划时需要根据需求首先选择驱动函数类型，接着根据该驱动函数确定需要进行优化的驱动函数参数。其次，机器人在实现构态变换的过程中，需要外部驱动(不作用在关节上)，这些外部驱动同样存在需要进行优化的设计参数。综上所述，本节将这些驱动函数的设计参数作为内层设计变量，如图 3.7 所示。

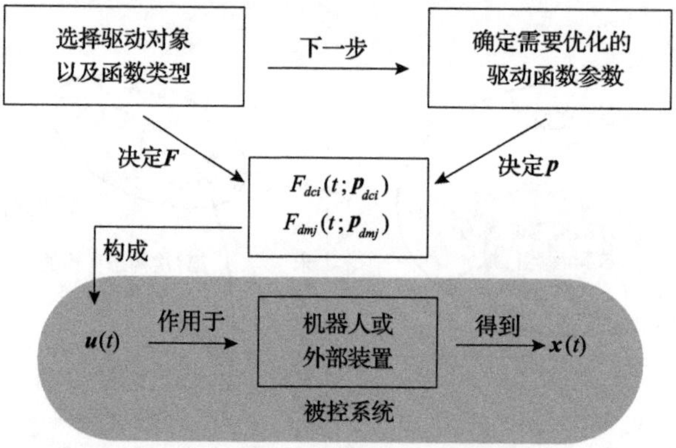

图 3.7 内层设计变量以及确定方法

图 3.7 中，F_{dci} 及 $\boldsymbol{p}_{dci}$ 分别为机器人以 C_i 构态运动时的驱动函数集合与设计参数向量；F_{dmj} 及 $\boldsymbol{p}_{dmj}$ 分别为机器人进行第 j 次构态变换时的驱动函数集合与设计参数向量。引入现代控制理论中的控制模型，即 $\boldsymbol{u}(t)$ 及 $\boldsymbol{x}(t)$ 分别为 t 时刻系统的控制变量及状态变量。可以看出，F_{dci} 与 F_{dmj} 构成控制量，并作用于机器人或外部装置，从而得到了被控系统的状态量。

因此内层优化问题设计变量可以表示为

$$\boldsymbol{X}_{\text{inner}} = \left[\boldsymbol{p}_{dc0}, \boldsymbol{p}_{dc1}, \cdots, \boldsymbol{p}_{dcn}, \boldsymbol{p}_{dm1}, \boldsymbol{p}_{dm2}, \cdots, \boldsymbol{p}_{dmn}\right]^{\mathrm{T}} \tag{3.2}$$

3.2.2 建立目标函数

内层优化问题的目标函数考虑的是各段轨迹的性能指标。传统工业机器人通常以时间最优、能量最优、脉动最优三者之一作为性能指标或将三者相组合作为综合性能指标进行多目标优化设计。但是对于变胞式码垛机器人，其性能指标相对复杂，需要额外考虑构态变换的相关指标(例如，构态变换次数尽可能少、构态变换的时间尽可能短等)，为了总结出内层优化问题目标函数通式，本节利用最优控制理论[160]归纳其优化目标函数。最优控制问题性能指标 $\boldsymbol{J}_{\text{total}}$ 的一般通式(博尔查(Bolza)型)为

$$\boldsymbol{J}_{\text{total}} = \boldsymbol{\Phi}\left[t_0, \boldsymbol{x}(t_0), t_f, \boldsymbol{x}(t_f)\right] + \int_{t_0}^{t_f} \boldsymbol{L}[t, \boldsymbol{x}(t), \boldsymbol{u}(t)]\mathrm{d}t \tag{3.3}$$

式中，t_0 为初始时刻；$\boldsymbol{x}(t_0)$ 为被控系统初始状态；t_f 为终端时刻；$\boldsymbol{x}(t_f)$ 为被控系统终端状态；向量函数 $\boldsymbol{\Phi}$ 为迈尔(Mayer)型性能指标，主要表示被控系统的初始状态以及终端状态需要满足的要求；向量函数 $\boldsymbol{L}$ 为拉格朗日(Lagrange)型性能指标，主要表示在整个控制过程中某种积分评价指标需要满足的要求。

由式(3.3)得到变胞式码垛机器人轨迹优化问题的目标函数，即

$$\begin{cases} F_{\text{cost-}ci}=\Phi_{ci}\left[t_{ci0},\boldsymbol{x}_{ci}\left(t_{ci0}\right),t_{cif},\boldsymbol{x}_{ci}\left(t_{cif}\right)\right]+\int_{t_{ci0}}^{t_{cif}}L_{ci}\left[t,\boldsymbol{x}_{ci}(t),\boldsymbol{u}_{ci}(t)\right]\mathrm{d}t \\ F_{\text{cost-}mj}=\Phi_{mj}\left[t_{mj0},\boldsymbol{x}_{mj}\left(t_{mj0}\right),t_{mjf},\boldsymbol{x}_{mj}\left(t_{mjf}\right)\right]+\int_{t_{mj0}}^{t_{mjf}}L_{mj}\left[t,\boldsymbol{x}_{mj}(t),\boldsymbol{u}_{mj}(t)\right]\mathrm{d}t \end{cases} \tag{3.4}$$

式中，Φ_{ci}、L_{ci}、$F_{\text{cost-}ci}$分别为机器人以C_i构态运动过程的迈尔型性能指标、拉格朗日型性能指标以及目标函数；Φ_{mj}、L_{mj}、$F_{\text{cost-}mj}$分别为机器人第j次构态变换的迈尔型性能指标、拉格朗日型性能指标以及目标函数；$\boldsymbol{x}_{ci}(t)$表示机器人以C_i构态运动过程中t时刻的状态变量，如各关节位移、速度、加速度等；$\boldsymbol{u}_{ci}(t)$表示机器人以C_i构态运动过程中t时刻的控制变量，如以C_i构态运动过程中各关节的力矩等；$\boldsymbol{x}_{mj}(t)$表示机器人第j次构态变换中t时刻的状态变量，如构态变换过程中各关节的位移、速度、加速度等；$\boldsymbol{u}_{mj}(t)$表示机器人第j次构态变换中t时刻的控制变量，如各关节的力矩以及外部驱动的控制变量等；t_{ci0}与t_{cif}分别为机器人以C_i构态运动过程中的初始时刻与终端时刻；$\boldsymbol{x}_{ci}\left(t_{ci0}\right)$与$\boldsymbol{x}_{ci}\left(t_{cif}\right)$分别为机器人以$C_i$构态运动过程中的初始时刻与终端时刻的状态变量；$t_{mj0}$与$t_{mjf}$分别为机器人第$j$次构态变换的初始时刻与终端时刻；$\boldsymbol{x}_{mj}\left(t_{mj0}\right)$与$\boldsymbol{x}_{mj}\left(t_{mjf}\right)$分别为机器人第$j$次构态变换的初始时刻与终端时刻的状态变量。

外层优化设计问题的目标函数需要考虑的是整条轨迹的性能指标。为了综合考虑各个运动阶段的性能指标，本节将外层优化设计问题写为内层优化问题目标函数的加权和，即

$$\begin{aligned} F_{\text{cost}}&=\sum_{i=0}^{n}\eta_{ci}F_{\text{cost-}ci}+\sum_{j=1}^{n}\eta_{mj}F_{\text{cost-}mj} \\ &=\sum_{i=0}^{n}\eta_{ci}\left\{\Phi_{ci}\left[t_{ci0},\boldsymbol{x}_{ci}\left(t_{ci0}\right),t_{cif},\boldsymbol{x}_{ci}\left(t_{cif}\right)\right]+\int_{t_{ci0}}^{t_{cif}}L_{ci}\left[t,\boldsymbol{x}_{ci}(t),\boldsymbol{u}_{ci}(t)\right]\mathrm{d}t\right\} \\ &\quad+\sum_{j=1}^{n}\eta_{mj}\left\{\Phi_{mj}\left[t_{mj0},\boldsymbol{x}_{mj}\left(t_{mj0}\right),t_{mjf},\boldsymbol{x}_{mj}\left(t_{mjf}\right)\right]+\int_{t_{mj0}}^{t_{mjf}}L_{mj}\left[t,\boldsymbol{x}_{mj}(t),\boldsymbol{u}_{mj}(t)\right]\mathrm{d}t\right\} \end{aligned} \tag{3.5}$$

式中，F_{cost}为总优化目标函数；η_{ci}与η_{mj}分别为机器人以C_i构态运动过程中的目标函数以及第j次构态变换的目标函数的权值系数。

这里给出如下四种常见优化指标的具体表达式。

1）时间最优

工业机器人轨迹规划最常见的优化指标为时间最优。在研究基于时间最优的轨迹规划问题时，通常以机器人末端执行器运动某段工作轨迹的总时间作为优化目标函数，而变胞式码垛机器人轨迹规划以 C_i 构态运动的时间以及 n 次构态变换的时间之和为优化目标函数。由式(3.5)，令 $L_{ci}=L_{mj}=0$，$\Phi_{ci}=t_{cif}-t_{ci0}$，$\Phi_{mj}=t_{mjf}-t_{mj0}$，$\eta_{ci}=\eta_{mj}=1$，则其目标函数可以写为

$$F_{\text{cost-time}}=\sum_{i=0}^{n}\left(t_{cif}-t_{ci0}\right)+\sum_{j=1}^{n}\left(t_{mjf}-t_{mj0}\right) \tag{3.6}$$

2）能量最优

研究基于能量最优的轨迹规划问题时，通常以机器人末端执行器运动某段工作轨迹的总能量作为优化目标函数。而总能量一般通过关节力矩、关节速度等进行计算，与时间最优的指标类似，变胞式码垛机器人不止需要考虑以 C_i 构态运动的能量，还要考虑变胞过程所需要耗费的能量。其中，变胞过程所需要耗费的能量包括机器人自身耗费的能量以及外部系统所消耗的能量。由式(3.5)，令 $\Phi_{ci}=\Phi_{mj}=0$，$L_{ci}=\left|\boldsymbol{\tau}_{ci}^{\mathrm{T}}\dot{\boldsymbol{\theta}}_{ci}\right|$，$L_{mj}=\left|\boldsymbol{\tau}_{mj}^{\mathrm{T}}\dot{\boldsymbol{\theta}}_{mj}\right|+P_{ej}$，$\eta_{ci}=\eta_{mj}=1$，则其目标函数表达式为

$$F_{\text{cost-energy}}=\sum_{i=0}^{n}\int_{t_{ci0}}^{t_{cif}}\left|\boldsymbol{\tau}_{ci}^{\mathrm{T}}\dot{\boldsymbol{\theta}}_{ci}\right|\mathrm{d}t+\sum_{j=1}^{n}\int_{t_{mj0}}^{t_{mjf}}\left(\left|\boldsymbol{\tau}_{mj}^{\mathrm{T}}\dot{\boldsymbol{\theta}}_{mj}\right|+P_{ej}\right)\mathrm{d}t \tag{3.7}$$

式中，$\boldsymbol{\tau}_{ci}$ 及 $\dot{\boldsymbol{\theta}}_{ci}$ 分别为机器人以 C_i 构态运动时关节处的转动力矩列向量及关节角速度列向量；$\boldsymbol{\tau}_{mj}$ 及 $\dot{\boldsymbol{\theta}}_{mj}$ 分别为机器人第 j 次构态变换时关节处的转动力矩列向量及关节角速度列向量；P_{ej} 为机器人第 j 次构态变换时外部驱动的功率之和。

3）脉动最优

研究基于脉动最优的轨迹规划问题时，通常以机器人末端执行器运动某段工作轨迹时关节处的平均脉动作为优化目标函数。与时间最优的指标类似，变胞式码垛机器人不仅需要考虑以 C_i 构态运动的平均脉动，还要考虑变胞过程的平均脉动。由式(3.5)，令 $\Phi_{ci}=\Phi_{mj}=0$，$L_{ci}=\dfrac{\left|\dddot{\boldsymbol{\theta}}_{ci}\right|}{t_{cif}-t_{ci0}}$，$L_{mj}=\dfrac{\left|\dddot{\boldsymbol{\theta}}_{mj}\right|}{t_{mjf}-t_{mj0}}$，$\eta_{ci}=\eta_{mj}=1$，则其目标函数表达式为

$$F_{\text{cost-jerk}}=\sum_{i=0}^{n}\frac{\int_{t_{ci0}}^{t_{cif}}\left|\dddot{\boldsymbol{\theta}}_{ci}\right|\mathrm{d}t}{t_{cif}-t_{ci0}}+\sum_{j=1}^{n}\frac{\int_{t_{mj0}}^{t_{mjf}}\left|\dddot{\boldsymbol{\theta}}_{mj}\right|\mathrm{d}t}{t_{mjf}-t_{mj0}} \tag{3.8}$$

式中，$\left|\ddot{\boldsymbol{\theta}}_{ci}\right|$ 及 $\left|\ddot{\boldsymbol{\theta}}_{mj}\right|$ 分别为机器人以 C_i 构态运动时以及第 j 次构态变换时关节脉动向量的模。

4) 变胞过程最优

研究变胞式码垛机器人的变胞过程最优问题时，为保证机器人的工作效率以及稳定性，例如，考虑机器人变胞的次数以及变胞过程的总时间，由式(3.5)，可令 $\Phi_{ci}=L_{ci}=0$，$\Phi_{mj}=\lambda_m$，$L_{mj}=1-\lambda_m$，$\eta_{ci}=0$，$\eta_{mj}=1$，则其目标函数表达式为

$$F_{\text{cost-meta}}=\lambda_m n+\left(1-\lambda_m\right)\sum_{j=1}^{n}\left(t_{mjf}-t_{mj0}\right) \tag{3.9}$$

式中，λ_m 为变胞过程最优化问题的权重系数。

又如，考虑机器人构态变换总时间以及构态变换过程中关节的平均速度，由式(3.5)，可令 $\Phi_{ci}=L_{ci}=0$，$\Phi_{mj}=\lambda_m\left(t_{mjf}-t_{mj0}\right)$，$L_{mj}=\dfrac{1-\lambda_m}{t_{mjf}-t_{mj0}}\left|\dot{\boldsymbol{\theta}}_{mj}(t)\right|$，$\eta_{ci}=0$，$\eta_{mj}=1$，则其目标函数表达式为

$$F_{\text{cost-meta}}=\lambda_m\sum_{j=1}^{n}\left(t_{mjf}-t_{mj0}\right)+\frac{1-\lambda_m}{t_{mjf}-t_{mj0}}\sum_{j=1}^{n}\int_{t_{mj0}}^{t_{mjf}}\left|\dot{\boldsymbol{\theta}}_{mj}(t)\right|\mathrm{d}t \tag{3.10}$$

式中，$\left|\dot{\boldsymbol{\theta}}_{mj}(t)\right|$ 为机器人第 j 次构态变换时关节速度向量的模。

由于式(3.10)中的绝对值函数的导数可能不连续，为了避免这种复杂情况出现，由式(3.5)，可令 $\Phi_{ci}=L_{ci}=0$，$\Phi_{mj}=\lambda_m\left(t_{mjf}-t_{mj0}\right)^2$，$L_{mj}=\left(1-\lambda_m\right)\left|\dot{\boldsymbol{\theta}}_{mj}(t)\right|^2$，$\eta_{ci}=0$，$\eta_{mj}=1$，则其目标函数表达式为

$$F_{\text{cost-meta}}=\lambda_m\sum_{j=1}^{n}\left(t_{mjf}-t_{mj0}\right)^2+\left(1-\lambda_m\right)\sum_{j=1}^{n}\int_{t_{mj0}}^{t_{mjf}}\left|\dot{\boldsymbol{\theta}}_{mj}(t)\right|^2\mathrm{d}t \tag{3.11}$$

3.2.3　确定约束条件

外层优化问题的约束条件主要考虑的是辅助路径点的选取限制，包括辅助路径点的数量、位置等。这些限制可以用 3.2.1 节中提到的实际变胞区域 $\boldsymbol{R}_{mj}$ 建立约束条件方程，如式(3.12)所示。同样，若采用实际变胞区域可控的相关参数，也可建立更具体的约束条件方程，如式(3.13)所示。

$$\boldsymbol{R}_{mj}\subseteq\boldsymbol{R}_{aj} \tag{3.12}$$

$$\begin{cases} \boldsymbol{g}_{\text{outer}}\left(\boldsymbol{p}_{m1},\boldsymbol{p}_{m2},\cdots,\boldsymbol{p}_{mn}\right)\leqslant \boldsymbol{0} \\ \boldsymbol{h}_{\text{outer}}\left(\boldsymbol{p}_{m1},\boldsymbol{p}_{m2},\cdots,\boldsymbol{p}_{mn}\right)=\boldsymbol{0} \end{cases} \tag{3.13}$$

式中，$\boldsymbol{R}_{aj}$ 为机器人第 j 次构态变换的可变胞区域；$\boldsymbol{g}_{\text{outer}}$ 及 $\boldsymbol{h}_{\text{outer}}$ 分别为外层优化问题的不等式约束及等式约束。

内层优化问题的约束条件主要考虑的是驱动函数的限制，该限制分为关节驱动函数限制和外部驱动函数限制。其中，关节驱动函数的限制类型繁多，例如，需要关节速度和加速度的限制以保证运动的稳定性；需要关节位置及扭矩的限制以保证安全性及可行性；需要关节脉动及扭矩率的限制以减小关节的振荡问题等[161]。同时外部驱动函数的约束条件又相对复杂，由此本节给出约束条件的泛用表达如下：

$$\begin{aligned} &\begin{cases} \boldsymbol{g}_{ci}\left(t_{ci0},t_{cif},\boldsymbol{x}_{ci},\boldsymbol{u}_{ci}\right)\leqslant \boldsymbol{0} \\ \boldsymbol{h}_{ci}\left(t_{ci0},t_{cif},\boldsymbol{x}_{ci},\boldsymbol{u}_{ci}\right)=\boldsymbol{0} \end{cases} \\ &\begin{cases} \boldsymbol{g}_{mj}\left(t_{mj0},t_{mjf},\boldsymbol{x}_{mj},\boldsymbol{u}_{mj}\right)\leqslant \boldsymbol{0} \\ \boldsymbol{h}_{mj}\left(t_{mj0},t_{mjf},\boldsymbol{x}_{mj},\boldsymbol{u}_{mj}\right)=\boldsymbol{0} \end{cases} \end{aligned} \tag{3.14}$$

式中，$\boldsymbol{g}_{ci}$ 与 $\boldsymbol{h}_{ci}$ 为多元函数组，分别表示以 C_i 构态运动的不等式约束与等式约束；$\boldsymbol{g}_{mj}$ 与 $\boldsymbol{h}_{mj}$ 为多元函数组，分别表示第 j 次构态变换过程中的不等式约束与等式约束。

为给出相对具体的约束条件方程，本节以轨迹规划问题的常见情况为例进行研究。机器人在 C_i 构态运动过程中的状态变量 $\boldsymbol{x}_{ci}$ 及控制变量 $\boldsymbol{u}_{ci}$ 可以写为

$$\begin{aligned} &\begin{cases} \boldsymbol{x}_{ci}=\left[\boldsymbol{q}_{ci},\dot{\boldsymbol{q}}_{ci},\ddot{\boldsymbol{q}}_{ci}\right] \\ \boldsymbol{u}_{ci}=\boldsymbol{Q}_{ci} \end{cases} \\ &\begin{cases} \boldsymbol{q}_{ci}=\left[\theta_{ci1},\theta_{ci2},\cdots,\theta_{cik},\cdots,\theta_{cin_i}\right]^{\mathrm{T}} \\ \boldsymbol{Q}_{ci}=\left[\tau_{ci1},\tau_{ci2},\cdots,\tau_{cik},\cdots,\tau_{cin_i}\right]^{\mathrm{T}} \end{cases} \end{aligned} \tag{3.15}$$

式中，$\boldsymbol{q}_{ci}$、$\dot{\boldsymbol{q}}_{ci}$、$\ddot{\boldsymbol{q}}_{ci}$ 与 $\boldsymbol{Q}_{ci}$ 分别为机器人在 C_i 构态运动过程中驱动关节的广义位移矩阵、广义速度矩阵、广义加速度矩阵与广义力矩阵；θ_{cik} 与 τ_{cik} 分别为机器人在 C_i 构态运动过程中第 k 个驱动件的角位移与驱动力矩；n_i 为机器人在 C_i 构态运动过程中的驱动件数量。

同理，机器人在第 j 次构态变换过程中的状态变量 $\boldsymbol{x}_{mj}$ 及控制变量 $\boldsymbol{u}_{mj}$ 可以

写为

$$\begin{cases} \boldsymbol{x}_{mj} = \left[\boldsymbol{q}_{mj}, \dot{\boldsymbol{q}}_{mj}, \ddot{\boldsymbol{q}}_{mj}\right] \\ \boldsymbol{u}_{mj} = \boldsymbol{Q}_{mj} \end{cases}$$
$$\begin{cases} \boldsymbol{q}_{mj} = \left[\theta_{mj1}, \theta_{mj2}, \cdots, \theta_{mjk}, \cdots, \theta_{mjm_j}\right]^{\mathrm{T}} \\ \boldsymbol{Q}_{mj} = [\tau_{mj1}, \tau_{mj2}, \cdots, \tau_{mjk}, \cdots, \tau_{mjm_j}, \tau_{ej1}, \tau_{ej2}, \cdots, \tau_{ejk}, \cdots, \tau_{ejR_j}]^{\mathrm{T}} \end{cases} \tag{3.16}$$

式中，$\boldsymbol{q}_{mj}$、$\dot{\boldsymbol{q}}_{mj}$、$\ddot{\boldsymbol{q}}_{mj}$ 与 $\boldsymbol{Q}_{mj}$ 分别为机器人在第 j 次构态变换过程中驱动关节的广义位移矩阵、广义速度矩阵、广义加速度矩阵与广义力矩阵；θ_{mjk} 与 τ_{mjk} 分别为机器人在第 j 次构态变换过程中第 k 个驱动关节处的角位移与驱动力矩；m_j 表示机器人在第 j 次构态变换过程中的驱动件数量；τ_{ejk} 与 R_j 分别为机器人第 j 次构态变换过程中外部驱动的力矩与数量。

由式(3.16)可以得到约束条件的常见显式表达，例如，要求运动过程中的速度、加速度、力矩等不能超过相应的最大值，变胞时间不能小于某一给定时间并且要求机器人构态变换起始及结束的速度、加速度为零，则其约束条件可以写为

$$\begin{cases} \boldsymbol{g}_{ci} = \{\boldsymbol{g}_{ci1}, \boldsymbol{g}_{ci2}, \boldsymbol{g}_{ci3}\} \\ \boldsymbol{h}_{ci} = 0 \\ \boldsymbol{g}_{mj} = \{\boldsymbol{g}_{mj1}, \boldsymbol{g}_{mj2}, \boldsymbol{g}_{mj3}, \boldsymbol{g}_{mj4}, \boldsymbol{g}_{mj5}\} \\ \boldsymbol{h}_{mj} = \{\boldsymbol{h}_{mj1}, \boldsymbol{h}_{mj2}\} \end{cases} \tag{3.17}$$

式中，

$$\begin{cases} \boldsymbol{g}_{cil} = \{g_{cilk}\}, & l = 1,2,3;\ k = 1,2,\cdots,n_i \\ \boldsymbol{g}_{mjl} = \{g_{mjlk}\}, & l = 1,2,\cdots,5;\ k = 1,2,\cdots,m_j \\ \boldsymbol{h}_{mjl} = \{h_{mjlk}\}, & l = 1,2;\ k = 1,2,\cdots,m_j \end{cases}$$

$$\begin{cases} g_{ci1k} = \left|\dot{\theta}_{cik}\right| - V_{cik}^{\max} \\ g_{ci2k} = \left|\ddot{\theta}_{cik}\right| - A_{cik}^{\max} \\ g_{ci3k} = \left|\tau_{cik}\right| - \varGamma_{cik}^{\max} \end{cases}, \quad \begin{cases} g_{mj1k} = \left|\dot{\theta}_{mjk}\right| - V_{mjk}^{\max} \\ g_{mj2k} = \left|\ddot{\theta}_{mjk}\right| - A_{mjk}^{\max} \\ g_{mj3k} = \left|\tau_{mjk}\right| - \varGamma_{mjk}^{\max} \\ g_{mj4k} = \left|\tau_{ejk}\right| - \varGamma_{ejk}^{\max} \\ g_{mj5k} = t_{mj}^{\min} - \left(t_{mjf} - t_{mj0}\right) \end{cases}$$

$$\begin{cases} \boldsymbol{h}_{mj1} = \left|\dot{\boldsymbol{q}}_{mj}\left(t_{mj0}\right)\right| + \left|\dot{\boldsymbol{q}}_{mj}\left(t_{mjf}\right)\right| \\ \boldsymbol{h}_{mj2} = \left|\ddot{\boldsymbol{q}}_{mj}\left(t_{mj0}\right)\right| + \left|\ddot{\boldsymbol{q}}_{mj}\left(t_{mjf}\right)\right| \end{cases}$$

式中，$V_{cik}^{\max}$ 、$A_{cik}^{\max}$ 、$\varGamma_{cik}^{\max}$ 分别为机器人在 C_i 构态运动过程中第 k 个驱动关节的最大速度、最大加速度以及最大力矩；$V_{mjk}^{\max}$ 、$A_{mjk}^{\max}$ 、$\varGamma_{mjk}^{\max}$ 、$\varGamma_{ejk}^{\max}$ 分别为机器人在第 j 次构态变换过程中第 k 个驱动关节的最大速度、最大加速度、最大力矩以及外部驱动的最大力矩；$t_{mj}^{\min}$ 为机器人在第 j 次构态变换过程的最短时间。

综上所述，可以得到变胞式码垛机器人轨迹规划的数学模型如下：

$$\begin{aligned} &\min F_{\text{cost}} = \sum_{i=0}^{n} \eta_{ci} F_{\text{cost-}ci} + \sum_{j=1}^{n} \eta_{mj} F_{\text{cost-}mj} \\ &\text{s.t.} \begin{cases} \begin{cases} \boldsymbol{g}_{ci}\left(t_{ci0}, t_{cif}, \boldsymbol{x}_{ci}, \boldsymbol{u}_{ci}\right) \leqslant \boldsymbol{0} \\ \boldsymbol{h}_{ci}\left(t_{ci0}, t_{cif}, \boldsymbol{x}_{ci}, \boldsymbol{u}_{ci}\right) = \boldsymbol{0} \end{cases}, \quad t_{ci0} \leqslant t \leqslant t_{cif} \\ \begin{cases} \boldsymbol{g}_{mj}\left(t_{mj0}, t_{mjf}, \boldsymbol{x}_{mj}, \boldsymbol{u}_{mj}\right) \leqslant \boldsymbol{0} \\ \boldsymbol{h}_{mj}\left(t_{mj0}, t_{mjf}, \boldsymbol{x}_{mj}, \boldsymbol{u}_{mj}\right) = \boldsymbol{0} \end{cases}, \quad t_{mj0} \leqslant t \leqslant t_{mjf} \end{cases} \end{aligned} \tag{3.18}$$

3.3　优化问题求解方法

3.3.1　驱动函数的解析求解方法

如 3.2.2 节所述，优化辅助路径点与优化驱动函数属于嵌套关系，需要一种相适应的求解方法，由此本优化问题的整体求解思路如图 3.8 所示。由图 3.8 中可以看出，该优化问题求解的整体结构也分为内外两层，每层优化问题的优化算法互不影响。例如，当内层优化的驱动函数参数较少时，内层可以采用解析法，外层使用数值求解算法；当内层优化的驱动函数参数较多且相对复杂时，内外层可同时采用数值求解算法。

由内层优化问题设计变量的确定方法可以看出，内层优化问题需要先确定驱动函数的类型，后确定驱动函数中相关参数的取值。由式(3.5)可以确定最优驱动函数的类型属于泛函极值问题，可采用变分法进行求解。

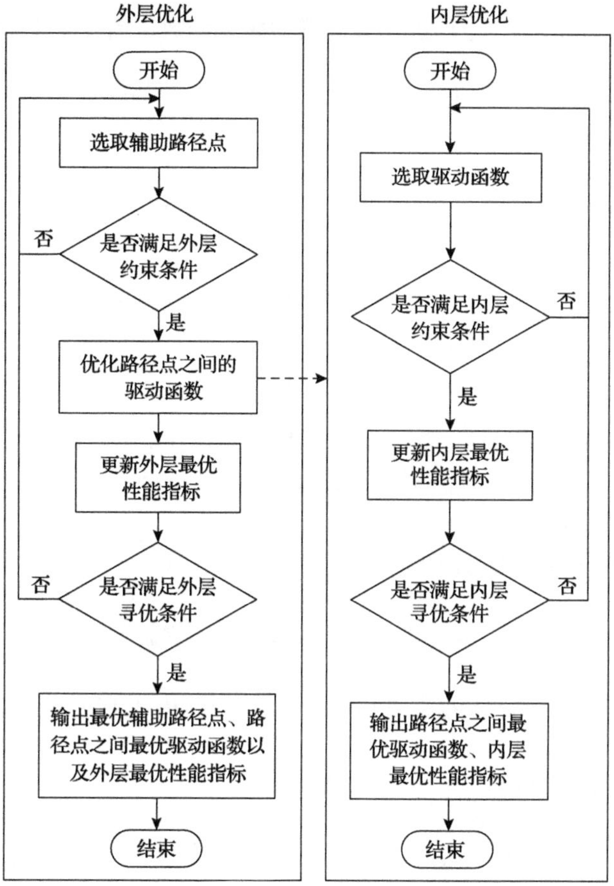

图 3.8　优化问题的整体求解思路

由于外部驱动的驱动函数形式相对复杂，本节仅针对构态变换过程中关节驱动函数的类型进行解析求解。考虑到构态变换时关节状态的变化，该优化问题通常属于终端时刻不固定、终端状态受约束的情况。因此，假设在第 j 次构态变换时的系统状态方程为

$$\dot{\boldsymbol{x}}_{mj}(t)=f[\boldsymbol{x}_{mj}(t),\boldsymbol{u}_{mj}(t),t],\quad t_{mj0}\leqslant t\leqslant t_{mjf} \tag{3.19}$$

系统的初始状态为

$$\boldsymbol{x}\left(t_{mj0}\right)=\boldsymbol{x}_0 \tag{3.20}$$

系统终端状态的约束为

$$\boldsymbol{\Psi}_j\left[\boldsymbol{x}\left(t_{mjf}\right),t_{mjf}\right]=\boldsymbol{0} \tag{3.21}$$

其中，$\boldsymbol{\Psi}_j\left[\boldsymbol{x}\left(t_{mjf}\right),t_{mjf}\right]$为 D_m 维连续可微的向量函数。需要求取控制变量 $\boldsymbol{u}(t)$，使系统由初始状态 $\boldsymbol{x}\left(t_{mj0}\right)$ 转移到终端状态 $\boldsymbol{x}\left(t_{mjf}\right)$，且 $\boldsymbol{x}\left(t_{mjf}\right)$满足约束条件，并使性能指标取极值，有

$$J_{mj}=\Phi_{mj}\left[t_{mj0},\boldsymbol{x}_{mj}\left(t_{mj0}\right),t_{mjf},\boldsymbol{x}_{mj}\left(t_{mjf}\right)\right]+\int_{t_{mj0}}^{t_{mjf}}L_{mj}\left[t,\boldsymbol{x}_{mj}(t),\boldsymbol{u}_{mj}(t)\right]\mathrm{d}t \quad (3.22)$$

式中，$\Phi_{mj}\left[t_{mj0},\boldsymbol{x}_{mj}\left(t_{mj0}\right),t_{mjf},\boldsymbol{x}_{mj}\left(t_{mjf}\right)\right]$和 $L_{mj}\left[t,\boldsymbol{x}_{mj}(t),\boldsymbol{u}_{mj}(t)\right]$都为连续可微的标量函数。

由于在求取最优控制问题时，存在两种类型的等式约束，即状态方程等式约束及边界条件终端约束，所以引入两个拉格朗日乘子：D_n 维(对应状态变量的维数)乘子 $\boldsymbol{\lambda}(t)$ 和 D_m 维(对应终端状态约束的维数)乘子 $\boldsymbol{\gamma}$，其中 $\boldsymbol{\gamma}$ 只出现在终端约束条件中，是待定常向量。

应用拉格朗日乘子法写出增广性能指标泛函，有

$$\begin{aligned}\bar{J}_{mj}=&\Phi_{mj}\left[t_{mj0},\boldsymbol{x}_{mj}\left(t_{mj0}\right),t_{mjf},\boldsymbol{x}_{mj}\left(t_{mjf}\right)\right]+\boldsymbol{\gamma}^{\mathrm{T}}\boldsymbol{\Psi}_j\left[\boldsymbol{x}\left(t_{mjf}\right),t_{mjf}\right]\\&+\int_{t_{mj0}}^{t_{mjf}}\left(L_{mj}\left[t,\boldsymbol{x}_{mj}(t),\boldsymbol{u}_{mj}(t)\right]+\boldsymbol{\lambda}^{\mathrm{T}}(t)\left\{f\left[\boldsymbol{x}_{mj}(t),\boldsymbol{u}_{mj}(t),t\right]-\dot{\boldsymbol{x}}_{mj}(t)\right\}\right)\mathrm{d}t\end{aligned} \quad (3.23)$$

引入哈密顿函数如下：

$$H\left(\boldsymbol{x}_{mj}(t),\boldsymbol{u}_{mj}(t),\boldsymbol{\lambda}^{\mathrm{T}}(t),t\right)=L_{mj}\left[t,\boldsymbol{x}_{mj}(t),\boldsymbol{u}_{mj}(t)\right]+\boldsymbol{\lambda}^{\mathrm{T}}(t)\left\{f\left[\boldsymbol{x}_{mj}(t),\boldsymbol{u}_{mj}(t),t\right]\right\} \quad (3.24)$$

将式(3.23)展开后的最后一项 $\int_{t_{mj0}}^{t_{mjf}}\boldsymbol{\lambda}^{\mathrm{T}}(t)\dot{\boldsymbol{x}}_{mj}(t)\mathrm{d}t$ 用分部积分法展开，以消去 $\dot{\boldsymbol{x}}_{mj}(t)$，有

$$\int_{t_{mj0}}^{t_{mjf}}\boldsymbol{\lambda}^{\mathrm{T}}(t)\dot{\boldsymbol{x}}_{mj}(t)\mathrm{d}t=\boldsymbol{\lambda}^{\mathrm{T}}(t)\boldsymbol{x}_{mj}(t)\Big|_{t_{mj0}}^{t_{mjf}}-\int_{t_{mj0}}^{t_{mjf}}\dot{\boldsymbol{\lambda}}^{\mathrm{T}}(t)\boldsymbol{x}_{mj}(t)\mathrm{d}t \quad (3.25)$$

将式(3.25)代入式(3.23)，得到

$$\begin{aligned}\bar{J}_{mj}=&\Phi_{mj}\left[t_{mj0},\boldsymbol{x}_{mj}\left(t_{mj0}\right),t_{mjf},\boldsymbol{x}_{mj}\left(t_{mjf}\right)\right]+\boldsymbol{\gamma}^{\mathrm{T}}\boldsymbol{\Psi}_j\left[\boldsymbol{x}\left(t_{mjf}\right),t_{mjf}\right]\\&+\int_{t_{mj0}}^{t_{mjf}}\left[H\left(\boldsymbol{x}_{mj}(t),\boldsymbol{u}_{mj}(t),\boldsymbol{\lambda}^{\mathrm{T}}(t),t\right)+\dot{\boldsymbol{\lambda}}^{\mathrm{T}}(t)\boldsymbol{x}_{mj}(t)\right]\mathrm{d}t\\&-\boldsymbol{\lambda}^{\mathrm{T}}\left(t_{mjf}\right)\boldsymbol{x}_{mj}\left(t_{mjf}\right)+\boldsymbol{\lambda}^{\mathrm{T}}\left(t_{mj0}\right)\boldsymbol{x}_{mj}\left(t_{mj0}\right)\end{aligned} \quad (3.26)$$

因此，原优化问题转换为无约束泛函极值问题，利用变分法可以得到该泛函

存在极值的必要条件如下。

（1）正则方程：

$$\begin{aligned}\dot{\boldsymbol{x}}_{mj}&=\frac{\partial H}{\partial \boldsymbol{\lambda}}=f\\ \dot{\boldsymbol{\lambda}}&=-\frac{\partial H}{\partial \boldsymbol{x}_{mj}}\end{aligned}\tag{3.27}$$

（2）横截条件：

$$\begin{aligned}\boldsymbol{x}\left(t_{mj0}\right)&=\boldsymbol{x}_0\\ \boldsymbol{\lambda}\left(t_{mjf}\right)&=\frac{\partial \boldsymbol{\Phi}}{\partial \boldsymbol{x}\left(t_{mjf}\right)}+\frac{\partial \boldsymbol{\Psi}^{\mathrm{T}}}{\partial \boldsymbol{x}\left(t_{mjf}\right)}\boldsymbol{\gamma}\left(t_{mjf}\right)\end{aligned}\tag{3.28}$$

（3）哈密顿函数对控制变量取极值：

$$\frac{\partial H}{\partial \boldsymbol{u}_{mj}}=0\tag{3.29}$$

（4）终端的边界条件：

$$\boldsymbol{\Psi}_j\left[\boldsymbol{x}\left(t_{mjf}\right),t_{mjf}\right]=\boldsymbol{0}\tag{3.30}$$

（5）哈密顿函数在终端需要满足的横截条件：

$$H\left(t_{mjf}\right)+\frac{\partial \boldsymbol{\Phi}}{\partial t_{mjf}}+\boldsymbol{\gamma}^{\mathrm{T}}\left(t_{mjf}\right)\frac{\partial \boldsymbol{\Psi}}{\partial \boldsymbol{x}\left(t_{mjf}\right)}=0\tag{3.31}$$

至此，关节驱动函数的类型可由以上条件确定。

3.3.2　驱动函数的数值求解算法

由式(3.27)及式(3.29)可知，解析求解算法需要将哈密顿函数对状态变量的各分量进行偏导运算，当状态变量的维数较大或性能指标总量的维数较大时，解析求解算法难以求得结果，因此需要引入一些数值方法求取近似解。由 3.3.1 节中的求解思路可知，数值求解算法需要具有嵌套结构。目前，嵌套类优化算法主要有嵌套遗传算法[162, 163]、嵌套粒子群优化算法[164-166]、复合嵌套分割算法[167]、嵌套细菌觅食优化算法[168]等。由前面的分析可知，轨迹优化问题常属于凸优化问题或局部极值较小的优化问题，而嵌套粒子群优化算法的特点是根据总体最优调整寻优方向，适用于轨迹规划问题，因此本节以嵌套粒子群优化算法为例进行介绍。

在嵌套粒子群优化算法中，每个外层粒子中都包含一个内层粒子群，而内层粒子群采用了全连接拓扑结构，以提高其对顶层模型的信息传输速度[169]。两层嵌套结构的粒子群优化算法的种群示意图如图 3.9 所示。在优化过程中，首先由内层粒子群优化算法得出每段轨迹的最小适应值，再输出到外层的多目标优化模型中，具体流程图如图 3.10 所示。

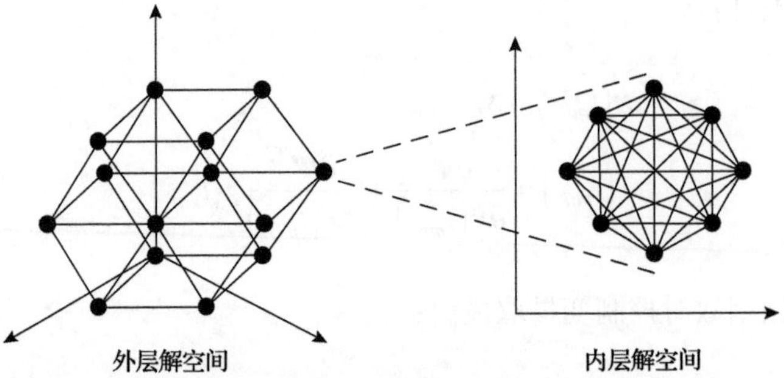

图 3.9　两层嵌套结构的粒子群优化算法的种群示意图

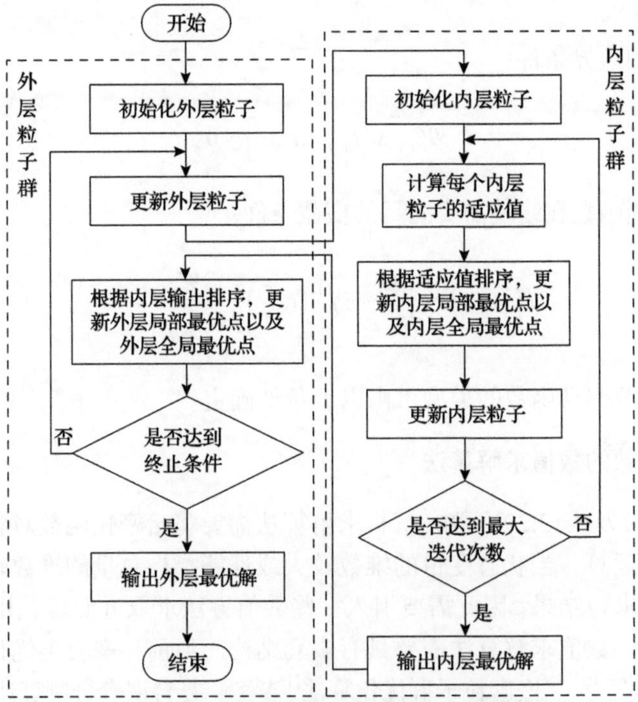

图 3.10　嵌套粒子群优化算法流程图

3.4　新型变胞工作路径

由于变胞机构在各个构态下具有不同的运动特性，传统装箱/码垛工作路径无法适应变胞式码垛机器人的特点，因此需要提出一种适应该机器人的工作路径。

机器人运动学及动力学是其轨迹规划的基础，它们之间的相互关系如图 3.11 所示。其中，机器人驱动力矩常作为机器人轨迹规划的约束条件，机器人末端位姿常作为机器人轨迹规划的初始条件，而机器人关节角度则是机器人轨迹规划的主要规划对象。对于变胞式码垛机器人的轨迹规划问题，本节主要分析该机器人的正逆运动学和正逆动力学。

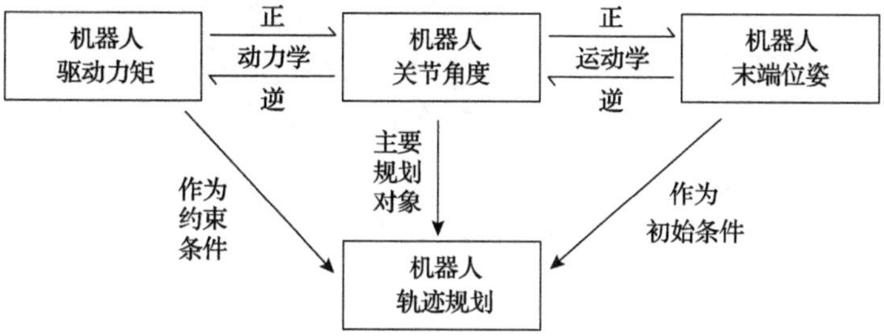

图 3.11　机器人运动学、动力学及轨迹规划的关系

3.4.1　空间坐标系建模

空间坐标系建模是工作路径分析的基础。本节对机器人机构的空间坐标系进行建模，步骤如下：以 O 为原点，以垂直地面向上方向为 y 轴正方向，建立直角坐标系 $O\text{-}xy$，如图 3.12 所示。定义坐标系 $O\text{-}xy$ 所在平面为变胞平面(即变胞机构的工作平面)，则该平面在样机中的实际位置为经过底座转轴且垂直于主连杆转动轴线的平面，其中 x' 表示旋转后的 x 轴，如图 3.13 所示。同时以 O_1 为圆心，以垂直地面向上方向为 y_1 轴正方向，建立直角坐标系 $O_1\text{-}x_1y_1$。定义坐标系 $O_1\text{-}x_1y_1$ 所在的平面为抓手平面，则该平面在实际样机中的位置为经过抓手轴的一个平面，如图 3.14 所示，其中 x_1' 表示旋转后的 x_1 轴。

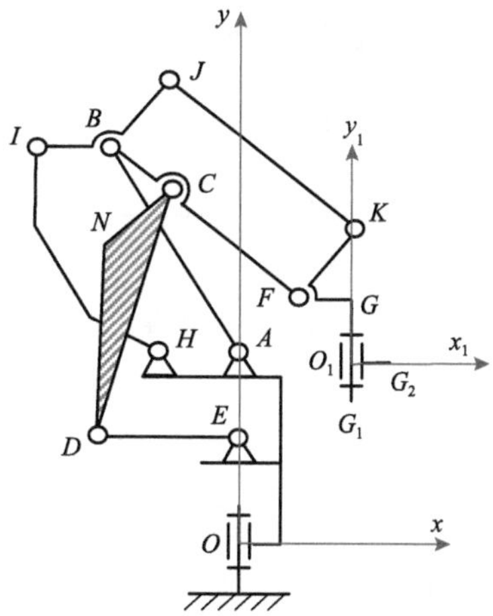

图 3.12　变胞平面坐标系及抓手平面坐标系

先考虑底座平台部分，由图 3.12 及图 3.13 可以看出，变胞平面可绕 y 轴旋转(机器人绕底座

转轴旋转），假设该转角为 θ_b ，如图 3.14(a)所示，并且逆时针方向为正方向，规定停机状态下变胞平面绕 y 轴旋转的转角 θ_b 为 0。

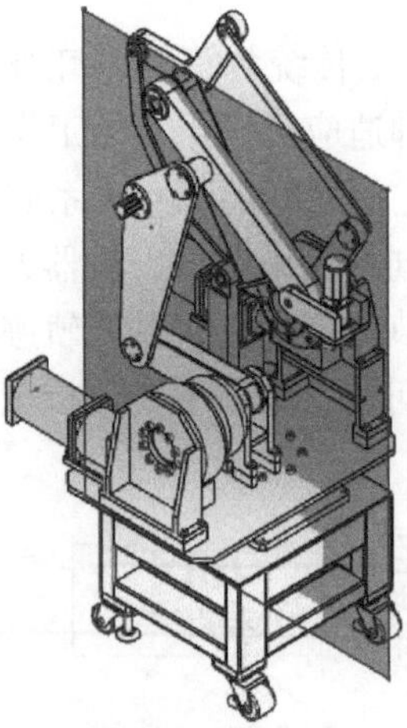

(a) 三维仿真图

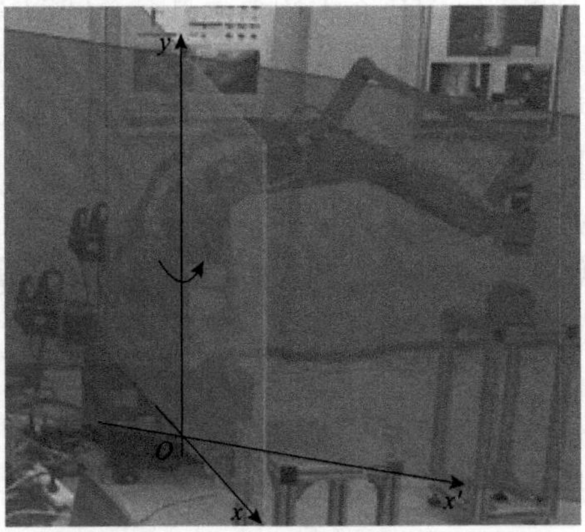

(b) 实物图

图 3.13　变胞平面的实际位置

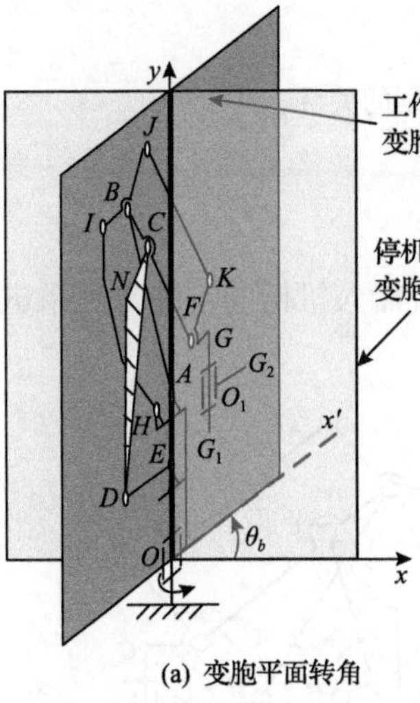

(a) 变胞平面转角

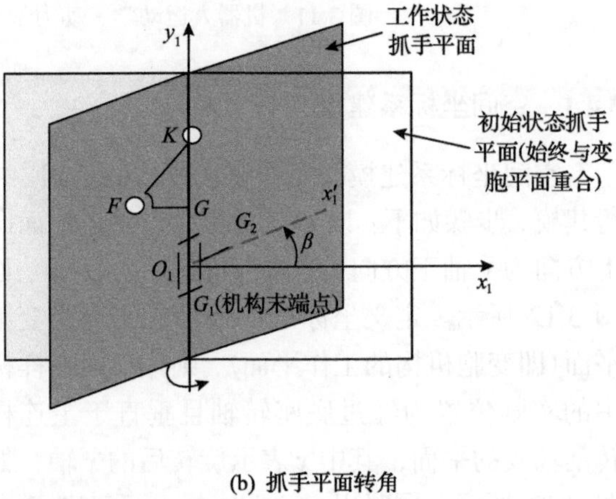

(b) 抓手平面转角

图 3.14　机器人空间坐标系

再考虑抓手部分，由图 3.12 及图 3.15 可以看出，抓手平面可绕 y_1 轴旋转(抓手电磁铁绕抓手轴)，假设该转角为 β ，如图 3.14(b)所示，并且逆时针方向为正方向，规定抓手平面初始状态下相对变胞平面的转角 β 为 0。最后规定该机器人机构末端点为 G_1 点，对应机器人上的位置为抓手轴与抓手电磁铁底部所在平面的交点，如图 3.14(b)所示。

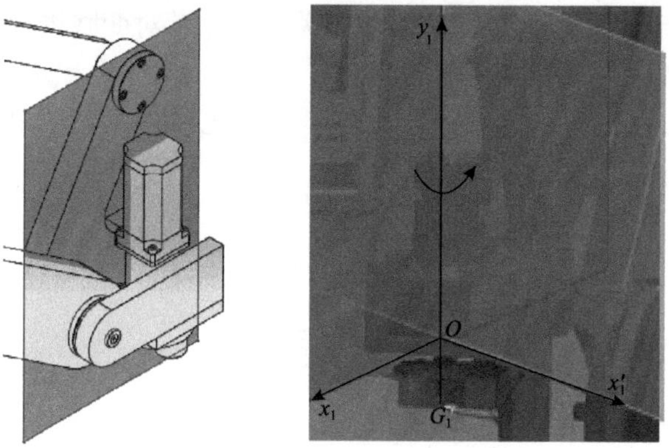

(a) 三维仿真图　　(b) 实物图

图 3.15　抓手平面的实际位置

为了描述简便，本节在变胞平面内另外建立局部坐标系，即以 A 点为原点，EA 直线为 y_2 轴(正方向同 y 轴)，建立平面直角坐标系 $A\text{-}x_2y_2$，如图 3.16 所示。由于辅助连杆的作用仅为保持 F、G 两点间线段水平，图中仅标出对机器人末端位姿影响较大的主连杆相关尺寸。

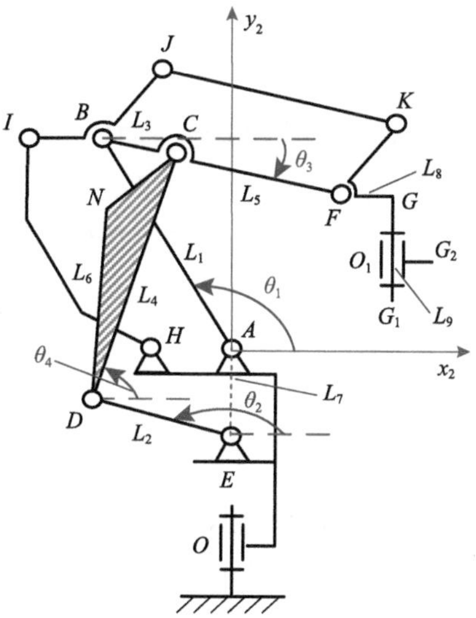

图 3.16　杆长参数图

3.4.2　输入端驱动力矩

考虑到样机杆件的结构特点，本节采用刚体动力学进行建模分析。在建模的过程中，为考察变胞机构特性，仅计算变胞平面内主动件(1 轴、2 轴)的驱动力矩，而不考虑底座转动以及抓手转动所需的驱动力矩，针对变胞机构的两种构态分别进行分析。

令 m_l 及 J_l 分别为第 l 个构件的质量与绕其质心旋转的转动惯量，则二自由度构态时系统总动能为

$$\begin{cases} E_k = \sum_{l=1}^{8} \frac{1}{2}\left(m_l v_{Sl}^2 + J_l \dot{\varphi}_l^2\right) \\ v_{Sl} = \sqrt{\dot{x}_{Sl}^2 + \dot{y}_{Sl}^2} \end{cases} \tag{3.32}$$

令

$$\begin{cases} J_{11} = \sum_{l=1}^{8}\left\{ m_l\left[\left(\frac{\partial x_{Sl}}{\partial \theta_1}\right)^2 + \left(\frac{\partial y_{Sl}}{\partial \theta_1}\right)^2\right] + J_l\left(\frac{\partial \varphi_l}{\partial \theta_1}\right)^2 \right\} \\ J_{22} = \sum_{l=1}^{8}\left\{ m_l\left[\left(\frac{\partial x_{Sl}}{\partial \theta_2}\right)^2 + \left(\frac{\partial y_{Sl}}{\partial \theta_2}\right)^2\right] + J_l\left(\frac{\partial \varphi_l}{\partial \theta_2}\right)^2 \right\} \\ J_{12} = \sum_{l=1}^{8}\left\{ m_l\left[\left(\frac{\partial x_{Sl}}{\partial \theta_1}\frac{\partial x_{Sl}}{\partial \theta_2} + \frac{\partial y_{Sl}}{\partial \theta_1}\frac{\partial y_{Sl}}{\partial \theta_2}\right)\right] + J_l\left(\frac{\partial \varphi_l}{\partial \theta_1}\frac{\partial \varphi_l}{\partial \theta_2}\right) \right\} \end{cases} \tag{3.33}$$

式中，x_{Sl} 和 y_{Sl} 分别为第 l 个构件 x 轴和 y 轴方向的位移，则总动能可以写为

$$E_k = \frac{1}{2}J_{11}\dot{\theta}_1^2 + J_{12}\dot{\theta}_1\dot{\theta}_2 + \frac{1}{2}J_{22}\dot{\theta}_2^2 \tag{3.34}$$

以 y_2 轴所在直线为零势能面，则系统总势能为

$$E_p = \sum_{l=1}^{8} m_l g y_{Sl} \tag{3.35}$$

根据拉格朗日方程，由式(3.34)及式(3.35)可得到 1 轴及 2 轴的驱动力矩，设 1 轴、2 轴的驱动力矩分别为 τ_1 、τ_2 ，则有

$$\begin{cases} \tau_1 = J_{11}\ddot{\theta}_1 + J_{12}\ddot{\theta}_2 + \frac{1}{2}\frac{\partial J_{11}}{\partial \theta_1}\dot{\theta}_1^2 + \frac{\partial J_{11}}{\partial \theta_2}\dot{\theta}_1\dot{\theta}_2 + \left(\frac{\partial J_{12}}{\partial \theta_2} - \frac{1}{2}\frac{\partial J_{22}}{\partial \theta_1}\right)\dot{\theta}_2^2 + \frac{\partial E_p}{\partial \theta_1} \\ \tau_2 = J_{22}\ddot{\theta}_2 + J_{12}\ddot{\theta}_1 + \left(\frac{\partial J_{12}}{\partial \theta_1} - \frac{1}{2}\frac{\partial J_{11}}{\partial \theta_2}\right)\dot{\theta}_1^2 + \frac{\partial J_{22}}{\partial \theta_1}\dot{\theta}_1\dot{\theta}_2 + \frac{1}{2}\frac{\partial J_{11}}{\partial \theta_2}\dot{\theta}_2^2 + \frac{\partial E_p}{\partial \theta_2} \end{cases} \tag{3.36}$$

一自由度构态时，总动能可以写为

$$\begin{cases} E_k = \dfrac{1}{2} J_e \dot{\theta}_1^2 \\ J_e = m_1 L_1^2 + J_1 + m_2 \left(\dfrac{v_{S2}}{\dot{\theta}_1} \right)^2 + J_2 \left(\dfrac{\dot{\theta}_2}{\dot{\theta}_1} \right)^2 + m_{34} \left(\dfrac{v_{S34}}{\dot{\theta}_1} \right)^2 \\ \quad + J_{34} \left(\dfrac{\dot{\theta}_{34}}{\dot{\theta}_1} \right)^2 + \sum\limits_{l=5}^{8} \left[m_l \left(\dfrac{v_{Sl}}{\dot{\theta}_1} \right)^2 + J_l \left(\dfrac{\dot{\varphi}_l}{\dot{\theta}_1} \right)^2 \right] \end{cases} \tag{3.37}$$

同样以 y_2 轴所在直线为零势能面，则系统总势能为

$$E_p = m_1 g y_{S1} + m_2 g y_{S2} + m_{34} g y_{S34} + \sum_{l=5}^{8} m_l g y_{Sl} \tag{3.38}$$

式中，m_{34} 表示合并构件 3 和 4 的质量。

由拉格朗日方程得到

$$\tau_1 = J_e \ddot{\theta}_1 + \frac{1}{2} \frac{\partial J_e}{\partial \theta_1} \dot{\theta}_1^2 + \frac{\partial E_p}{\partial \theta_1} \tag{3.39}$$

3.4.3　机器人使用工况描述

针对变胞式码垛机器人的工作特点，本节对两种常见使用工况进行简要描述，并给出两种工况下机器人的工作流程，以及必须要规划的路径点（后面简称必要路径点）。

1. 装箱过程

当流水线生产或加工小型物品（如小型瓶装水等）时，在传送带的末尾通常需要对该物品进行装箱操作，以便集中存放或运输。当使用机器人执行该操作时，考虑到流水线高度、箱沿高度以及物品高度均不确定，机器人需要先将物品提起至一定高度（可以越过箱沿），再将物品放入箱中，最后返回至一个等待抓取的位置。

由此可以得出，机器人工作路径中的必要路径点为抓取点（抓取物品的位置）、翻越点（足够越过箱沿等障碍的位置）、放置点（物品将要放置在箱子中的位置）以及待抓取点（等待下一轮抓取的位置），如图 3.17 所示。这里定义机器人从抓取到物品开始到将物品放入箱中的过程为该工况下的负载阶段；从放入物品后到返回待抓取点的过程为该工况下的空载阶段。

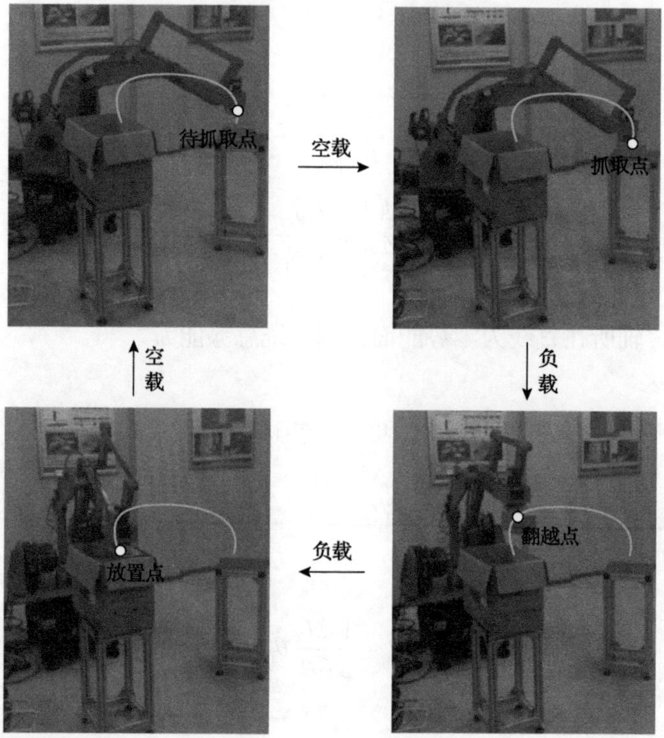

图 3.17　装箱过程

2. 码垛/卸垛过程

当流水线生产或加工大型物品(如大型纸箱等)时，在传送带的起始(或末尾)通常需要对该物品进行卸垛(或码垛)操作，以便二次加工(或集中运输)。当使用机器人执行该操作时，考虑到搬运效率，通常需要使用升降机进行配合，以卸垛为例，每当物品码满一层时，升降机上升一定高度，而机器人每次运行的轨迹基本相同。

由此可以得出，机器人工作路径中的必要路径点为抓取点(抓取物品的位置)、放置点(物品将放置的位置)以及待抓取点(等待下一轮抓取的位置)，如图 3.18 所示。同理，定义机器人从抓取到垛顶物品开始到将物品放上传送带的过程为该工况下的负载阶段；从放下物品后到返回待抓取点的过程为该工况下的空载阶段。

综上所述，两种工况下机器人的必要路径点包括抓取点、放置点、待抓取点和翻越点，从负载阶段及空载阶段考虑，各必要路径点经过的顺序如表 3.1 所示，后面将在此基础上对机器人的工作路径进行初步规划。

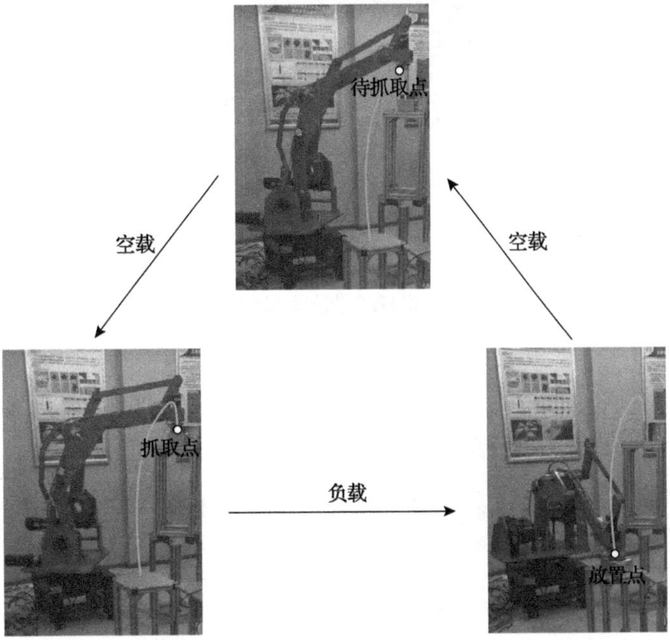

图 3.18　码垛/卸垛过程

表 3.1　必要路径点经过的顺序

运动阶段	经过必要路径点的顺序
负载阶段	抓取点→(翻越点)→放置点
空载阶段	放置点→(翻越点)→待抓取点→抓取点

3.4.4　新型变胞工作路径的建立

首先,规划负载阶段机器人工作轨迹(本节所述的机器人工作轨迹仅用于分析机器人在变胞平面内的构态变换类型，并不表示机器人实际工作轨迹)。根据变胞式码垛机器人机构的特点，本节规划机器人共进行两次构态变换，给定辅助路径点个数为 4(在装箱过程中，辅助路径点之一将代替翻越点)，以装箱过程与卸垛过程为例，如图 3.19 所示，各段轨迹具体应用及机构自由度变化如表 3.2 所示。图中，$C_i(i=0,1,2)$表示该段轨迹机器人以 C_i 构态运行，$M_j(j=1,2)$表示该段轨迹机器人进行第 j 次构态变换。

进一步，规划空载阶段机器人的工作轨迹。由于空载阶段机器人运动稳定性要求相对较低，所以可以选择按照负载阶段的类似方式回程，或不进行构态变换直接回程。若选择原路返回则机器人仍变换两次构态，辅助路径点的个数为 4，如图 3.20 所示。各段轨迹具体应用及机构自由度变化如表 3.3 所示。

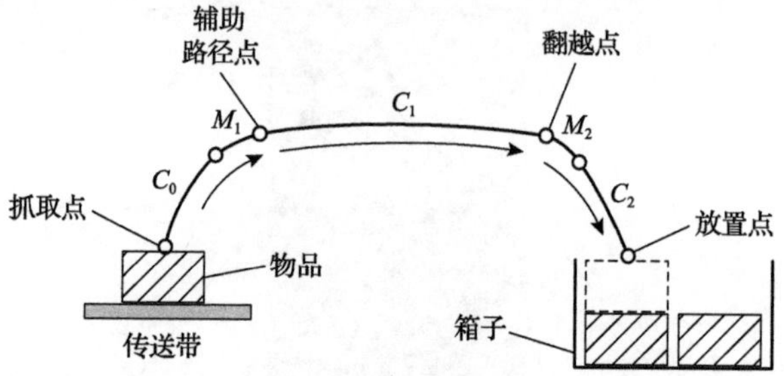

(a) 装箱过程负载阶段机器人工作轨迹

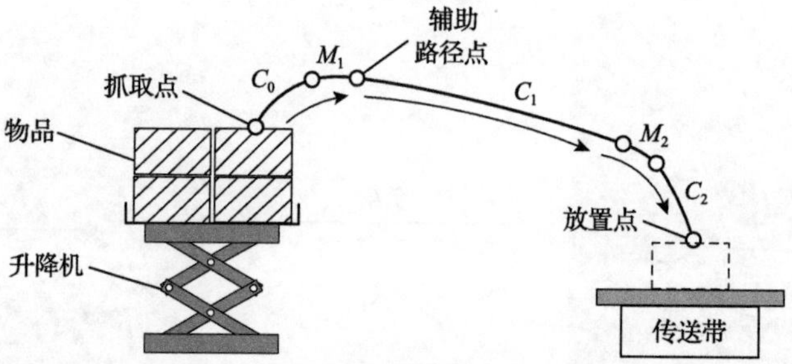

(b) 卸垛过程负载阶段机器人工作轨迹

图 3.19　负载阶段机器人工作轨迹

表 3.2　负载阶段轨迹段

轨迹段	应用	工作平面内自由度
C_0	物品的提起	二自由度
M_1	构态变换	二自由度→一自由度
C_1	物品的搬运	一自由度
M_2	构态变换	一自由度→二自由度
C_2	物品的放置	二自由度

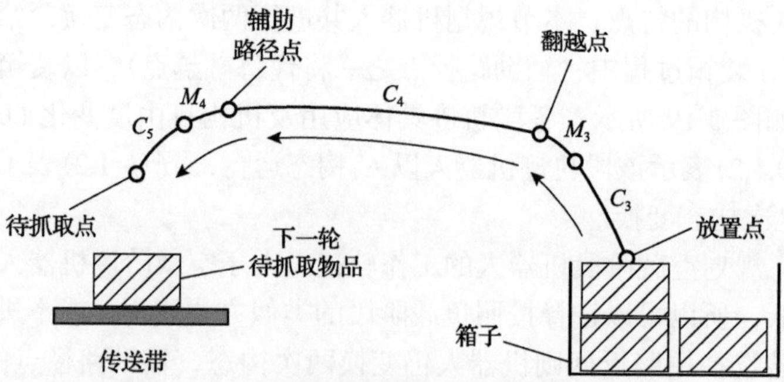

(a) 装箱过程空载阶段机器人工作轨迹

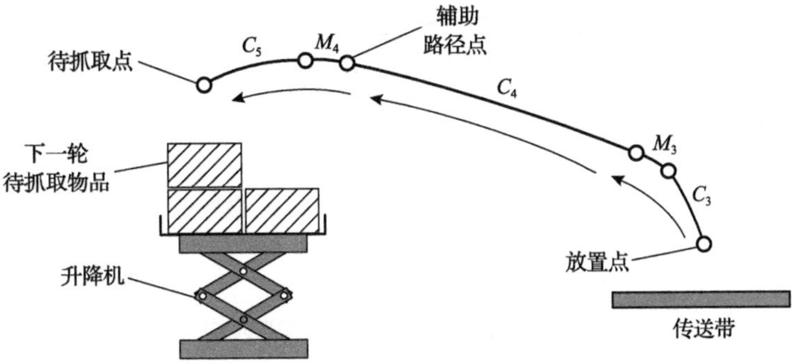

(b) 卸垛过程空载阶段机器人工作轨迹

图 3.20　空载阶段机器人工作轨迹(变胞)

表 3.3　空载阶段轨迹段(变胞)

轨迹段	应用	工作平面内自由度
C_3	空载回程	二自由度
M_3	构态变换	二自由度→一自由度
C_4	空载回程	一自由度
M_4	构态变换	一自由度→二自由度
C_5	空载回程	二自由度

由表 3.3 可以看出，空载阶段各段轨迹机构自由度变化与负载阶段类似，因此当选择按照负载阶段的类似方式回程时，可用与负载阶段相同的方法进行轨迹规划。

若选择不进行变胞直接返回，则辅助路径点的个数为 0，机器人机构在其工作平面内保持二自由度状态，则机器人工作轨迹如图 3.21 所示。

最后，对工作流程的起始与结束阶段进行完善，补充停机点、停机点至待抓取点的工作轨迹、待抓取点至抓取点的工作轨迹以及待抓取点至停机点的工作轨

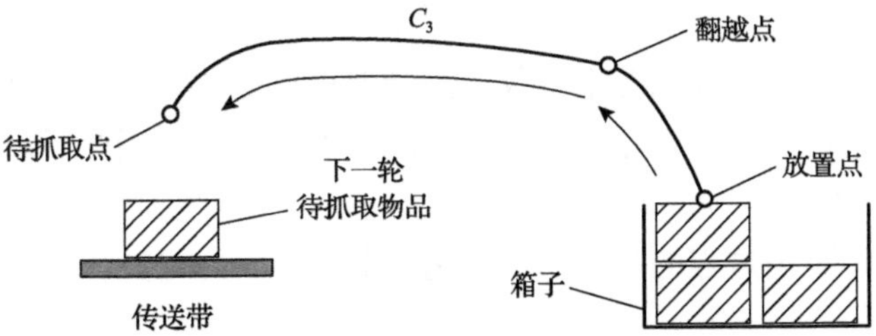

(a) 装箱过程空载阶段机器人工作轨迹

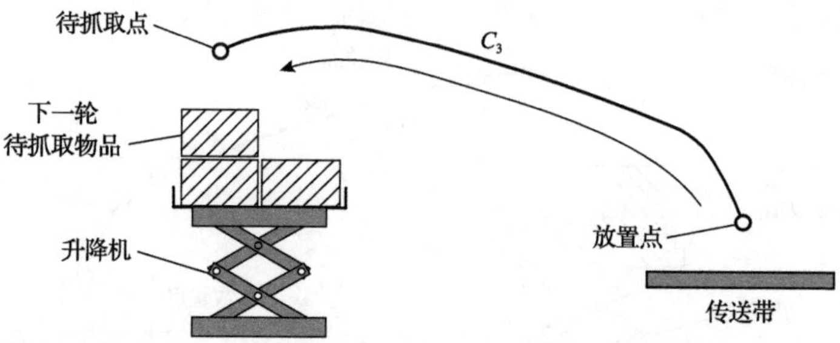

(b) 卸垛过程空载阶段机器人工作轨迹

图 3.21　空载阶段机器人工作轨迹(不变胞)

迹，分别得到两种工况下的新型变胞工作路径，如图 3.22 所示，其中，P_{I}为初始点，P_{r}为待抓取点，P_0为抓取点，P_1、P_2、P_3及P_4为变胞点，P_5为放置点；二自由度路径、一自由度路径、构态变换路径表示该段曲线的两个端点路径点之间的工作轨迹采用二自由度构态运行、一自由度构态运行以及进行构态变换。同时本节给出总工作流程图，如图 3.23 所示。

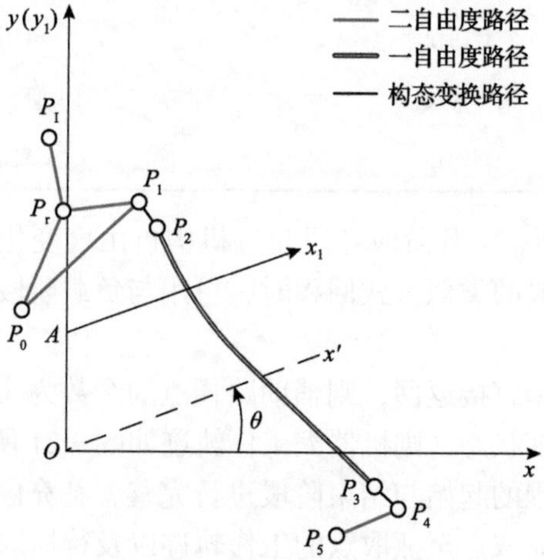

图 3.22　新型变胞工作路径

由前面的假定，两种工况下，仅各路径点(或辅助路径点)的具体位置不同，而辅助路径点个数以及辅助路径点之间的轨迹类型相同，因此后面将使用相同的方法进行分析；同时，为了突出变胞机构的特点，后面主要分析负载阶段的轨迹，为描述简便，将装箱过程的负载阶段称为工况一，将卸垛过程的负载阶段称为工况二。

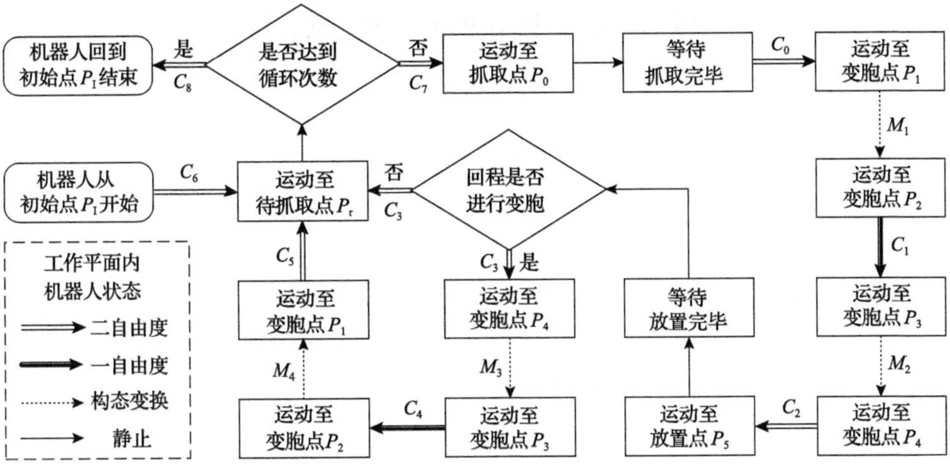

图 3.23　总工作流程图

3.5　实际工况下的轨迹规划模型参数

由前面内容可知，变胞式码垛机器人的轨迹规划问题属于嵌套类的优化问题，因此本节将根据实际工况分别给出内外层优化问题的设计变量、目标函数以及约束条件。同时机器人的 3、4 轴不参与变胞过程，本优化模型仅考虑机器人变胞平面内的 1、2 轴。

3.5.1　设计变量

由前面内容可知，外层设计变量为实际变胞区域或其相关的影响参数。考虑到变胞式码垛机器人的结构特点以及构态变换的实际情况，该机器人在构态变换时，两片离合器的轴线始终对齐，而插销可以顺利插拔的位置(即图 3.14(a)中 B、N 点重合)始终位于 AB 杆末端。进一步来说，该机器人的可变胞区域仅取决于 AB 杆的末端位置(即 θ_1 角大小)。由此可以得到，该机器人的可变胞区域可以表示为

$$\boldsymbol{R}_{a1} = \boldsymbol{R}_{a2} \Rightarrow \theta_1 \in [\theta_{\min}, \theta_{\max}] \tag{3.40}$$

式中，$\theta_{\min}$ 与 $\theta_{\max}$ 分别为由于物理结构或工况需求限制，构态变换过程中 1 轴的最小转角与最大转角。

由机器人的实际工况可知，机器人的实际变胞区域为可变胞区域的子区域。由式(3.40)可得，实际变胞区域如式(3.41)所示，又因为机器人在实际变胞区域中连续运动，所以可以用实际变胞区域边界点处的 1 轴角度作为设计变量。综上所述，外层优化问题的设计变量可以写为

$$\begin{aligned}&\boldsymbol{R}_{m1}\subseteq\boldsymbol{R}_{a1}\Rightarrow[\theta_{p11},\theta_{p21}]\subseteq[\theta_{\min},\theta_{\max}]\\&\boldsymbol{R}_{m2}\subseteq\boldsymbol{R}_{a2}\Rightarrow[\theta_{p31},\theta_{p41}]\subseteq[\theta_{\min},\theta_{\max}]\end{aligned}\tag{3.41}$$

$$\boldsymbol{X}_{\text{outer}}=[\theta_{p11},\theta_{p21},\theta_{p31},\theta_{p41}]^{\mathrm{T}}\tag{3.42}$$

由前面内容可知，内层设计变量为驱动函数或其相关的影响参数，在机器人进行抓取、搬运及放置过程中，本节选择传统工业机器人轨迹规划中常见的多项式插值曲线对关节驱动函数进行规划。假设关节驱动函数为

$$\theta_{cik}(t)=P_{ik}(t)=\sum_{l=0}^{d_i}a_{ikl}t^l\tag{3.43}$$

式中，$\theta_{cik}(t)$、$P_{ik}(t)$为机器人在C_i构态运行下k轴的d_i阶多项式驱动函数；a_{ikl}为$P_{ik}(t)$中t的l次方的系数。

同理，令机器人构态变换时k轴的驱动函数为$\theta_{mjk}(t)$，但该驱动函数形式相对复杂，将在3.6.1节中进行详细分析求解，这里暂时以通式表达，则内层优化问题的设计变量可以写为

$$\boldsymbol{X}_{\text{inner}}=\left[\boldsymbol{a}_{0k}^{\mathrm{T}},\boldsymbol{a}_{1k}^{\mathrm{T}},\boldsymbol{a}_{2k}^{\mathrm{T}},\boldsymbol{p}_{md1},\boldsymbol{p}_{md2}\right]^{\mathrm{T}}\tag{3.44}$$

式中，$\boldsymbol{a}_{ik}(i=0,1,2)$为系数列向量，其值为

$$\boldsymbol{a}_{ik}=[a_{ik0},a_{ik1},\cdots,a_{ikn_i}]^{\mathrm{T}}\tag{3.45}$$

3.5.2　目标函数

内层优化问题的目标函数分为两部分，即机器人以某一构态运行的目标函数以及进行某次构态变换的目标函数。其中，机器人以某一构态运行的目标函数需要综合考虑时间、能量和脉动三个指标下的性能，因此由式(3.6)～式(3.8)可得，机器人以C_i构态运行的目标函数为

$$F_{\text{cost-}ci}=\omega_{\text{time}}F_{\text{cost-time-}i}+\omega_{\text{energy}}F_{\text{cost-energy-}i}+\omega_{\text{jerk}}F_{\text{cost-jerk-}i}\tag{3.46}$$

式中，ω_{time}、ω_{energy}、ω_{jerk}分别为时间最优、能量最优和脉动最优三个指标的权重系数，本节中取$\omega_{\text{time}}=1$，$\omega_{\text{energy}}=0.1$，$\omega_{\text{jerk}}=0.1$；$F_{\text{cost-time-}i}$、$F_{\text{cost-energy-}i}$、$F_{\text{cost-jerk-}i}$分别为机器人以$C_i$构态运行时时间最优、能量最优和脉动最优的目标函数，其值分别为

$$\begin{cases} F_{\text{cost-time-}i} = t_{cif} - t_{ci0} \\ F_{\text{cost-energy-}i} = \int_{t_{ci0}}^{t_{cif}} \left| \boldsymbol{\tau}_{ci}^{\mathrm{T}} \dot{\boldsymbol{\theta}}_{ci} \right| \mathrm{d}t \\ F_{\text{cost-jerk-}i} = \dfrac{\int_{t_{ci0}}^{t_{cif}} \left| \dddot{\boldsymbol{\theta}}_{ci} \right| \mathrm{d}t}{t_{cif} - t_{ci0}} \end{cases} \tag{3.47}$$

求解进行某次构态变换的目标函数时，应考虑变胞动作的快速稳定进行。首先考虑关节驱动函数的优化目标，为了保证插销的顺畅插拔(离合器的顺利开合)，需要使插销及插销孔(或离合器两片)保持相对静止(或速度相差较小)一段时间。由此本节给定关节驱动函数的优化目标为时间最优且平均速度最小。由于构态变换时的机器人末端轨迹主要由 1 轴决定，所以本节仅考虑 1 轴的驱动函数对其性能的影响。接着考虑外部驱动的目标函数，由于控制气动插销的动力源为气泵，其实际消耗能量与插销插拔次数成正比，假设其平均功率为 P_{air}，则机器人构态变换时的目标函数为

$$F_{\text{cost-}mj} = P_{\text{air}}\left(t_{mjf} - t_{mj0}\right) + \lambda_m\left(t_{mjf} - t_{mj0}\right)^2 + \left(1-\lambda_m\right)\int_{t_{mj0}}^{t_{mjf}} \left|\dot{\theta}_{mj1}(t)\right|^2 \mathrm{d}t \tag{3.48}$$

式中，$\dot{\theta}_{mj1}(t)$ 为机器人第 j 次构态变换时 1 轴的关节速度函数。

因此外层优化问题目标函数可以根据式(3.46)及式(3.48)得到：

$$F_{\text{cost}} = \sum_{i=0}^{2} F_{\text{cost-}ci} + \sum_{j=1}^{2} F_{\text{cost-}mj} \tag{3.49}$$

3.5.3　约束条件

由式(3.12)可知，外层优化问题的约束条件主要是可变胞区域的范围。由前面分析可知，可变胞区域的范围可由 1 轴角度确定，因此外层优化问题的约束条件可以写为

$$\theta_{p11}, \theta_{p21}, \theta_{p31}, \theta_{p41} \in \left[\theta_{\min}, \theta_{\max}\right] \tag{3.50}$$

接下来考虑内层优化问题的约束条件。由于电机性能以及工况需求，要求机器人以某构态运行时或进行构态变换时，其关节速度、加速度及力矩具有最大值限制，并且要求构态变换开始及结束时，关节速度及位移连续；同时要求构态变换过程的时间最短(保证变胞动作进行完毕)等。因此，由式(3.17)，可以得到机器人在 C_i 构态下及第 j 次构态变换时的约束条件：

$$
\begin{cases}
\boldsymbol{g}_{ci} = \{\boldsymbol{g}_{ci1}, \boldsymbol{g}_{ci2}, \boldsymbol{g}_{ci3}\} \\
\boldsymbol{h}_{ci} = \boldsymbol{0} \\
\boldsymbol{g}_{mj} = \{\boldsymbol{g}_{mj1}, \boldsymbol{g}_{mj2}, \boldsymbol{g}_{mj3}, \boldsymbol{g}_{mj4}\} \\
\boldsymbol{h}_{mj} = \{\boldsymbol{h}_{mj1}, \boldsymbol{h}_{mj2}\}
\end{cases}
\tag{3.51}
$$

式中，

$$
\begin{cases}
\boldsymbol{g}_{cil} = \{g_{cilk}\}, & l = 1,2,3 \\
\boldsymbol{g}_{mjl} = \{g_{mjlk}\}, & l = 1,2,3,4 \\
\boldsymbol{h}_{mjl} = \{h_{mjlk}\}, & l = 1,2
\end{cases}, \quad
k = \begin{cases}
1,2,3,4, & i = 0,2 \\
1,3,4, & i = 1 \\
1,2, & j = 1,2
\end{cases}
$$

$$
\begin{cases}
g_{ci1k} = \left|\dot{\theta}_{cik}\right| - V_{cik}^{\max} \leqslant 0 \\
g_{ci2k} = \left|\ddot{\theta}_{cik}\right| - A_{cik}^{\max} \leqslant 0 \\
g_{ci3k} = \left|\tau_{cik}\right| - \Gamma_{cik}^{\max} \leqslant 0
\end{cases}, \quad i = 0,1,2, \quad
\begin{cases}
g_{mj1k} = \left|\dot{\theta}_{mjk}\right| - V_{mjk}^{\max} \leqslant 0 \\
g_{mj2k} = \left|\ddot{\theta}_{mjk}\right| - A_{mjk}^{\max} \leqslant 0 \\
g_{mj3k} = \left|\tau_{mjk}\right| - \Gamma_{mjk}^{\max} \leqslant 0 \\
g_{mj4k} = t_{mj}^{\min} - \left(t_{mjf} - t_{mj0}\right) \leqslant 0
\end{cases}, \quad j = 1,2
$$

$$
\begin{cases}
\boldsymbol{h}_{mj1} = \sum_{j=1}^{2}\left(\left|\boldsymbol{\theta}_{mj}\left(t_{mj0}\right) - \boldsymbol{\theta}_{c(i-1)}\left(t_{c(i-1)f}\right)\right|\right) = \boldsymbol{0} \\
\boldsymbol{h}_{mj2} = \sum_{j=1}^{2}\left(\left|\boldsymbol{\theta}_{mj}\left(t_{mjf}\right) - \boldsymbol{\theta}_{ci}\left(t_{cif}\right)\right|\right) = \boldsymbol{0}
\end{cases}, \quad i = j = 1,2
$$

3.6 驱动函数

由前所述，为解决机器人的轨迹规划问题，需要在各类约束条件下，求解所有轴(包括 3、4 轴)的关节驱动函数。因此本节针对该问题提出求解思路，如图 3.24 所示。

从图 3.24 可以看出，本节先考虑变胞平面内 1、2 轴关节驱动函数，后将其部分结果(包括每段轨迹的运行时间等)作为已知条件，考虑 3、4 轴关节驱动函数。在规划 1、2 轴关节驱动函数的过程中，若其结果不满足实际需求，则需要重新规划关节函数的种类。同时，在转化内层目标函数的过程中，由于关节驱动函数的特点(多项式函数在限制条件下有唯一解等)，可将内层的设计变量进行适当替换，以简化计算。在规划 3、4 轴关节驱动函数的过程中，若其结果不满足约束条件，则需要调整其初始条件(包括启停时间等)，当调整初始条件无效时，则需要重新规划 1、2 轴关节驱动函数，直至满足全部约束条件，得到轨迹规划问题的最终结果(包括所有关节的驱动函数等)。后面将针对求解思路进行详细阐述分析。

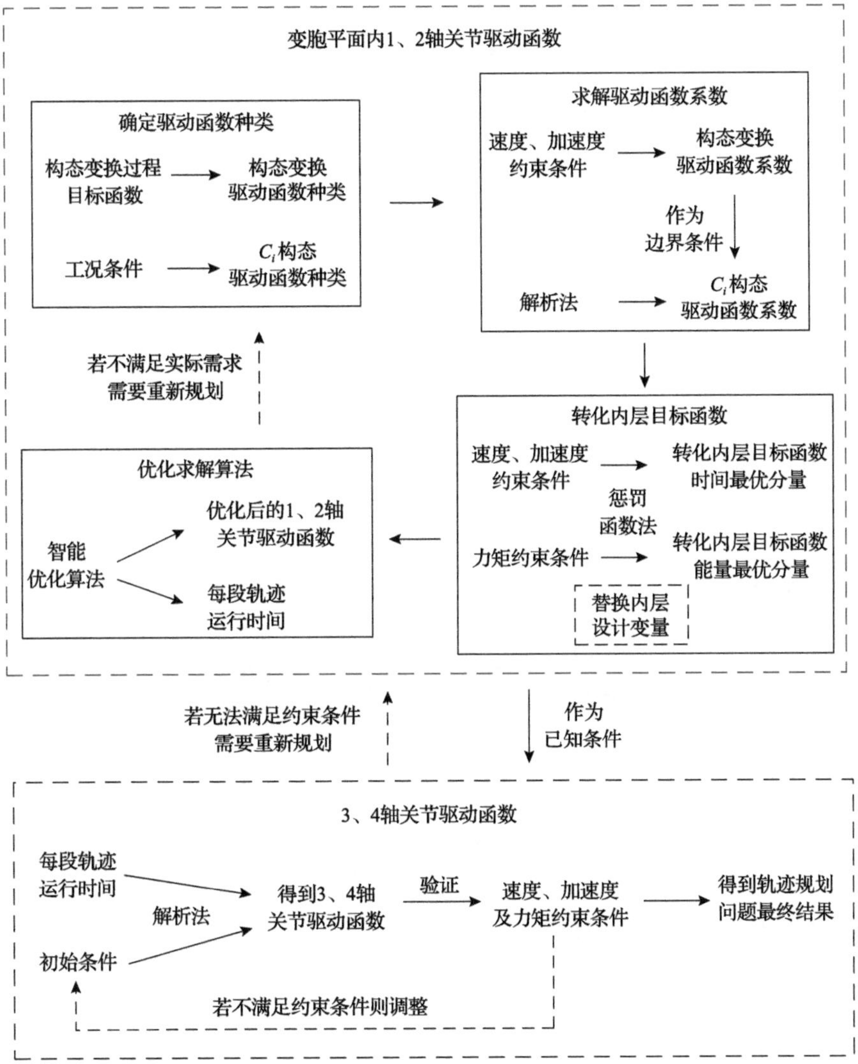

图 3.24　轨迹规划问题求解思路

3.6.1　构态变换过程关节驱动函数的确定

由于构态变换的精度要求比较高，本节优先求解机器人构态变换时的关节驱动函数，后根据该关节驱动函数求解其他关节驱动函数。这里以工况一中第一次构态变换为例，对关节驱动函数的种类进行求解。在该段轨迹中，1 轴关节驱动函数的控制变量为$\dot{\theta}_{m11}$，初始条件及终端约束分别为

$$\begin{cases}\theta_{m1}\left(t_{m10}\right)=\theta_{p11}\\ \theta_{m1}\left(t_{m1f}\right)=\theta_{p12}\end{cases}\tag{3.52}$$

当不考虑构态变换时间及 1 轴运行速度等约束条件时，该优化问题满足本节解析法求解条件，因此令哈密顿函数为

$$H=\left(1-\lambda_m\right)\left|\dot{\theta}_{m1}(t)\right|^2+\lambda\dot{\theta}_{m1}(t)\tag{3.53}$$

由协态方程

$$\dot{\lambda}=-\frac{\partial H}{\partial\theta_{m1}(t)}=0\tag{3.54}$$

解得λ为一个常数：

$$\lambda=\lambda_0=\text{const}\tag{3.55}$$

由极值条件

$$\frac{\partial H}{\partial\dot{\theta}_{m1}(t)}=2\left(1-\lambda_m\right)\dot{\theta}_{m1}(t)+\lambda_0=0\tag{3.56}$$

解得

$$\dot{\theta}_{m1}(t)=-\frac{\lambda_0}{2\left(1-\lambda_m\right)}\tag{3.57}$$

由状态方程和初始条件得到

$$\theta_{m11}(t)=-\frac{\lambda_0 t}{2\left(1-\lambda_m\right)}+\theta_{p11}+\frac{\lambda_0 t_{mj0}}{2\left(1-\lambda_m\right)}\tag{3.58}$$

由终端的约束条件得到

$$\theta_{m1}\left(t_{m1f}\right)=-\frac{\lambda_0 t_{m1f}}{2\left(1-\lambda_m\right)}+\theta_{p11}=\theta_{p12}\tag{3.59}$$

解得

$$\lambda_0 = -\frac{2\left(\theta_{p21} - \theta_{p11}\right)\left(1 - \lambda_m\right)}{t_{m1f} - t_{mj0}} \tag{3.60}$$

$$\theta_{m11}(t) = \frac{\left(t - t_{m10}\right)\left(\theta_{p12} - \theta_{p11}\right)}{t_{m1f} - t_{m10}} + \theta_{p11} \tag{3.61}$$

即最终求得使性能最优的关节驱动函数种类为一次函数，此时重新考虑构态变换时间及 1 轴运行速度等约束条件，可以得到该次构态变换时 1 轴关节驱动函数为

$$\theta_{m11}(t) = v_{m11}\left(t - t_{mj0}\right) + \theta_{p11} \tag{3.62}$$

式中，v_{m11} 表示 1 轴的运行速度，其值为

$$v_{m11} = \begin{cases} \dfrac{\left|\theta_{m1f} - \theta_{m10}\right|}{\theta_{m1f} - \theta_{m10}} V_{m1}^{\max}, & \dfrac{\left|\theta_{m1f} - \theta_{m10}\right|}{t_{m1}^{\min}} > V_{m1}^{\max} \\ \dfrac{\theta_{m1f} - \theta_{m10}}{t_{m1}^{\min}}, & \dfrac{\left|\theta_{m1f} - \theta_{m10}\right|}{t_{m1}^{\min}} \leqslant V_{m1}^{\max} \end{cases} \tag{3.63}$$

由此可以得出，该段轨迹的运行时间为

$$t_{mj} = t_{mjf} - t_{mj0} = \frac{\theta_{p21} - \theta_{p11}}{v_{m11}} \tag{3.64}$$

由式(3.64)可以看出，当外层设计变量 θ_{p11} 及 θ_{p21} 给定时，1 轴关节驱动函数有唯一解，即 1 轴关节驱动函数已求解完成。接着求解 2 轴关节驱动函数，为了保证变胞的顺利进行，2 轴需跟随 1 轴运动(即使得 B、N 点始终重合)。虽然可以通过式(2.14)和式(2.15)利用 1 轴角度求得 2 轴角度，但其解析表达式比较复杂，因此本节使用插补的方式获得 2 轴关节驱动函数的离散形式，有

$$\begin{cases} t_{m1} = \{t_{m10}, t_{m10} + \Delta t, t_{m10} + 2\Delta t, \cdots, t_{m1f}\} \\ \theta_{m12} = \left\{f_k\left(t_{m10}\right), f_k\left(t_{m10} + \Delta t\right), f_k\left(t_{m10} + 2\Delta t\right), \cdots, f_k\left(t_{m1f}\right)\right\} \end{cases} \tag{3.65}$$

式中，t_{m1} 为第一次构态变换的时间序列；Δt 为插补的时间间隔；f_k 为 2 轴角度关于时间的函数。

至此，第一次构态变换的关节驱动函数已全部求出，同理，可以求得其他构态变换过程中的关节驱动函数。

3.6.2　多项式插值曲线阶数的确定

在使用五次曲线进行插值拟合时，可能会出现龙格现象，即五次曲线在规定的时间区间内不单调，在机器人关节上表现为关节在开始运行后一段时间内或在结束运行前一段时间内会出现“往复运动”现象，如图 3.25 所示。

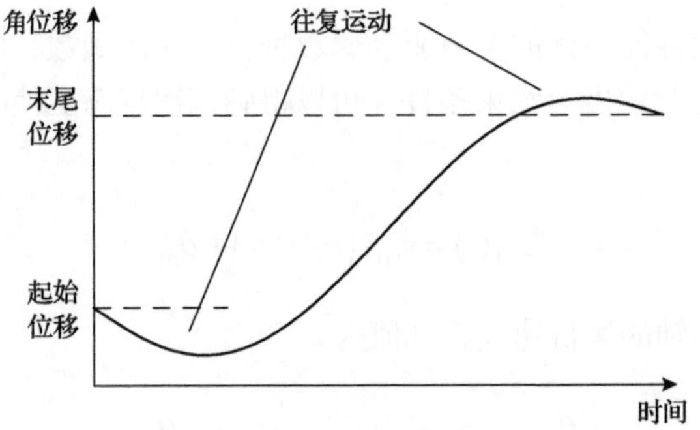

图 3.25　五次函数往复运动

这种“往复运动”会加剧关节磨损，缩短设备使用寿命，因此，本节将给出判定该现象是否出现的方法。为了不失一般性，这里假设五次曲线表达式为

$$\theta(t) = a_5t^5 + a_4t^4 + a_3t^3 + a_2t^2 + a_1t + a_0 \tag{3.66}$$

令五次曲线轨迹的初始时刻为t_0，终端时刻为t_f，则根据轨迹首末两点的位移、速度及加速度限制条件，可以由式(3.67)解得五次曲线的系数：

$$\begin{bmatrix} t_f^5 & t_f^4 & t_f^3 & t_f^2 & t_f & 1 \\ 5t_f^4 & 4t_f^3 & 3t_f^2 & 2t_f & 1 & 0 \\ 20t_f^3 & 12t_f^2 & 6t_f & 2 & 0 & 0 \\ t_0^5 & t_0^4 & t_0^3 & t_0^2 & t_0 & 1 \\ 5t_0^4 & 4t_0^3 & 3t_0^2 & 2t_0 & 1 & 0 \\ 20t_0^3 & 12t_0^2 & 6t_0 & 2 & 0 & 0 \end{bmatrix} \begin{bmatrix} a_5 \\ a_4 \\ a_3 \\ a_2 \\ a_1 \\ a_0 \end{bmatrix} = \begin{bmatrix} \theta_f \\ \dot{\theta}_f \\ \ddot{\theta}_f \\ \theta_0 \\ \dot{\theta}_0 \\ \ddot{\theta}_0 \end{bmatrix} \tag{3.67}$$

式中，θ_0、$\dot{\theta}_0$、$\ddot{\theta}_0$分别为初始时刻的位移、速度及加速度；θ_f、$\dot{\theta}_f$、$\ddot{\theta}_f$分别为终端时刻的位移、速度及加速度。

根据 3.6.1 节中的结论，构态变换前后关节的加速度为 0，同时为了计算简便，令五次曲线轨迹的初始时刻t_0为 0，代入式(3.66)可以解得

$$
\begin{cases}
a_5 = \dfrac{-3W_1 + 6W_2}{t_f^5} \\
a_4 = \dfrac{7W_1 - 15W_2}{t_f^4} \\
a_3 = \dfrac{4W_1 - 10W_2}{t_f^3} \\
a_2 = 0 \\
a_1 = \dot{\theta}_0 \\
a_0 = \theta_0
\end{cases}
\tag{3.68}
$$

式中，

$$
\begin{cases}
W_1 = \left(\dot{\theta}_f - \dot{\theta}_0\right) t_f \\
W_2 = \theta_f - \theta_0 - \dot{\theta}_0 t_f
\end{cases}
$$

为了保证五次曲线在$[t_0,t_f]$时间区间内单调，需要保证其导函数(速度四次函数)在该区间内保号。某次构态变换结束时的速度方向与下一次构态变换开始时的速度方向相同，即速度正负号相同(这里忽略一些特殊工况，如一自由度构态需要进行往复运动等)，并且五次曲线轨迹的首末关节加速度为 0，即其首末点位于五次曲线的拐点处。因此只需研究五次曲线第三个拐点处的相关特征即可。由式(3.67)，对五次曲线求拐点得

$$
20a_5 t^3 + 12a_4 t^2 + 6a_3 t = 0 \tag{3.69}
$$

将式(3.68)代入式(3.69)，解得第三个拐点的时刻t_{in}为

$$
t_{in} = \frac{2W_1 - 5W_2}{5W_1 - 10W_2} t_f \tag{3.70}
$$

首先需要判断t_{in}是否在时间区间$[t_0,t_f]$内，即

$$
0 \leqslant \frac{2W_1 - 5W_2}{5W_1 - 10W_2} \leqslant 1 \tag{3.71}
$$

当边界条件(W_1及W_2)不满足式(3.71)，即t_{in}不在时间区间$[t_0,t_f]$内时，速度四次曲线保号，位移五次曲线满足单调条件。反之则需要进一步判断t_{in}时刻的速度方向是否与速度四次曲线的初始时刻(或终端时刻)的速度方向一致，由式(3.67)的导数可以求得t_{in}时刻的速度，并化简得

$$
\frac{(2W_1 - 3W_2)(28W_1 - 95W_2)}{W_1 - 2W_2} \dot{\theta}_0 \geqslant 0 \tag{3.72}
$$

当边界条件满足式(3.72)时，速度四次曲线保号，位移五次曲线满足单调条件。反之速度四次曲线不保号，位移五次曲线不满足单调条件。

至此，得到多项式插值曲线的选择标准，即当位移曲线满足单调条件时，本段多项式插值曲线阶数选取为五阶；反之，本段多项式插值曲线阶数选取为三阶。同时，后面将根据该标准对实际工况下多项式插值曲线的种类进行选择。

3.6.3 底座及抓手关节驱动函数的确定

为了不影响变胞的顺利进行，将底座轴及抓手轴(3、4 轴)的运动暂时设定在机器人的搬运过程中，即假设 3、4 轴的运动起止时间分别为 t_{c10} 及 t_{c1f}。同时，为了保证运行效率以及运动过程中关节加速度连续，利用三次多项式规划 3、4 轴关节驱动函数 $\theta_{c1k}(t)\ (k=3,4)$，即

$$\theta_{c1k}(t)=a_{1k3}t^3+a_{1k2}t^2+a_{1k1}t+a_{1k0},\quad t_{c10}\leqslant t\leqslant t_{c1f} \tag{3.73}$$

则根据 3、4 轴位移及速度的约束条件，可由式(3.73)求得三次曲线系数如下：

$$\begin{bmatrix} t_{c10}^3 & t_{c10}^2 & t_{c10} & 1 \\ 3t_{c10}^2 & 2t_{c10} & 1 & 0 \\ t_{c1f}^3 & t_{c1f}^2 & t_{c1f} & 1 \\ 3t_{c1f}^2 & 2t_{c1f} & 1 & 0 \end{bmatrix}\begin{bmatrix} a_{1k3} \\ a_{1k2} \\ a_{1k1} \\ a_{1k0} \end{bmatrix}=\begin{bmatrix} \theta_{c1k0} \\ \dot{\theta}_{c1k0} \\ \theta_{c1kf} \\ \dot{\theta}_{c1kf} \end{bmatrix} \tag{3.74}$$

式中，θ_{c1k0} 及 $\dot{\theta}_{c1k0}$ 分别为 t_{c10} 时刻 k 轴的位移及速度；θ_{c1kf} 及 $\dot{\theta}_{c1kf}$ 分别为 t_{c1f} 时刻 k 轴的位移及速度。

为计算简便，假设三次曲线的初始时刻 t_{c10} 为 0，该段曲线的运行时间为 1、2 轴经过优化后的运行时间，即 t_{c1}，同时，由于 3、4 轴的初始及终端速度为零，则可以求得三次曲线的系数，即

$$\begin{cases} a_{1k3}=\left(2\theta_{c1k0}-2\theta_{c1kf}\right)/t_{c1}^3 \\ a_{1k2}=-\left(3\theta_{c1k0}-3\theta_{c1kf}\right)/t_{c1}^2 \\ a_{1k1}=0 \\ a_{1k0}=\theta_{c1k0} \end{cases} \tag{3.75}$$

由式(3.75)可得，位移三次曲线的导函数(速度二次曲线)的表达式为

$$\dot{\theta}_{c1k}(t)=3a_{1k3}t^2+2a_{1k2}t+a_{1k1},\quad t_{c10}\leqslant t\leqslant t_{c1f} \tag{3.76}$$

代入式(3.73)，可得该二次曲线的极值，即位于其对称轴处的速度值：

$$\left|\dot{\theta}_{c1k}\right|_{\max} = \left|\theta_{c1k}\left(\frac{t_{c1}}{2}\right)\right| = \frac{3\left|\theta_{c1kf} - \theta_{c1k0}\right|}{2t_{c1}} \tag{3.77}$$

式中，$\left|\dot{\theta}_{c1k}\right|_{\max}$ 表示 k 轴速度绝对值的最大值。

由式(3.74)可得，速度二次曲线的导函数(加速度一次曲线)的表达式为

$$\ddot{\theta}_{c1k}(t) = 6a_{1k3}t + 2a_{1k2}, \quad t_{c10} \leqslant t \leqslant t_{c1f} \tag{3.78}$$

代入式(3.73)，可得该一次曲线的极值，即位于其起始或终端处的加速度值：

$$\left|\ddot{\theta}_{c1k}\right|_{\max} = \left|\ddot{\theta}_{c1k}(0)\right| = \frac{6\left|\theta_{c1kf} - \theta_{c1k0}\right|}{t_{c1}^2} \tag{3.79}$$

式中，$\left|\ddot{\theta}_{c1k}\right|_{\max}$ 表示 k 轴加速度绝对值的最大值。

假设 $k(k=3,4)$ 轴在搬运过程中的最大速度及最大加速度分别为 $V_{c1k}^{\max}$ 及 $A_{c1k}^{\max}$，则可以求得 k 轴在搬运过程中的最大运动角度 $\theta_{c1k}^{\max}$ 为

$$\theta_{c1k}^{\max} = \min\left\{\frac{3t_{c1}}{2}V_{c1k}^{\max}, \frac{t_{c1}^2}{6}A_{c1k}^{\max}\right\} \tag{3.80}$$

若 k 轴运动范围未超过该轴最大运动角度 $\theta_{c1k}^{\max}$，即

$$\left|\theta_{c1kf} - \theta_{c1k0}\right| \leqslant \theta_{c1k}^{\max} \tag{3.81}$$

则该轴的运动设定在机器人的搬运过程，并且关节驱动函数的系数通过式(3.74)得到。

若 k 轴运动范围超过该轴最大运动角度 $\theta_{c1k}^{\max}$，即

$$\left|\theta_{c1kf} - \theta_{c1k0}\right| > \theta_{c1k}^{\max} \tag{3.82}$$

则需要对该轴的运动行程进行分解，即将该轴的部分行程分配给机器人的其他工作过程(变胞过程除外)。例如，将该轴的运动行程分为两段，将其中一部分分配至机器人的提起过程，另一部分分配至搬运过程。设运动行程的分割点为 θ_{c1km}，根据前面的结论，该分割点需要满足

$$\begin{cases}\left|\theta_{c1km} - \theta_{c1k0}\right| \leqslant \theta_{c0k}^{\max} \\ \left|\theta_{c1kf} - \theta_{c1km}\right| \leqslant \theta_{c1k}^{\max}\end{cases} \tag{3.83}$$

式中，$\theta_{c0k}^{\max}$ 为 k 轴在提起过程中的最大运动角度。

假设 $k(k=3,4)$ 轴在提起过程中的最大速度及最大加速度分别为 $V_{c0k}^{\max}$ 及 $A_{c0k}^{\max}$，则由式(3.83)可得最大运动角度 $\theta_{c0k}^{\max}$ 为

$$\theta_{c0k}^{\max}=\min\left\{\frac{3t_{c0}}{2}V_{c0k}^{\max},\frac{t_{c0}^2}{6}A_{c0k}^{\max}\right\} \tag{3.84}$$

式中，t_{c0} 为 1、2 轴经过优化后的提起过程运行时间。那么，该轴的运动设定在机器人的提起过程及搬运过程，并且关节驱动函数的系数通过式(3.84)的类似方法得到。若 $k(k=3,4)$ 轴的运动行程分配至其他工作过程后仍不满足条件，则需要以 k 轴为标准，重新调整 1、2 轴的运动时间，并再次规划该轴。

3.7　轨迹规划实例分析

变胞式码垛机器人各连杆长度分别为 $L_1=0.6\text{m}$，$L_2=0.35\text{m}$，$L_3=0.2\text{m}$，$L_4=0.608\text{m}$，$L_5=0.4\text{m}$，$L_6=0.455\text{m}$，$L_7=0.196\text{m}$，$L_8=0.12\text{m}$，$L_9=0.09\text{m}$。各构件质量、转动惯量及质心位置参数如表 3.4 所示，其中取负载为 2kg。

表 3.4　各构件质量、转动惯量及质心位置参数

构件	质量/kg	转动惯量/(kg·m²)	质心相对位移/m	质心相对角度/(°)
AB 杆	9.328	0.4299	$l_{SA}=0.288$	—
DE 杆	6.841	0.1454	$l_{SE}=0.221$	—
三角板 *CDN*	11.604	0.3837	$l_{SD}=0.319$	$\theta_{SD}=5.437$
BF 杆	8.294	0.3109	$l_{SB}=0.309$	—
HI 杆	2.110	0.0739	$l_{SH}=0.307$	$\theta_{AH}=30$, $\theta_{SH}=14.73$
IJ 杆	2.557	0.0424	$l_{SI}=0.200$	$\theta_{BJ}=60$, $\theta_{SI}=18.89$
JK 杆	1.942	0.0633	$l_{SJ}=0.300$	—
KG 杆	4.308	0.0191	$l_{SF}=0.101$	$\theta_{SF}=43.84$
合并构件	19.898	1.4887	$l_{S34}=0.490$	$\theta_{34}=12.07$

3.7.1　工况一理论求解

本节中，工况一采用多目标(时间-能量-脉动)进行多目标优化，由式(3.5)可得其优化目标函数为

$$F_{\text{cost}}=\sum_{i=0}^{2}\eta_{ci}F_{\text{cost-}ci}+\sum_{j=1}^{2}\eta_{mj}F_{\text{cost-}mj} \tag{3.85}$$

式中，$F_{\text{cost-}ci}$、$F_{\text{cost-}mj}$ 可分别由式(3.46)及式(3.48)得到。

由于前面已经分析过构态变换时的关节驱动函数求解方法，本节只考虑机器人以 C_i 构态运动下的目标函数 $F_{\text{cost-}ci}$ 以及机器人构态变换所用时间 t_{mj}，即令 $\eta_{ci}=1$，$\eta_{mj}=0$，因此式(3.85)可以写为

$$\begin{aligned}F_{\text{cost}}&=\sum_{i=0}^{2}F_{\text{cost-}ci}+\sum_{j=1}^{2}\omega_{\text{time}}t_{mj}\\&=\sum_{i=0}^{2}\left(\omega_{\text{time}}F_{\text{cost-time-}i}+\omega_{\text{energy}}F_{\text{cost-energy-}i}+\omega_{\text{jerk}}F_{\text{cost-jerk-}i}\right)+\sum_{j=1}^{2}\omega_{\text{time}}t_{mj}\\&=\omega_{\text{time}}\left(\sum_{i=0}^{2}t_{ci}+\sum_{j=1}^{2}t_{mj}\right)+\omega_{\text{energy}}\sum_{i=0}^{2}\int_{t_{ci0}}^{t_{cif}}\left|\boldsymbol{\tau}_{ci}^{\mathrm{T}}\dot{\boldsymbol{\theta}}_{ci}\right|\mathrm{d}t+\omega_{\text{jerk}}\sum_{i=0}^{2}\frac{\int_{t_{ci0}}^{t_{cif}}\left|\dddot{\boldsymbol{\theta}}_{ci}\right|\mathrm{d}t}{t_{cif}-t_{ci0}}\end{aligned}\tag{3.86}$$

本节将该问题的求解分为四个部分依次进行，其详细内容如下。

1. 1、2 轴关节驱动函数系数计算

由前面的假设，考虑一般情况(可能会出现往复运动现象)，即此时将采用三次曲线规划机器人 C_i 构态下的关节驱动函数，即

$$\theta_{cik}(t)=a_{ik3}t^3+a_{ik2}t^2+a_{ik1}t+a_{ik0},\quad t_{ci0}\leqslant t\leqslant t_{cif}\tag{3.87}$$

为了确定多项式系数，给定其需要满足的如下边界条件、约束条件等。

首先，为了保证启停平稳，要求机器人在负载阶段的启停速度为零，即

$$\begin{cases}\dot{\theta}_{c0k}\left(t_{c00}\right)=0\\\dot{\theta}_{c2k}\left(t_{c2f}\right)=0\end{cases},\quad k=1,2\tag{3.88}$$

其次，为了保证构态变换前后的关节位移与速度连续，得到边界条件，即

$$\begin{cases}\theta_{c0k}\left(t_{c0f}\right)=\theta_{m1k}\left(t_{m10}\right)=\theta_{p1k}\\\theta_{c1k}\left(t_{c10}\right)=\theta_{m1k}\left(t_{m1f}\right)=\theta_{p2k}\\\theta_{c1k}\left(t_{c1f}\right)=\theta_{m2k}\left(t_{m20}\right)=\theta_{p3k}\\\theta_{c2k}\left(t_{c20}\right)=\theta_{m2k}\left(t_{m2f}\right)=\theta_{p4k}\end{cases},\quad\begin{cases}\dot{\theta}_{c0k}\left(t_{c0f}\right)=\dot{\theta}_{m1k}\left(t_{m10}\right)=\dot{\theta}_{p1k}\\\dot{\theta}_{c1k}\left(t_{c10}\right)=\dot{\theta}_{m1k}\left(t_{m1f}\right)=\dot{\theta}_{p2k}\\\dot{\theta}_{c1k}\left(t_{c1f}\right)=\dot{\theta}_{m2k}\left(t_{m20}\right)=\dot{\theta}_{p3k}\\\dot{\theta}_{c2k}\left(t_{c20}\right)=\dot{\theta}_{m2k}\left(t_{m2f}\right)=\dot{\theta}_{p4k}\end{cases}\tag{3.89}$$

式中，$\dot{\theta}_{p1k}$、$\dot{\theta}_{p2k}$、$\dot{\theta}_{p3k}$、$\dot{\theta}_{p4k}$ 分别为机器人在 P_1～P_4 点 k 轴的速度，其中，1 轴的速度可由式(3.89)求得，其值为

$$\begin{cases}\dot{\theta}_{p11}=v_{m11}\\ \dot{\theta}_{p21}=v_{m11}\\ \dot{\theta}_{p31}=v_{m21}\\ \dot{\theta}_{p41}=v_{m21}\end{cases} \tag{3.90}$$

2 轴的速度相对复杂，这里采用数值微分的方法代替，即

$$\begin{cases}\dot{\theta}_{p12}=\dfrac{f_k\left(t_{m10}+\Delta t\right)-f_k\left(t_{m10}\right)}{\Delta t}\\ \dot{\theta}_{p22}=\dfrac{f_k\left(t_{m1f}\right)-f_k\left(t_{m1f}-\Delta t\right)}{\Delta t}\\ \dot{\theta}_{p32}=\dfrac{f_k\left(t_{m20}+\Delta t\right)-f_k\left(t_{m20}\right)}{\Delta t}\\ \dot{\theta}_{p42}=\dfrac{f_k\left(t_{m2f}\right)-f_k\left(t_{m2f}-\Delta t\right)}{\Delta t}\end{cases} \tag{3.91}$$

由于三段 $C_i\,(i=0,1,2)$ 构态下的曲线相对独立，所以本节将三段曲线单独考虑，并假设每段曲线的初始时刻为 0，运行总时间为 t_{ci}，将式(3.89)代入式(3.90)，可以求得三段三次曲线的系数，即

$$\begin{cases}a_3=\left(2\theta_{cik}(0)-2\theta_{cik}\left(t_{ci}\right)+t_{ci}\dot{\theta}_{cik}(0)+t_{ci}\dot{\theta}_{cik}\left(t_{ci}\right)\right)\Big/t_{ci}^3\\ a_2=-\left(3\theta_{cik}(0)-3\theta_{cik}\left(t_{ci}\right)+t_{ci}\dot{\theta}_{cik}(0)+t_{ci}\dot{\theta}_{cik}\left(t_{ci}\right)\right)\Big/t_{ci}^2\\ a_1=\dot{\theta}_{cik}(0)\\ a_0=\theta_{cik}(0)\end{cases} \tag{3.92}$$

2. 通过约束条件转化目标函数

由式(3.92)可以得到 t_{mj}，因此这里主要考虑 t_{ci} 的计算方法。令时间最优部分的分量 $F_{\text{cost-time-}i}$ 为

$$F_{\text{cost-time-}i}=t_{ci} \tag{3.93}$$

接着考虑约束条件，即每段曲线的速度、加速度限制，由式(3.51)可以看出，

保证整段轨迹满足约束条件等价于保证该段速度、加速度的绝对值的最大值小于规定值，即

$$\left|\dot{\theta}_{cik}(t)\right|-V_{ci}^{\max}\leqslant 0,\quad 0\leqslant t\leqslant t_{ci}\Leftrightarrow\left|\dot{\theta}_{cik}\right|_{\max}-V_{ci}^{\max}\leqslant 0 \tag{3.94}$$

$$\left|\ddot{\theta}_{cik}(t)\right|-A_{ci}^{\max}\leqslant 0,\quad 0\leqslant t\leqslant t_{ci}\Leftrightarrow\left|\ddot{\theta}_{cik}\right|_{\max}-A_{ci}^{\max}\leqslant 0 \tag{3.95}$$

式中，$\left|\dot{\theta}_{cik}\right|_{\max}$ 及 $\left|\ddot{\theta}_{cik}\right|_{\max}$ 分别为机器人 C_i 构态下 k 轴速度及加速度的绝对值的最大值。

由式(3.87)可以得到速度曲线为二次函数，即

$$\dot{\theta}_{cik}(t)=3a_{ik3}t^2+2a_{ik2}t+a_{ik1},\quad t_{ci0}\leqslant t\leqslant t_{cif} \tag{3.96}$$

速度绝对值的最大值只会出现在定义域两端或对称轴处，但对称轴不一定在定义域内，因此引入权函数判断对称轴处的极值点是否可用，则有

$$\left|\dot{\theta}_{cik}\right|_{\max}=\max\left\{\left|\dot{\theta}_{cik}(0)\right|,\left|\dot{\theta}_{cik}\left(t_{ci}\right)\right|,\left|l\left(t_{nik}\right)\dot{\theta}_{cik}\left(t_{nik}\right)\right|\right\} \tag{3.97}$$

式中，t_{nik} 为机器人 C_i 构态下 k 轴速度曲线极值点处的时间，其值为

$$t_{nik}=a_{ik2}/\left(-3a_{ik3}\right) \tag{3.98}$$

由式(3.87)可以得到，加速度曲线为一次函数，即

$$\ddot{\theta}_{cik}(t)=6a_{ik3}t+2a_{ik2},\quad t_{ci0}\leqslant t\leqslant t_{cif} \tag{3.99}$$

加速度绝对值的最大值只会出现在定义域两端，则有

$$\left|\ddot{\theta}_{cik}\right|_{\max}=\max\left\{\left|\ddot{\theta}_{cik}(0)\right|,\left|\ddot{\theta}_{cik}\left(t_{ci}\right)\right|\right\} \tag{3.100}$$

再次引入惩罚函数判断速度、加速度最大值是否超过速度、加速度限制条件。采用惩罚函数法构造无约束条件的优化目标函数，则 $F_{\text{cost-time-}i}$ 可以写为

$$F_{\text{cost-time-}i}=t_{ci}+\omega_1\sum_{k=1}^{n_i}\left[w_{i1}\left(t_{nik}\right)w_{i2}\left(\left|\dot{\theta}_{cik}\right|_{\max}-V_{ci}^{\max}\right)\right]+\omega_2\sum_{k=1}^{n_i}w_{i2}\left(\left|\ddot{\theta}_{cik}\right|_{\max}-A_{ci}^{\max}\right) \tag{3.101}$$

式中，ω_1 和 ω_2 为权重系数，本节中均取为 10000；$w_{i1}(x)$、$w_{i2}(x)$ 为惩罚函数，其值为

$$w_{i1}(x)=\begin{cases}1, & 0\leqslant x\leqslant t_{ci}\\ 0, & \text{其他}\end{cases} \tag{3.102}$$

$$w_{i2}(x)=\begin{cases}1, & x>0\\ 0, & x\leqslant 0\end{cases} \tag{3.103}$$

同理，在考虑关节力矩的约束条件时，能量最优部分的分量 $F_{\text{cost-energy-}i}$ 可以写为

$$F_{\text{cost-energy-}i}=\int_{t_{ci0}}^{t_{cif}}\left|\boldsymbol{\tau}_{ci}^{\mathrm{T}}\dot{\boldsymbol{\theta}}_{ci}\right|\mathrm{d}t+\omega_3\sum_{k=1}^{n_i}w_{i2}\left(\left|\tau_{cik}\right|_{\max}-\tau_{ci}^{\max}\right) \tag{3.104}$$

式中，$\left|\tau_{cik}\right|_{\max}$ 为机器人 C_i 构态下 k 轴力矩绝对值的最大值；ω_3 为权重系数。

同理，脉动最优部分的分量为 $F_{\text{cost-jerk-}i}$。由式(3.99)可得，关节脉动函数为常值函数，即

$$\dddot{\theta}_{cik}(t)=6a_{ik3},\quad t_{ci0}\leqslant t\leqslant t_{cif} \tag{3.105}$$

因此该分量可以等价地写为

$$F_{\text{cost-jerk-}i}=a_{ik3} \tag{3.106}$$

3. 关节驱动函数求解流程

采用嵌套粒子群优化算法进行求解，其流程图如图 3.26 所示，其中内层目标函数值全部由内层粒子群优化算法求解。

4. 实际算例求解

假设抓取点和放置点在变胞平面内的坐标分别为(1.150m，–0.120m)及(1.100m，0.050m)。又设抓取点和放置点的底座转角为 52°及 0°，抓手转角不变，始终为 0°。考虑到电机性能及使用工况，各段的主动轴的运动约束如表 3.5 所示。

给定每次变胞的最短时间 $t_{mj}^{\min}=0.2\text{s}$、最长时间 $t_{mj}^{\max}=1.0\text{s}$，变胞时 1 轴匀速运动的最大速度为 $V_{mj}^{\max}=3\,(°)/\text{s}$，采用图 3.26 所示的算法，得到结果如下：$P_1$ 点、P_2 点、P_3 点及 P_4 点处 1 轴角度分别为 28.689°、29.195°、43.845°及 43.849°。在 C_i 构态下的轨迹运行时间分别为 0.261s、1.049s 及 0.562s，两段匀速变胞轨迹的运行时间均为 0.2s，轨迹总时间为 2.272s。同时得到五段轨迹的主动轴关节角位移(单位：(°))驱动函数如下。

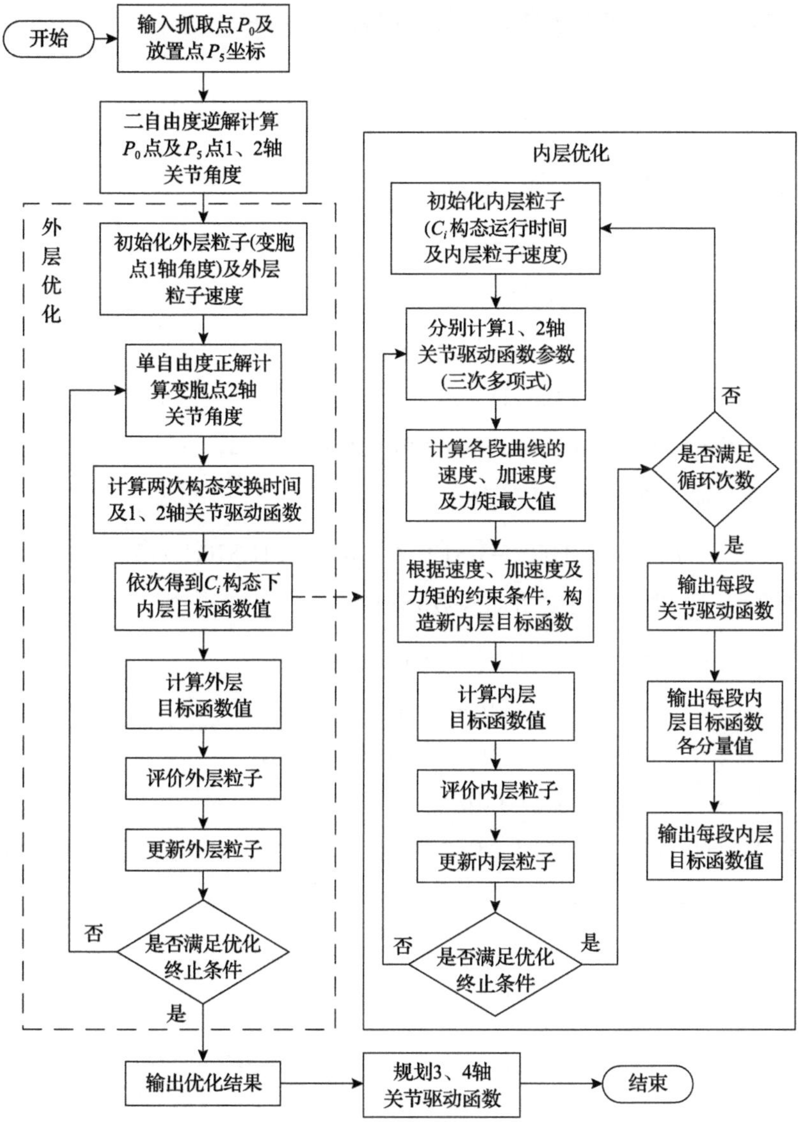

图 3.26　算法求解流程图(一)

表 3.5　工况一下的运动约束条件

自由度	主动轴	速度限制/[(°)/s]	加速度限制/[(°)/s²]
一自由度	1 轴	25	75
二自由度	1 轴	25	60
二自由度	2 轴	25	60
一自由度	3 轴	80	300

P_0P_1 段 1、2 轴关节角度驱动函数分别为

$$\begin{cases}\theta_{c01}(t) = -18.02t^3 + 11.90t^2 + 28.20 \\ \theta_{c02}(t) = 74.45t^3 - 28.24t^2 + 74.70\end{cases},\quad t \in [0, 0.261)$$

P_1P_2 段 1 轴关节角度驱动函数为

$$\theta_{m11}(t) = 2.53(t - 0.261) + 28.69,\quad t \in [0.261, 0.461)$$

P_2P_3 段 1、3 轴关节角度驱动函数分别为

$$\begin{cases}\theta_{c11}(t) = -23.06(t - 0.461)^3 + 35.09(t - 0.461)^2 \\ \qquad\qquad + 2.53(t - 0.461) + 29.20 \\ \theta_b(t) = 89.95(t - 0.461)^3 - 141.52(t - 0.461)^2 + 52\end{cases},\quad t \in [0.461, 1.510)$$

P_3P_4 段 1 轴关节角度驱动函数为

$$\theta_{m21}(t) = 0.02(t - 1.510) + 43.85,\quad t \in [1.510, 1.710)$$

P_4P_5 段 1、2 轴关节角度驱动函数分别为

$$\begin{cases}\theta_{c21}(t) = 35.52(t - 1.710)^3 - 29.97(t - 1.710)^2 \\ \qquad\qquad - 0.02(t - 1.710) + 43.85 \\ \theta_{c22}(t) = -28.89(t - 1.710)^3 + 24.36(t - 1.710)^2 \\ \qquad\qquad - 0.005(t - 1.710) + 79.33\end{cases},\quad t \in [1.710, 2.272)$$

最终得到时间最优的机器人理论工作轨迹如图 3.27 所示，主动关节角位移、

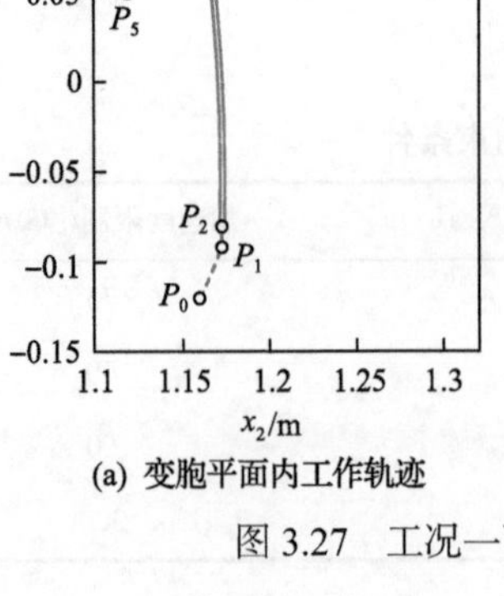

(a) 变胞平面内工作轨迹

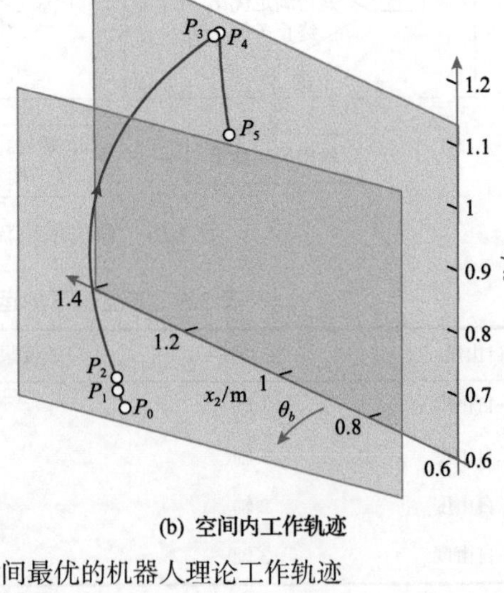

(b) 空间内工作轨迹

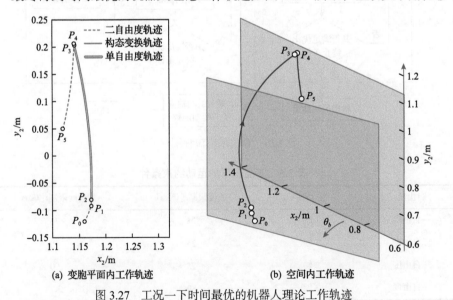

图 3.27　工况一下时间最优的机器人理论工作轨迹

角速度和角加速度曲线图如图 3.28 所示。

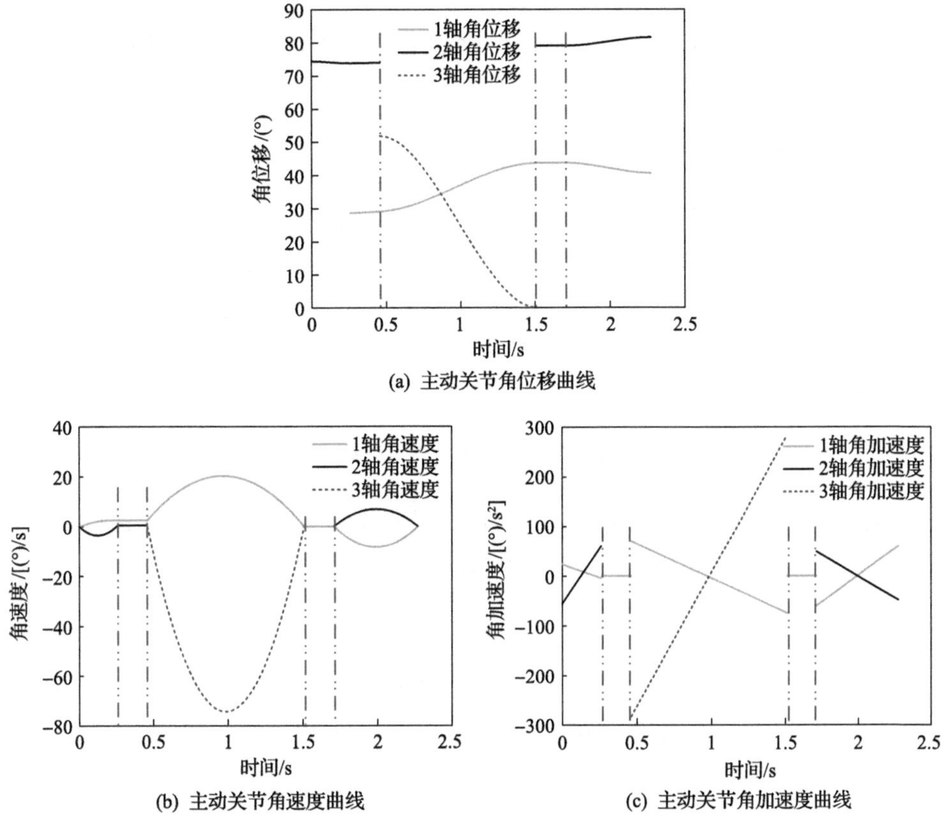

(a) 主动关节角位移曲线

(b) 主动关节角速度曲线

(c) 主动关节角加速度曲线

图 3.28　工况一下主动关节角位移、角速度、角加速度曲线图

3.7.2　工况二理论求解

本节中，工况二采用时间最优进行单目标优化，由式(3.86)令 $\omega_{\text{time}}=1$，$\omega_{\text{energy}}=\omega_{\text{jerk}}=0$，可得其优化目标函数为

$$F_{\text{cost}}=\sum_{i=0}^{2}F_{\text{cost-time-}i}+\sum_{j=1}^{2}t_{mj}=\sum_{i=0}^{2}t_{ci}+\sum_{j=1}^{2}t_{mj} \tag{3.107}$$

由前面的假设，本节考虑特殊情况(不出现往复运动现象)。以变胞过程中 1 轴及 2 轴速度为零为例，将 $W_1=0$ 代入式(3.71)及式(3.72)，可以看出该特殊情况满足不出现往复运动的条件。同时，由于机器人在变胞时工作平面内属于静止状态，辅助路径点 P_1 与 P_2 重合，P_3 与 P_4 重合。

同理，本节将该问题的求解分为四个部分依次进行，其详细内容如下。

1. 1、2 轴关节驱动函数系数计算

根据 3.6.2 节中的多项式选取标准，本工况采用五次曲线规划机器人 C_i 构态下的关节驱动函数，即

$$\theta_{cik}(t)=a_{ik5}t^5+a_{ik4}t^4+a_{ik3}t^3+a_{ik2}t^2+a_{ik1}t+a_{ik0},\quad t_{ci0}\leqslant t\leqslant t_{cif} \tag{3.108}$$

同理为确定多项式系数，给定其需要满足的如下边界条件、约束条件等。

首先，为了保证启停平稳，要求机器人在负载阶段的启停速度为零，与工况一相同，如式(3.88)所示；其次，为了保证构态变换前后的关节位移与速度连续，得到边界条件与工况一相同，如式(3.89)所示。由前面的假设，构态变换前后 1、2 轴速度为 0，即

$$\dot{\theta}_{p1k}=\dot{\theta}_{p2k}=\dot{\theta}_{p3k}=\dot{\theta}_{p4k}=0,\quad k=1,2 \tag{3.109}$$

同样，将三段曲线单独考虑，并假设每段曲线的初始时刻为 0，运行总时间为 t_{ci}，根据式(3.67)，可以求得三段五次曲线的系数，即

$$\begin{cases}a_5=\left(6\theta_{cik}\left(t_{ci}\right)-6\theta_{cik}\left(0\right)\right)/t_{ci}^5\\a_4=-\left(15\theta_{cik}\left(t_{ci}\right)-15\theta_{cik}\left(0\right)\right)/t_{ci}^4\\a_3=\left(10\theta_{cik}\left(t_{ci}\right)-10\theta_{cik}\left(0\right)\right)/t_{ci}^3\\a_2=0\\a_1=0\\a_0=\theta_{cik}(0)\end{cases} \tag{3.110}$$

2. 通过约束条件转化目标函数

同理，由式(3.64)可以得到 t_{mj}，这里主要考虑 t_{ci} 的计算方法，即时间最优部分的分量 $F_{\text{cost-time-}i}$ 为

$$F_{\text{cost-time-}i}=t_{ci} \tag{3.111}$$

接着考虑约束条件，即每段曲线的速度、加速度限制。由式(3.108)可以得到速度曲线为四次曲线，即

$$\dot{\theta}_{cik}(t)=5a_{ik5}t^4+4a_{ik4}t^3+3a_{ik3}t^2+2a_{ik2}t+a_{ik1},\quad t_{ci0}\leqslant t\leqslant t_{cif} \tag{3.112}$$

速度绝对值的最大值在定义域两端或其驻点(加速度为 0)处，对式(3.112)求

导得到

$$\ddot{\theta}_{cik}(t)=20a_{ik5}t^3+12a_{ik4}t^2+6a_{ik3}t+2a_{ik2}=0 \tag{3.113}$$

解得其三个驻点分别为

$$t=0,\quad t=\frac{t_{ci}}{2},\quad t=t_{ci} \tag{3.114}$$

由于$t=0$及$t=t_{ci}$时，机器人 1 轴及 2 轴的速度为零，恒满足约束条件，因此只需考虑$t=\frac{t_{ci}}{2}$的情况。将$t=\frac{t_{ci}}{2}$代入式(3.112)得到

$$\left|\dot{\theta}_{cik}\left(\frac{t_{ci}}{2}\right)\right|=\frac{15\left|\theta_{cik}\left(t_{ci}\right)-\theta_{cik}(0)\right|}{8t_{ci}}\leqslant V_{ci}^{\max} \tag{3.115}$$

得到满足速度约束条件的最短时间$t_{ci1}^{\min}$为

$$t_{ci1}^{\min}=\max\left\{\frac{15\left|\theta_{cik}\left(t_{ci}\right)-\theta_{cik}(0)\right|}{8V_{ci}^{\max}}\right\},\quad k=1,2,\cdots,n_i \tag{3.116}$$

由式(3.113)可知加速度曲线为三次曲线，即

$$\ddot{\theta}_{cik}(t)=20a_{ik5}t^3+12a_{ik4}t^2+6a_{ik3}t+2a_{ik2} \tag{3.117}$$

同样，加速度绝对值的最大值在定义域两端或其驻点(脉动为 0)处，对式(3.117)求导得到

$$\dddot{\theta}_{cik}(t)=60a_{ik5}t^2+24a_{ik4}t+6a_{ik3}=0 \tag{3.118}$$

解得其两个驻点分别为

$$t=\frac{3\pm\sqrt{3}}{6}t_{ci} \tag{3.119}$$

将式(3.119)代入式(3.117)得到

$$\left|\ddot{\theta}_{cik}\left(\frac{3\pm\sqrt{3}}{6}t_{ci}\right)\right|=\frac{10\sqrt{3}\left|\theta_{cik}\left(t_{ci}\right)-\theta_{cik}(0)\right|}{3t_{ci}^2}\leqslant V_{ci}^{\max} \tag{3.120}$$

得到满足加速度约束条件的最短时间为

$$t_{ci2}^{\min} = \max\left\{\sqrt{\frac{10\sqrt{3}\left|\theta_{cik}\left(t_{ci}\right)-\theta_{cik}(0)\right|}{3A_{ci}^{\max}}}\right\},\quad k=1,2,\cdots,n_i \tag{3.121}$$

因此，同时满足速度与加速度约束条件的最短时间为

$$t_{ci}^{\min} = \max\{t_{ci1}^{\min}, t_{ci2}^{\min}\} \tag{3.122}$$

为了判断速度、加速度、力矩最大值是否超过速度、加速度、力矩限制条件，引入与工况一相同的惩罚函数 $w_{i2}(x)$，同样采用惩罚函数法，构造无约束条件的优化目标函数，则 $F_{\text{cost-time-}i}$ 的表达式如下：

$$F_{\text{cost-time-}i} = t_{ci} + \omega_3 w_{i2}\left(t_{ci}^{\min} - t_{ci}\right) + w_{i2}\left(\left|\tau_{cik}\right|_{\max} - \tau_{ci}^{\max}\right) \tag{3.123}$$

式中，ω_3 为权重系数，本节中取 10000。

3. 关节驱动函数求解流程

相比工况一，工况二在求解的过程中先利用解析法计算最短时间，再进行内层优化可减少计算量。同样采用嵌套粒子群优化算法进行求解，其流程图如图 3.29 所示。

4. 实际算例求解

假设抓取点和放置点在变胞平面内的坐标分别为(0.620m, 0.960m)，(1.120m, –0.140m)。又设抓取点和放置点的底座转角分别为 75°及 0°，抓手转角不变，始终为 0°。考虑到电机性能及使用工况，各段的主动轴的运动约束如表 3.6 所示。

给定每次变胞的时间 t_{mj}=0.2s，采用图 3.29 所示的算法，得到结果如下：P_1 点(P_2 点)、P_3 点(P_4 点)处 1 轴的角度分别为 87.326°、41.228°。在 C_i 构态下的轨迹运行时间分别为 0.979s、2.704s 及 0.831s，轨迹总时间为 4.914s。

同时得到五段轨迹的主动轴关节角位移(单位：(°))驱动函数如下。

P_0P_1 段 1、2 轴关节角度驱动函数分别为

$$\begin{cases}\theta_{c01}(t) = -46.33t^5 - 113.39t^4 - 74.00t^3 + 94.27 \\ \theta_{c02}(t) = -83.61t^5 + 204.63t^4 - 133.55t^3 + 110.39\end{cases},\quad t\in[0,0.979)$$

P_2P_3 段 1、3 轴关节角度驱动函数分别为

$$\begin{cases}\theta_{c11}(t) = -2.09(t-1.179)^5 + 13.86(t-1.179)^4 \\ \qquad\quad - 24.56(t-1.179)^3 + 87.33 \\ \theta_b(t) = 7.99(t-1.179)^3 - 31.86(t-1.179)^2 + 75\end{cases},\quad t\in[1.179,3.883)$$

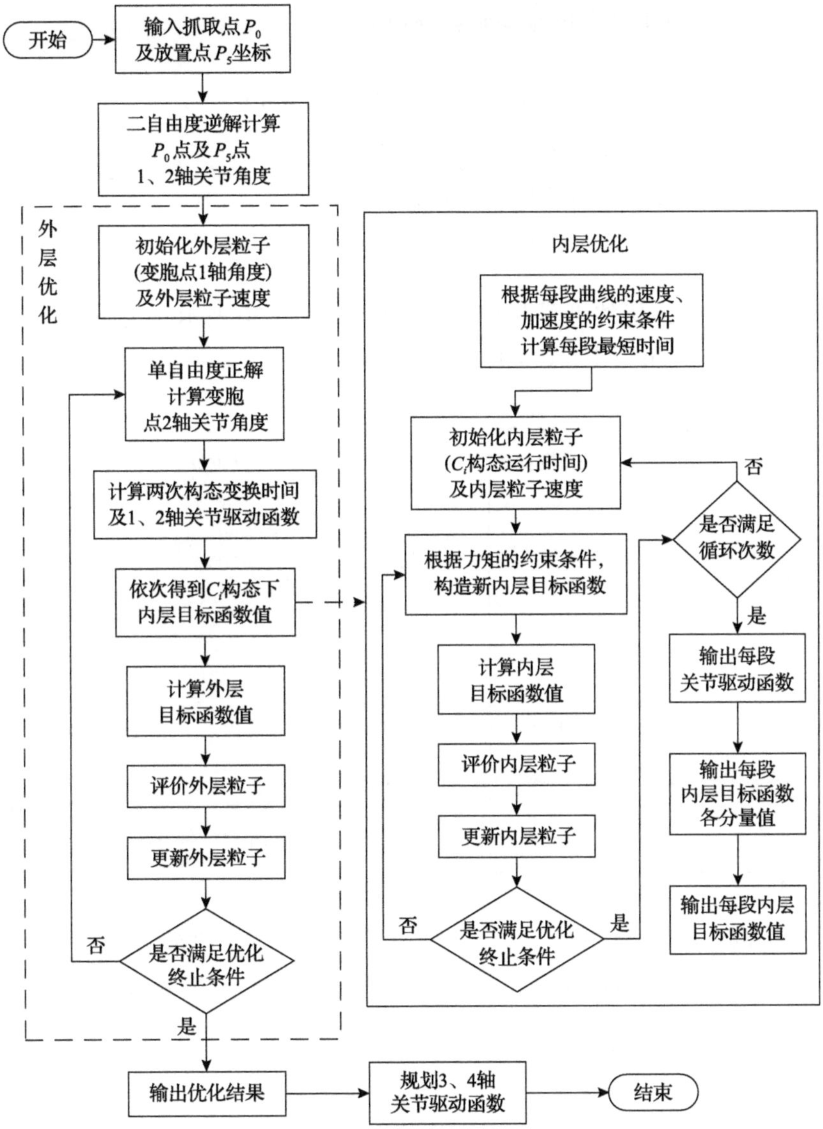

图 3.29　算法求解流程图(二)

表 3.6　工况二下运动约束条件

自由度	主动轴	速度限制/[(°)/s]	加速度限制/[(°)/s²]
一自由度	1 轴	32	100
二自由度	1 轴	24	100
二自由度	2 轴	24	100
一自由度	3 轴	50	100

P_4P_5 段 1、2 轴关节角度驱动函数分别为

$$\begin{cases}\theta_{c21}(t)=-160.80(t-4.083)^5+334.19(t-4.083)^4\\ \qquad\qquad -185.21(t-4.083)^3+41.23\\ \theta_{c22}(t)=-2.21(t-4.083)^5+4.59(t-4.083)^4\\ \qquad\qquad -2.55(t-4.083)^3+78.44\end{cases},\quad t\in[4.083,4.914)$$

最终得到时间最优的机器人理论工作轨迹如图 3.30 所示，主动关节角位移、角速度和角加速度曲线图如图 3.31 所示。

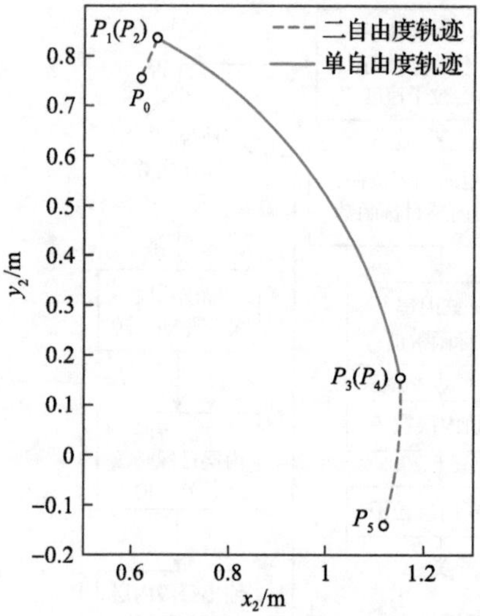

(a) 变胞平面内工作轨迹

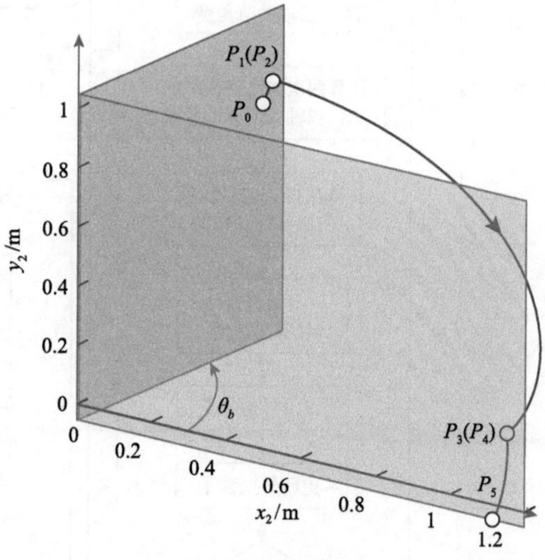

(b) 空间内工作轨迹

图 3.30　工况二下时间最优的机器人理论工作轨迹

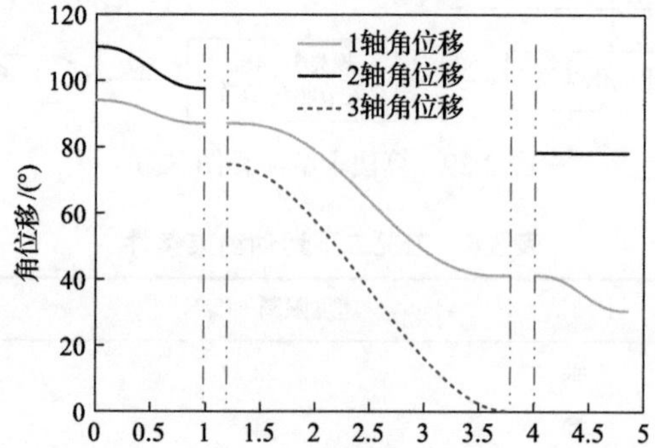

(a) 主动关节角位移曲线

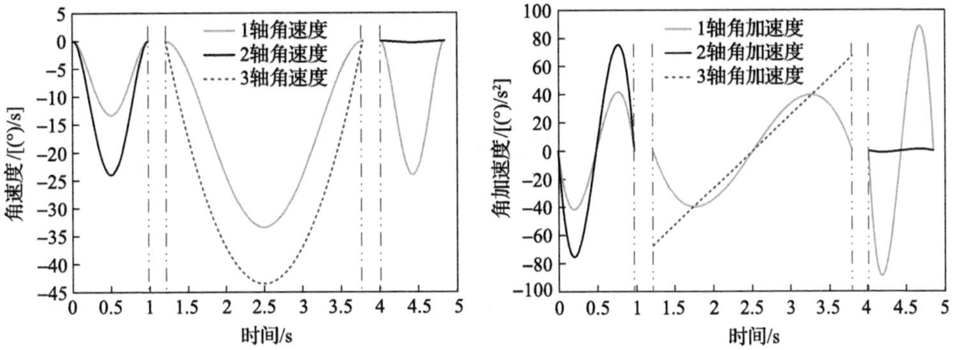

(b) 主动关节角速度曲线　　(c) 主动关节角加速度曲线

图 3.31　工况二下主动关节角位移、角速度、角加速度曲线图

第 4 章　变胞机构系统动力学建模

面向码垛任务的可控变胞机构系统进行构态变换时，由于机构中构件间的合并或分离，将使系统产生内冲击力，这种内冲击力直接影响着机构系统的工作安全性和可靠性。基于此研究面向任务的变胞式码垛机器人的动力学建模，需要考虑机械结构、控制参数、机构构态变换所产生的冲击激励影响，才能建立机构运动全过程的机构系统任意构态非线性动力学解析模型。建立能反映实际工作情况的动力学模型，是后续动态稳定性和动态可靠性研究的基础。

有限元法作为连续系统的一种离散化建模方法，已在多个领域中得到广泛应用，其理论体系已经非常成熟。有限元法的原理是首先按结构将系统划分为若干个单元，然后建立各个单元的动态方程，最后将各个单元的动态方程组合在一起得到系统的动态方程。对于连杆类机构系统的数值建模，可采用质量离散化的方法建立系统的有限元模型。

本章以面向任务的新型变胞式码垛机器人机构系统为研究对象，运用有限元法，建立实际运行工况下该机构系统在一自由度和二自由度时的全构态非线性动态模型，该模型考虑了机构属性、材料参数、控制参数以及内冲击激励等实际工况的因素对机构系统动态性能的影响。

4.1　三维空间梁单元的形函数与坐标转换

变胞机构的动力学建模是考虑动态模型的变化时构态变换动态可靠性研究的前提。根据机器人样机结构，采用梁单元进行有限元分析[170]。

根据机器人样机结构，首先将机构系统的各个杆件均划分为三维空间梁单元，选取机构系统梁单元在空间坐标系中沿着各个坐标轴的弹性位移和弹性转角作为广义坐标，该广义坐标为动力学模型中的待求量。

运用有限元法，采用三维空间梁单元建模，其示意图如图 4.1 所示。梁单元在 A_0-$\bar{x}\bar{y}\bar{z}$ 坐标系的局部坐标如下：在 A_0 点处，$\bar{x}$、$\bar{y}$、$\bar{z}$ 方向的弹性位移分别为 U_1、U_2、U_3，$\bar{x}$、$\bar{y}$、$\bar{z}$ 方向的弹性转角分别为 U_4、U_5、U_6；在 B_0 点处，$\bar{x}$、$\bar{y}$、$\bar{z}$ 方向的弹性位移分别为 U_7、U_8、U_9，$\bar{x}$、$\bar{y}$、$\bar{z}$ 方向的弹性转角分别为 U_{10}、U_{11}、U_{12}。进一步，可得出梁单元的形函数 $\zeta(\bar{x})$，$\bar{x}$ 为梁单元 x 方向的轴线变量。

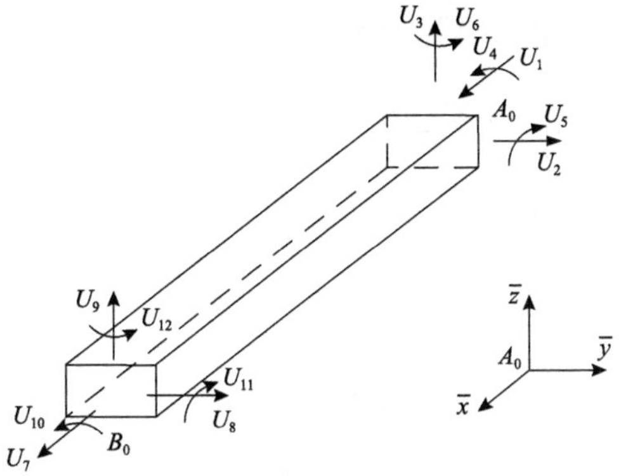

图 4.1　三维空间梁单元的广义坐标

由于机器人样机结构的复杂性，梁单元的两端（A_0 点和 B_0 点）中可能存在复杂且非主要承受力的结构，将这些结构考虑为刚体，对于各构件中不规则形状结构因素，采用集中质量法可大大减少计算量。把集中质量按一定规则聚集到一点，形成集中质量和集中转动惯量，作为集中质量块（m_{A_0} 和 m_{B_0}）加到梁单元的两端（A_0 点和 B_0 点）。

三维空间梁单元的形函数 $\zeta(\bar{x})$ 的表达式如下：

$$\begin{cases} \zeta_1 = 1 - e \\ \zeta_2 = 1 - 3e^2 + 2e^3 \\ \zeta_3 = -\left(1 - 3e^2 + 2e^3\right) \\ \zeta_4 = 1 - e \\ \zeta_5 = L\left(e - 2e^2 + e^3\right) \\ \zeta_6 = L\left(e - 2e^2 + e^3\right) \\ \zeta_7 = e \\ \zeta_8 = 3e^2 - 2e^3 \\ \zeta_9 = -\left(3e^2 - 2e^3\right) \\ \zeta_{10} = e \\ \zeta_{11} = L\left(-e^2 + e^3\right) \\ \zeta_{12} = L\left(-e^2 + e^3\right) \end{cases} \tag{4.1}$$

式中，$e = \bar{x} / L$。

$\bar{x}$、$\bar{y}$、$\bar{z}$ 方向的挠度 $W_i(i = x, y, z)$ 和转角 $V_i(i = x, y, z)$ 曲线可由以下形式表达：

$$\begin{cases} W_x = \sum_i \zeta_i(\bar{x})U_i, & i=1,7 \\ W_y = \sum_i \zeta_i(\bar{x})U_i, & i=2,6,8,12 \\ W_z = \sum_i \zeta_i(\bar{x})U_i, & i=3,5,9,11 \\ V_x = \sum_i \zeta_i(\bar{x})U_i, & i=4,10 \\ V_y = W_y' = \sum_i \dot{\zeta}_i(\bar{x})U_i, & i=2,6,8,12 \\ V_z = W_z' = \sum_i \dot{\zeta}_i(\bar{x})U_i, & i=3,5,9,11 \end{cases} \tag{4.2}$$

式中，$\dot{\zeta}_i(\bar{x})$ 为 $\zeta_i(\bar{x})$ 对 $\bar{x}$ 的导数，$\zeta_i(\bar{x})$ 为第 i 个坐标的形函数。

若 A_0 点处为梁单元与机架上输入电机铰接处，根据有限元法中机构系统输入端处悬臂梁结构的假定，设定不存在 U_1～U_6。

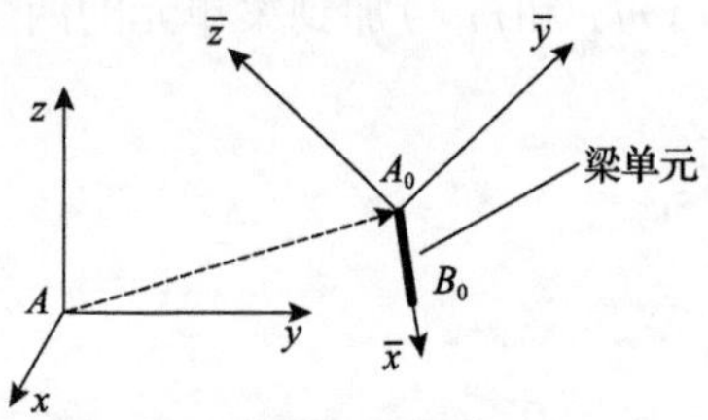

图 4.2　整体固定坐标系与单元三维坐标系

如图 4.2 所示，设 $A\text{-}xyz$ 为机构整体固定坐标系，当单元三维坐标系由 $A\text{-}xyz$ 变换到 $A_0\text{-}\bar{x}\bar{y}\bar{z}$ 时，三维梁单元转换矩阵 $\boldsymbol{R}$ 为

$$\boldsymbol{R} = \begin{bmatrix} \boldsymbol{r} & 0 & 0 & 0 \\ 0 & \boldsymbol{r} & 0 & 0 \\ 0 & 0 & \boldsymbol{r} & 0 \\ 0 & 0 & 0 & \boldsymbol{r} \end{bmatrix} \tag{4.3}$$

式中，

$$\boldsymbol{r} = \begin{bmatrix} \cos(\bar{\boldsymbol{x}},\boldsymbol{x}) & \cos(\bar{\boldsymbol{x}},\boldsymbol{y}) & \cos(\bar{\boldsymbol{x}},\boldsymbol{z}) \\ \cos(\bar{\boldsymbol{y}},\boldsymbol{x}) & \cos(\bar{\boldsymbol{y}},\boldsymbol{y}) & \cos(\bar{\boldsymbol{y}},\boldsymbol{z}) \\ \cos(\bar{\boldsymbol{z}},\boldsymbol{x}) & \cos(\bar{\boldsymbol{z}},\boldsymbol{y}) & \cos(\bar{\boldsymbol{z}},\boldsymbol{z}) \end{bmatrix} \tag{4.4}$$

记 $\cos(\boldsymbol{a},\boldsymbol{b})$ 为相应坐标轴的单位方向向量 $\boldsymbol{a}$ 与 $\boldsymbol{b}$ 的方向余弦值，$\cos(\boldsymbol{a},\boldsymbol{b}) = \boldsymbol{a}\cdot\boldsymbol{b}$。$\boldsymbol{x}$、$\boldsymbol{y}$ 和 $\boldsymbol{z}$ 分别为坐标系 $A\text{-}xyz$ 沿 x、y 和 z 方向的单位向量。$\bar{\boldsymbol{x}}$、$\bar{\boldsymbol{y}}$ 和 $\bar{\boldsymbol{z}}$ 分别为坐标系 $A_0\text{-}\bar{x}\bar{y}\bar{z}$ 沿 $\bar{x}$、$\bar{y}$ 和 $\bar{z}$ 方向的单位向量。

4.2　三维空间梁单元的动能与势能

在对机构系统三维空间梁单元上任意点的绝对加速度进行计算时，忽略机构系统刚体运动与弹性变形运动的加速度耦合项。考虑梁单元的运动动能和截面转动的动能，计算时考虑每个截面处的质量都集中在 $\bar{x}$ 上，则有总动能 T_Q 为

$$
\begin{aligned}
T_Q &= \frac{1}{2}\int_0^L \rho(\bar{x})A(\bar{x})\left\{[\dot{W}_{xa}(\bar{x},t)]^2+[\dot{W}_{ya}(\bar{x},t)]^2+[\dot{W}_{za}(\bar{x},t)]^2\right\}\mathrm{d}\bar{x} \\
&\quad +\frac{1}{2}\int_0^L \rho(\bar{x})I_x(\bar{x})\left\{[\dot{V}_{xa}(\bar{x},t)]^2+[\dot{V}_{ya}(\bar{x},t)]^2+[\dot{V}_{za}(\bar{x},t)]^2\right\}\mathrm{d}\bar{x} \\
&= \frac{1}{2}\dot{\boldsymbol{U}}_a^{\mathrm{T}}\bar{\boldsymbol{M}}\dot{\boldsymbol{U}}_a
\end{aligned}
\tag{4.5}
$$

式中，W 和 V 为弹性位移与弹性扭角；单元质量矩阵 $\bar{\boldsymbol{M}}$ 为

$$
\begin{cases}
(\bar{\boldsymbol{M}})_{ij} = \int_0^L \rho(\bar{x})A(\bar{x})\zeta_i(\bar{x})\zeta_j(\bar{x})\mathrm{d}\bar{x} + \int_0^L \rho(\bar{x})I_z(\bar{x})\zeta_i'(\bar{x})\zeta_j'(\bar{x})\mathrm{d}\bar{x}, & i,j=2,5,8,11 \\
(\bar{\boldsymbol{M}})_{ij} = \int_0^L \rho(\bar{x})A(\bar{x})\zeta_i(\bar{x})\zeta_j(\bar{x})\mathrm{d}\bar{x} + \int_0^L \rho(\bar{x})I_y(\bar{x})\zeta_i'(\bar{x})\zeta_j'(\bar{x})\mathrm{d}\bar{x}, & i,j=3,6,9,12 \\
(\bar{\boldsymbol{M}})_{ij} = \int_0^L \rho(\bar{x})A(\bar{x})\zeta_i(\bar{x})\zeta_j(\bar{x})\mathrm{d}\bar{x}, & i,j=1,7 \\
(\bar{\boldsymbol{M}})_{ij} = \int_0^L \rho(\bar{x})I_x(\bar{x})\zeta_i(\bar{x})\zeta_j(\bar{x})\mathrm{d}\bar{x}, & i,j=4,10
\end{cases}
\tag{4.6}
$$

$\rho(\bar{x})$ 和 $A(\bar{x})$ 分别为梁单元的密度和截面积；$I_x(\bar{x})$ 、$I_y(\bar{x})$ 和 $I_z(\bar{x})$ 分别为机构系统梁单元横截面在 x 方向、y 方向和 z 方向的惯性矩；$\dot{W}_{xa}(\bar{x},t)$ 、$\dot{W}_{ya}(\bar{x},t)$ 和 $\dot{W}_{za}(\bar{x},t)$ 分别为单元任意截面 $\bar{x}$ 处 x、y 和 z 方向的绝对速度；$\dot{V}_{xa}(\bar{x},t)$ 、$\dot{V}_{ya}(\bar{x},t)$ 和 $\dot{V}_{za}(\bar{x},t)$ 分别为单元任意截面 $\bar{x}$ 处的绝对转角速度；$\dot{\boldsymbol{U}}_a$ 为单元广义坐标所在处的绝对速度，有

$$
\dot{\boldsymbol{U}}_a = \dot{\boldsymbol{U}} + \dot{\boldsymbol{U}}_r \tag{4.7}
$$

式中，$\dot{\boldsymbol{U}}$ 为广义坐标所在处的弹性速度矩阵；$\dot{\boldsymbol{U}}_r$ 为单元广义坐标所在处的刚体速度矩阵。

对于两单元两端的集中质量矩阵，有

$$
(\bar{\boldsymbol{M}}_0)_{ij} = \begin{cases}
m_{A_0}, & i,j=1,2,3 \\
I_{A_{0x}}, & i,j=4 \\
I_{A_{0y}}, & i,j=5 \\
I_{A_{0z}}, & i,j=6 \\
m_{B_0}, & i,j=7,8,9 \\
I_{B_{0x}}, & i,j=10 \\
I_{B_{0y}}, & i,j=11 \\
I_{B_{0z}}, & i,j=12
\end{cases}
\tag{4.8}
$$

式中，$I_{A_{0x}}$、$I_{A_{0y}}$、$I_{A_{0z}}$ 分别为 A_0 点的集中质量块 m_{A_0} 对应 $\overline{x}$、$\overline{y}$、$\overline{z}$ 方向的极惯性矩；$I_{B_{0x}}$、$I_{B_{0y}}$、$I_{B_{0z}}$ 分别为 B_0 点的集中质量块 m_{B_0} 对应 $\overline{x}$、$\overline{y}$、$\overline{z}$ 方向的极惯性矩。

梁单元的势能 V_Q 包括变形能 V_B 和重力势能 V_G，即

$$V_Q = V_B + V_G \tag{4.9}$$

在对机构系统梁单元的应变能进行计算时，只考虑梁单元处于弹性变形阶段的情况，考虑梁单元的弯曲应变能、扭转应变能和拉压应变能(包括横向弹性位移引起拉压应变能的材料几何非线性耦合的影响)，忽略梁单元弹性位移所产生的剪切和屈曲变形能，则有

$$\begin{aligned}
V_B &= \frac{1}{2}\int_0^L EI_y(\overline{x})\left(\ddot{W}_y(\overline{x},t)\right)^2 \mathrm{d}\overline{x} + \frac{1}{2}\int_0^L EI_z(\overline{x})\left(\ddot{W}_z(\overline{x},t)\right)^2 \mathrm{d}\overline{x} \\
&\quad + \frac{1}{2}\int_0^L GI_x(\overline{x})\left(V_x(\overline{x},t)\right)^2 \mathrm{d}\overline{x} + \frac{1}{2}\int_0^L EA(\overline{x})\left(\dot{W}_x(\overline{x},t)\right)^2 \mathrm{d}\overline{x} \\
&\quad + \frac{1}{2}\int_0^L \left\{ EA(\overline{x})\left[\dot{W}_x(\overline{x},t) + \frac{1}{2}\left(\dot{W}_y(\overline{x},t)\right)^2 + \frac{1}{2}\left(\dot{W}_z(\overline{x},t)\right)^2\right]\right\} \\
&\quad \cdot\left[\left(\dot{W}_y(\overline{x},t)\right)^2 + \left(\dot{W}_z(\overline{x},t)\right)^2\right] \mathrm{d}\overline{x} \\
&= \frac{1}{2}\boldsymbol{U}^{\mathrm{T}}\overline{\boldsymbol{K}}\boldsymbol{U} + \frac{1}{2}\int_0^L EA(\overline{x})\dot{W}_x(\overline{x},t)\left(\dot{W}_y(\overline{x},t)\right)^2 \mathrm{d}\overline{x} \\
&\quad + \frac{1}{2}\int_0^L EA(\overline{x})\dot{W}_x(\overline{x},t)\left(\dot{W}_z(\overline{x},t)\right)^2 \mathrm{d}\overline{x} + \frac{1}{4}\int_0^L EA(\overline{x})\left(\dot{W}_y(\overline{x},t)\right)^4 \mathrm{d}\overline{x} \\
&\quad + \frac{1}{2}\int_0^L EA(\overline{x})\left(\dot{W}_y(\overline{x},t)\right)^2\left(\dot{W}_z(\overline{x},t)\right)^2 \mathrm{d}\overline{x} + \frac{1}{4}\int_0^L EA(\overline{x})\left(\dot{W}_y(\overline{x},t)\right)^4 \mathrm{d}\overline{x}
\end{aligned} \tag{4.10}$$

式中，$\dot{W}(\overline{x},t)$ 和 $\ddot{W}(\overline{x},t)$ 分别为 $W(\overline{x},t)$ 对 $\overline{x}$ 的一阶导数和二阶导数；单元刚度矩阵 $\overline{\boldsymbol{K}}$ 为

$$\begin{cases}
(\overline{\boldsymbol{K}})_{ij} = \int_0^L E(\overline{x})I_z(\overline{x})\ddot{\zeta}_i(\overline{x})\ddot{\zeta}_j(\overline{x})\mathrm{d}\overline{x}, & i,j = 2,5,8,11 \\
(\overline{\boldsymbol{K}})_{ij} = \int_0^L E(\overline{x})I_y(\overline{x})\ddot{\zeta}_i(\overline{x})\ddot{\zeta}_j(\overline{x})\mathrm{d}\overline{x}, & i,j = 3,6,9,12 \\
(\overline{\boldsymbol{K}})_{ij} = \int_0^L E(\overline{x})A(\overline{x})\dot{\zeta}_i(\overline{x})\dot{\zeta}_j(\overline{x})\mathrm{d}\overline{x}, & i,j = 1,7 \\
(\overline{\boldsymbol{K}})_{ij} = \int_0^L G(\overline{x})I_x(\overline{x})\dot{\zeta}_i(\overline{x})\dot{\zeta}_j(\overline{x})\mathrm{d}\overline{x}, & i,j = 4,10
\end{cases} \tag{4.11}$$

式中，$\overline{\boldsymbol{K}}$ 为 12×12 的矩阵；$G(\overline{x})$ 为梁单元的切变模量。

梁单元的重力势能 V_G 为

$$\begin{aligned}V_G &= \int_0^L -\rho(\bar{x})A(\bar{x})\boldsymbol{g}[\boldsymbol{R}_r\boldsymbol{W}(\bar{x}) + \boldsymbol{S}(\bar{x})]\mathrm{d}\bar{x} \\ &= \int_0^L -\rho(\bar{x})A(\bar{x})\boldsymbol{g}\boldsymbol{R}_Q\mathrm{d}\bar{x} + \int_0^L -\rho(\bar{x})A(\bar{x})\boldsymbol{g}[\boldsymbol{S}(\bar{x})]\mathrm{d}\bar{x} \\ &= \bar{\boldsymbol{G}}_g\boldsymbol{U} + \boldsymbol{S}_A\end{aligned} \tag{4.12}$$

式中，

$$\boldsymbol{R}_Q = \boldsymbol{R}_{A1}W_x(\bar{x}) + \boldsymbol{R}_{A2}W_y(\bar{x}) + \boldsymbol{R}_{A3}W_z(\bar{x})$$

$$\bar{\boldsymbol{G}}_g = \begin{cases} \int_0^L -\rho(\bar{x})A(\bar{x})\boldsymbol{R}_{A1}\zeta_a(\bar{x})\mathrm{d}\bar{x}, & a = 1,4,7,10 \\ \int_0^L -\rho(\bar{x})A(\bar{x})\boldsymbol{R}_{A2}\zeta_a(\bar{x})\mathrm{d}\bar{x}, & a = 2,6,8,12 \\ \int_0^L -\rho(\bar{x})A(\bar{x})\boldsymbol{R}_{A3}\zeta_a(\bar{x})\mathrm{d}\bar{x}, & a = 3,5,9,11 \end{cases}$$

$\boldsymbol{g}$ 为整体固定坐标系下单元重力加速度矩阵；$\boldsymbol{S}(\bar{x})$ 为单元活动坐标系到整体固定坐标系的矢量向径，$\boldsymbol{S}(\bar{x}) = \left[S_x(\bar{x}), S_y(\bar{x}), S_z(\bar{x})\right]^{\mathrm{T}}$；$\boldsymbol{W}(\bar{x})$ 为单元活动坐标系下梁单元变形后的位置矢量矩阵，$\boldsymbol{W}(\bar{x}) = \left[W_x(\bar{x}), W_y(\bar{x}), W_z(\bar{x})\right]^{\mathrm{T}}$；取 z 方向为重力方向，则 $\boldsymbol{g} = [0,0,1]$；$\boldsymbol{R}_{A1}$、$\boldsymbol{R}_{A2}$、$\boldsymbol{R}_{A3}$ 分别对应 $\boldsymbol{r}$ 的第三行的第一、二、三个元素；$\bar{\boldsymbol{G}}_g$ 称为梁单元重力矩阵，为 1×12 的矩阵。

4.3　弹性动力学建模

当计入转换矩阵和协调矩阵时，首先需要设置坐标协调矩阵 $\boldsymbol{B}_k$($\boldsymbol{B}_k$ 为第 k 单元局部编号与机构系统编号间的坐标协调矩阵)，从而得到第 k 单元的局部坐标 $\boldsymbol{U}_k$ 为

$$\boldsymbol{U}_k = \boldsymbol{R}_k\boldsymbol{B}_k\boldsymbol{u} \tag{4.13}$$

式中，$\boldsymbol{u}$ 为与整体固定坐标系方向一致的坐标系对应的系统整体广义坐标向量，$\boldsymbol{u} = [u_1, u_2, \cdots, u_{N_Z}]$，从而使得坐标方向统一。

设 u_i 是弹性位移向量 $\boldsymbol{u}$ 中的第 i 个坐标。由第二类拉格朗日方程得单元有限元方程如下：

$$\frac{\mathrm{d}}{\mathrm{d}t}\left(\frac{\partial T_Q}{\partial \dot{u}_i}\right) - \frac{\partial T_Q}{\partial u_i} + \frac{\partial V_Q}{\partial u_i} = \boldsymbol{P} \tag{4.14}$$

式中，$\boldsymbol{P}$ 为系统非保守力矩阵。

将 T_Q（式(4.5)）和 V_Q（式(4.9)）代入式(4.14)，再集成为整体有限元方程，得到全构态非线性动态方程如下：

$$\boldsymbol{M}^{(\xi)}\ddot{\boldsymbol{u}}+\boldsymbol{C}^{(\xi)}\dot{\boldsymbol{u}}+\boldsymbol{K}^{(\xi)}\boldsymbol{u}=\boldsymbol{P}-\boldsymbol{Q}-\boldsymbol{Y}_R-\boldsymbol{G}_g \tag{4.15}$$

式中，

$$\begin{aligned}\boldsymbol{Y}_R=&\frac{1}{2}\sum_{v=1}^{12}\boldsymbol{K}_{s11(v)}\boldsymbol{u}\boldsymbol{G}_{(v)}\boldsymbol{u}+\frac{1}{2}\sum_{v=1}^{12}\boldsymbol{u}^{\mathrm{T}}\boldsymbol{K}_{s11(v)}\boldsymbol{u}\boldsymbol{G}_{(v)}^{\mathrm{T}}+\frac{1}{2}\sum_{v=1}^{12}\boldsymbol{K}_{s12(v)}\boldsymbol{u}\boldsymbol{G}_{(v)}\boldsymbol{u}\\&+\frac{1}{2}\sum_{v=1}^{12}\boldsymbol{u}^{\mathrm{T}}\boldsymbol{K}_{s12(v)}\boldsymbol{u}\boldsymbol{G}_{(v)}^{\mathrm{T}}+\frac{1}{4}\left(\sum_{v=1}^{12}\sum_{m=1}^{12}\boldsymbol{K}_{s21(v,m)}\boldsymbol{u}\boldsymbol{G}_{(m)}\boldsymbol{u}\boldsymbol{G}_{(v)}\boldsymbol{u}\right.\\&+\sum_{v=1}^{12}\sum_{m=1}^{12}\boldsymbol{u}^{\mathrm{T}}\boldsymbol{K}_{s21(v,m)}\boldsymbol{u}\boldsymbol{G}_{(m)}^{\mathrm{T}}\boldsymbol{G}_{(v)}\boldsymbol{u}+\sum_{v=1}^{12}\sum_{m=1}^{12}\boldsymbol{u}^{\mathrm{T}}\boldsymbol{K}_{s21(v,m)}\boldsymbol{u}\boldsymbol{G}_{(m)}\boldsymbol{u}\boldsymbol{G}_{(v)}^{\mathrm{T}}\\&+\sum_{v=1}^{12}\sum_{m=1}^{12}\boldsymbol{K}_{s22(v,m)}\boldsymbol{u}\boldsymbol{G}_{(m)}\boldsymbol{u}\boldsymbol{G}_{(v)}\boldsymbol{u}+\sum_{v=1}^{12}\sum_{m=1}^{12}\boldsymbol{u}^{\mathrm{T}}\boldsymbol{K}_{s22(v,m)}\boldsymbol{u}\boldsymbol{G}_{(m)}^{\mathrm{T}}\boldsymbol{G}_{(v)}\boldsymbol{u}\\&+\sum_{v=1}^{12}\sum_{m=1}^{12}\boldsymbol{u}^{\mathrm{T}}\boldsymbol{K}_{s22(v,m)}\boldsymbol{u}\boldsymbol{G}_{(m)}\boldsymbol{u}\boldsymbol{G}_{(v)}^{\mathrm{T}}+\sum_{v=1}^{12}\sum_{m=1}^{12}\boldsymbol{K}_{s23(v,m)}\boldsymbol{u}\boldsymbol{G}_{(m)}\boldsymbol{u}\boldsymbol{G}_{(v)}\boldsymbol{u}\\&\left.+\sum_{v=1}^{12}\sum_{m=1}^{12}\boldsymbol{u}^{\mathrm{T}}\boldsymbol{K}_{s23(v,m)}\boldsymbol{u}\boldsymbol{G}_{(m)}^{\mathrm{T}}\boldsymbol{G}_{(v)}\boldsymbol{u}+\sum_{v=1}^{12}\sum_{m=1}^{12}\boldsymbol{u}^{\mathrm{T}}\boldsymbol{K}_{s23(v,m)}\boldsymbol{u}\boldsymbol{G}_{(m)}\boldsymbol{u}\boldsymbol{G}_{(v)}^{\mathrm{T}}\right)\end{aligned} \tag{4.16}$$

$\dot{\boldsymbol{u}}$ 和 $\ddot{\boldsymbol{u}}$ 分别为 $\boldsymbol{u}$ 对 t 求一阶导数和二阶导数；$\boldsymbol{M}^{(\xi)}$ 为整体质量矩阵；$\boldsymbol{C}^{(\xi)}$ 为整体阻尼矩阵；$\boldsymbol{K}^{(\xi)}$ 为整体刚度矩阵；$\boldsymbol{Q}$ 为整体自激惯性力矩阵；$\boldsymbol{Y}_R$ 为非线性耦合项；$\boldsymbol{G}_g$ 为整体重力矩阵，有

$$\begin{cases}\boldsymbol{M}^{(\xi)}=\boldsymbol{M}_1+\boldsymbol{M}_2\\ \boldsymbol{M}_1=\sum\limits_{k=1}^{N}\boldsymbol{B}_k^{\mathrm{T}}\boldsymbol{R}_k^{\mathrm{T}}\bar{\boldsymbol{M}}_k\boldsymbol{R}_k\boldsymbol{B}_k\\ \boldsymbol{M}_2=\sum\limits_{k=1}^{N}\boldsymbol{B}_k^{\mathrm{T}}\boldsymbol{R}_k^{\mathrm{T}}\bar{\boldsymbol{M}}_{0k}\boldsymbol{R}_k\boldsymbol{B}_k\\ \boldsymbol{K}^{(\xi)}=\sum\limits_{k=1}^{N}\boldsymbol{B}_k^{\mathrm{T}}\boldsymbol{R}_k^{\mathrm{T}}\bar{\boldsymbol{K}}_k\boldsymbol{R}_k\boldsymbol{B}_k\\ \boldsymbol{G}_g=\sum\limits_{k=1}^{12}\bar{\boldsymbol{G}}_{g(k)}\boldsymbol{R}_k\boldsymbol{B}_k\\ \boldsymbol{Q}=\boldsymbol{M}\ddot{\boldsymbol{u}}_r\end{cases} \tag{4.17}$$

$\boldsymbol{B}_k$ 由单元划分情况确定；$\boldsymbol{M}_1$ 为不考虑集中质量块时系统整体质量矩阵；$\boldsymbol{M}_2$ 为集中质量块组成的质量矩阵；$\ddot{\boldsymbol{u}}_r$ 为整体广义坐标所对应的刚体位移矩阵；$\boldsymbol{K}_{s11(v)}$、$\boldsymbol{K}_{s12(v)}$、$\boldsymbol{K}_{s21(v,m)}$、$\boldsymbol{K}_{s22(v,m)}$、$\boldsymbol{K}_{s23(v,m)}$、$\boldsymbol{G}_{(v)}$ 为动力学模型中非线性耦合项的系数矩阵，则有

$$\begin{cases}
\boldsymbol{G}_{(v)} = \sum\limits_{v=1}^{12}\sum\limits_{k=1}^{N}\bar{\boldsymbol{G}}_{k,v}\boldsymbol{R}_k\boldsymbol{B}_k \\
\boldsymbol{K}_{s11(v)} = \sum\limits_{v=1}^{12}\sum\limits_{k=1}^{N}\boldsymbol{B}_k^{\mathrm{T}}\boldsymbol{R}_k^{\mathrm{T}}\bar{\boldsymbol{K}}_{s11_{k,v}}\boldsymbol{R}_k\boldsymbol{B}_k \\
\boldsymbol{K}_{s12(v)} = \sum\limits_{v=1}^{12}\sum\limits_{k=1}^{N}\boldsymbol{B}_k^{\mathrm{T}}\boldsymbol{R}_k^{\mathrm{T}}\bar{\boldsymbol{K}}_{s12_{k,v}}\boldsymbol{R}_k\boldsymbol{B}_k \\
\boldsymbol{K}_{s21(v,m)} = \sum\limits_{v=1}^{N}\sum\limits_{m=1}^{N}\sum\limits_{k=1}^{N}\boldsymbol{B}_k^{\mathrm{T}}\boldsymbol{R}_k^{\mathrm{T}}\bar{\boldsymbol{K}}_{s21_{k,v,m}}\boldsymbol{R}_k\boldsymbol{B}_k \\
\boldsymbol{K}_{s22(v,m)} = \sum\limits_{v=1}^{N}\sum\limits_{m=1}^{N}\sum\limits_{k=1}^{N}\boldsymbol{B}_k^{\mathrm{T}}\boldsymbol{R}_k^{\mathrm{T}}\bar{\boldsymbol{K}}_{s22_{k,v,m}}\boldsymbol{R}_k\boldsymbol{B}_k \\
\boldsymbol{K}_{s23(v,m)} = \sum\limits_{v=1}^{N}\sum\limits_{m=1}^{N}\sum\limits_{k=1}^{N}\boldsymbol{B}_k^{\mathrm{T}}\boldsymbol{R}_k^{\mathrm{T}}\bar{\boldsymbol{K}}_{s23_{k,v,m}}\boldsymbol{R}_k\boldsymbol{B}_k
\end{cases} \tag{4.18}$$

式中，

$$\begin{cases}
\left(\bar{\boldsymbol{G}}_{k,v}\right)_{ij} = 1, & i = v(i,j=1,2,\cdots,12) \\
\left(\bar{\boldsymbol{G}}_{k,v}\right)_{ij} = 0, & i \neq v(i,j=1,2,\cdots,12)
\end{cases}$$

$$\begin{cases}
\left(\bar{\boldsymbol{K}}_{s11_{k,v}}\right)_{ij} = \int_0^L E_k(\bar{x})A_k(\bar{x})\zeta_i(\bar{x})\zeta_j(\bar{x})\zeta_v(\bar{x})\mathrm{d}\bar{x}, & i,j=2,6,8,12;v=1,7 \\
\left(\bar{\boldsymbol{K}}_{s11_{k,v}}\right)_{ij} = 0, & i,j,v\text{为其他值}
\end{cases}$$

$$\begin{cases}
\left(\bar{\boldsymbol{K}}_{s12_{k,v}}\right)_{ij} = \int_0^L E_k(\bar{x})A_k(\bar{x})\zeta_i(\bar{x})\zeta_j(\bar{x})\zeta_v(\bar{x})\mathrm{d}\bar{x}, & i,j=3,5,9,11;v=1,7 \\
\left(\bar{\boldsymbol{K}}_{s12_{k,v}}\right)_{ij} = 0, & i,j,v\text{为其他值}
\end{cases}$$

$$\begin{cases}
\left(\bar{\boldsymbol{K}}_{s21_{k,v,m}}\right)_{ij} = \int_0^L E_k(\bar{x})A_k(\bar{x})\zeta_i(\bar{x})\zeta_j(\bar{x})\zeta_v(\bar{x})\zeta_m(\bar{x})\mathrm{d}\bar{x}, & i,j=2,6,8,12;v,m=3,5,9,11 \\
\left(\bar{\boldsymbol{K}}_{s21_{k,v,m}}\right)_{ij} = 0, & i,j,v,m\text{为其他值}
\end{cases}$$

$$\begin{cases}\left(\bar{\boldsymbol{K}}_{s22_{k,v,m}}\right)_{ij}=\int_0^L E_k(\bar{x})A_k(\bar{x})\zeta_i(\bar{x})\zeta_j(\bar{x})\zeta_v(\bar{x})\zeta_m(\bar{x})\mathrm{d}\bar{x}, & i,j,v,m=2,6,8,12\\ \left(\bar{\boldsymbol{K}}_{s22_{k,v,m}}\right)_{ij}=0, & i,j,v,m\text{为其他值}\end{cases}$$

$$\begin{cases}\left(\bar{\boldsymbol{K}}_{s23_{k,v,m}}\right)_{ij}=\int_0^L E_k(\bar{x})A_k(\bar{x})\zeta_i(\bar{x})\zeta_j(\bar{x})\zeta_v(\bar{x})\zeta_m(\bar{x})\mathrm{d}\bar{x}, & i,j,v,m=3,5,9,11\\ \left(\bar{\boldsymbol{K}}_{s23_{k,v,m}}\right)_{ij}=0, & i,j,v,m\text{为其他值}\end{cases}$$

由于机构系统的阻尼矩阵比较复杂，在理论分析中，常采用瑞利阻尼形式来确定阻尼矩阵中的黏性阻尼项，有

$$\boldsymbol{C}^{(\xi)}=c_1\boldsymbol{M}^{(\xi)}+c_2\boldsymbol{K}^{(\xi)} \tag{4.19}$$

式中，

$$\begin{bmatrix}c_1\\c_2\end{bmatrix}=\frac{2\omega_i\omega_j}{\omega_i^2-\omega_j^2}\begin{bmatrix}\omega_i & \omega_j\\ \dfrac{1}{-\omega_j} & \dfrac{1}{\omega_i}\end{bmatrix}\begin{bmatrix}\varsigma_i\\ \varsigma_j\end{bmatrix},\quad i,j=1,2,\cdots,n \tag{4.20}$$

ω_i 和 ω_j 分别为第 i 阶和第 j 阶固有频率，ς_i 和 ς_j 分别为第 i 阶和第 j 阶振型阻尼比，一般取 $\varsigma_i=\varsigma_j$。式(4.20)中，ω_i 和 ω_j 要根据作用于结构上的外荷载的频率成分和结构的动力特性综合考虑，一般取前两阶固有频率。根据文献[170]，有如下特征值方程：

$$\left(\boldsymbol{K}^{(\xi)}-\boldsymbol{\omega}\boldsymbol{M}^{(\xi)}\right)\boldsymbol{\phi}=0 \tag{4.21}$$

式中，$\boldsymbol{\omega}$ 为固有频率矩阵；$\boldsymbol{\phi}$ 为振型矩阵，可通过求解式(4.21)得出。

机器人的非保守力矩阵 $\boldsymbol{P}$ 为

$$\boldsymbol{P}=\boldsymbol{F}_G+\boldsymbol{F}_J+\boldsymbol{F}_R \tag{4.22}$$

式中，$\boldsymbol{F}_G$ 为输出端负载受力；$\boldsymbol{F}_J$ 为构态变换时的受力；$\boldsymbol{F}_R$ 为转动副阻力矩。

根据变胞式码垛机器人的运动轨迹，为了提高工作效率，往往需要在运动过程中实现构态变换，插销的插拔和离合器的开合会产生内冲击力。当插销插入或者拔出插销孔时，若插销与插销孔存在接触面，则在该过程中会产生气动摩擦力 $\boldsymbol{F}_Q$，当插销移动到位，离合器打开后由于插销与插销孔发生碰撞，会产生内冲击力 $\boldsymbol{F}_S$。因此有

$$\boldsymbol{F}_J = \boldsymbol{F}_S + \boldsymbol{F}_Q \tag{4.23}$$

式中，$\boldsymbol{F}_S$ 为内冲击力；$\boldsymbol{F}_Q$ 为气动摩擦力。

根据构态变换的工作过程，有

$$F_{S,Q} = \sum_d B_{d(S,Q)} \mathrm{e}^{-\upsilon_{d(S,Q)}(t-t_{c0})} \sin\left(\omega_{d(S,Q)} \pi \left(t - t_{c0}\right)\right), \quad t_{c0} \leqslant t < t_{c0} + t_c \tag{4.24}$$

式中，B 为振幅；υ 为衰减系数；ω 为振动频率，由机器人构态变换时冲击前后的动量确定，与 B 点和 N 点的偏差以及负载重力有关，可由动量定理或通过试验测定；t_{c0} 为冲击开始前的时刻，t_c 为冲击总时间；$\upsilon_{d(S,Q)}$ 决定了碰撞结束后冲量的衰减情况，由碰撞时间和材料的性质决定。

由动量定理得

$$P_{t_{c0}+t_c} - P_{t_{c0}} = \int_{t_{c0}}^{t_{c0}+t_c} B_{d(S,Q)} \sin\left(\omega_{d(S,Q)} \pi \left(t - t_{c0}\right)\right) \mathrm{d}t \tag{4.25}$$

式中，$P_{t_{c0}+t_c}$ 和 $P_{t_{c0}}$ 分别为气动插销的初始动量和终止动量，由气动插销的质量和初始及终止速度求得；$\omega_{d(S,Q)}$ 由 t_c 确定；

$$\begin{cases} B_{d(S,Q)} = o_{Py1} x_R(t) + o_{Py2} z_R(t) + e_R \\ x_R(t) = \upsilon_{x1} \theta_{p1} + \upsilon_{x2} \theta_{p2} \\ z_R(t) = \upsilon_{z1} \theta_{p1} + \upsilon_{z2} \theta_{p2} \end{cases} \tag{4.26}$$

式中，o_{Py1} 和 o_{Py2} 为调整系数，由插销和插销孔的材料性质以及其相互挤压的情况决定；e_R 为系统固有因素(装配、固有运动偏差等)导致插销插拔的摩擦力，根据样机及控制系统实际情况确定；υ_{x1} 和 υ_{z1} 分别为 θ_1 在 x 和 z 方向的位置调节系数；υ_{x2} 和 υ_{z2} 分别为 θ_2 在 x 和 z 方向的位置调节系数，与 B 点和 N 点的位置有关；θ_{p1} 和 θ_{p2} 分别为 θ_1 和 θ_2 的角度偏差值。

考虑到转动副的润滑状况良好，第 i 个广义坐标处存在如下转动副摩擦转矩：

$$\left(\boldsymbol{F}_R\right)_i = f_i r_i \dot{\theta}_i \tag{4.27}$$

式中，f 为黏性摩擦系数[171]；r 为转动副的半径；$\dot{\theta}$ 为转动副相邻两杆刚性转角的角速度之差。

第 5 章　变胞机构系统动力学模型解析

第 4 章建立了考虑机械结构、控制参数、构态变换受力情况的变胞式码垛机器人非线性动力学模型。为了便于后续动态稳定性和可靠性分析的开展，该模型的求解需要合适且便捷的方法。一般来说，对非线性微分方程要得到严格的解析解是非常困难的。对于非线性微分方程近似解析解的求解，一般情况下，摄动法、渐近法、谐波平衡法、多尺度法等研究方法都有各自最适用的微分方程形式。

对于机构系统非线性动力学模型，由于高阶谐波分量的衰减作用，系统高阶振型的共振效应不是很明显，只剩下前几阶的共振效应，特别是当前几阶固有频率分布较稀疏时，第一阶振型会占主要地位[170]。简单而不失一般性，这里在分析系统非线性特性时仅考虑机构的前二阶振动模态。

对第 4 章所建立的非线性动力学模型，采用如下方法进行推导求解：首先对非线性动态解析模型进行正则化处理，目的是对动态微分方程中的线性部分进行解耦；再采用改进的 L-P 法对方程进行非线性分析，得出其近似解析解；最后将机构的运动周期离散化，运用改进的 Newmark 法得到方程的精确数值解。

5.1　动力学模型的局部解耦

由式(4.15)可知，由于运动轨迹不同，可以认为 $\boldsymbol{Q}$ 、$\boldsymbol{P}$ 和 $\boldsymbol{Y}_R$ 为非频率周期随机变力。因此，动力学模型为非频率周期随机变力作用下的变系数二阶微分非线性耦合方程组，无法使用常规方法如振型叠加法[170]、逐步积分法(线性加速法、威尔逊(Wilson)法、Newmark 法)[170]等单独求解。本章采用如下求解思路：首先将运动时间 t 均匀划分成 m 个足够小的时间段 Δt ，在 $t+\Delta t$ 时间段内，认为每个时间段 Δt 内 $\boldsymbol{M}^{(\xi)}$ 、$\boldsymbol{C}^{(\xi)}$ 、$\boldsymbol{K}^{(\xi)}$ 的值与 t 时刻的值一致。其次对式(4.15)进行解耦，进一步采用摄动法对动力学模型进行分解。然后运用逐步积分法求取动力学模型的初值。最后根据该初值运用 Newmark 校正迭代法求出该方程的终值。

首先，作如下矩阵变换：

$$\boldsymbol{u}=\boldsymbol{\phi\eta} \tag{5.1}$$

另外有

$$\begin{cases}\dot{\boldsymbol{u}}=\boldsymbol{\phi}\dot{\boldsymbol{\eta}}\\ \ddot{\boldsymbol{u}}=\boldsymbol{\phi}\ddot{\boldsymbol{\eta}}\end{cases} \tag{5.2}$$

式中，$\boldsymbol{\phi}$ 为振型坐标阵列，由 n 阶列向量 $\boldsymbol{\phi}_r$ 组成，即 $\boldsymbol{\phi}=[\boldsymbol{\phi}_1,\boldsymbol{\phi}_2,\cdots,\boldsymbol{\phi}_r,\cdots,\boldsymbol{\phi}_n]$；$\boldsymbol{\eta}$ 为待求量。

一般情况下，激振力频率接近系统的固有频率时会发生共振失效，因此进行动态可靠性分析时需要考虑共振的影响。在进行共振可靠性分析时，首先需要提取系统动力学模型的共振因子。

由式(4.21)、式(5.1)和式(5.2)可知派生系统的广义坐标响应与振型坐标的关系为 $\boldsymbol{u}=\sum_{r=1}^{N_u}\boldsymbol{\phi}_r\,\boldsymbol{\eta}_r$，$\boldsymbol{\eta}_r$ 为第 r 阶振型坐标，$N_u=N_z$（广义坐标的总数）。$\boldsymbol{\phi}_r$ 由式(4.21)求得。

根据式(4.21)及正定矩阵和半正定矩阵的性质有

$$\begin{cases}\boldsymbol{\phi}_r^{\mathrm{T}}\boldsymbol{M}^{(\xi)}\boldsymbol{\phi}_r=1\\ \boldsymbol{\phi}_r^{\mathrm{T}}\boldsymbol{K}^{(\xi)}\boldsymbol{\phi}_r=\omega_r^2\end{cases}\tag{5.3}$$

式中，ω_r^2 由式(4.21)求得。

进一步，将 $\boldsymbol{u}=\boldsymbol{\phi\eta}$ 代入动力学方程并左乘 $\boldsymbol{\phi}^{\mathrm{T}}$，得如下方程组：

$$\ddot{\eta}_r+a_r\dot{\eta}_r+b_r\eta_r=c_r\tag{5.4}$$

式中，$r=1,2,\cdots,n$；$a_r=\boldsymbol{\phi}_r^{\mathrm{T}}\boldsymbol{C}\boldsymbol{\phi}_r$；$b_r=\boldsymbol{\phi}_r^{\mathrm{T}}\boldsymbol{K}\boldsymbol{\phi}_r$；$c_r=\boldsymbol{\phi}_r^{\mathrm{T}}\boldsymbol{P}+\boldsymbol{\phi}_r^{\mathrm{T}}\boldsymbol{Q}+\boldsymbol{\phi}_r^{\mathrm{T}}\boldsymbol{Y}_R$。

虽然式(5.4)的左边已经解耦，但是右边的 c_r 存在非线性耦合项，动力学方程并未完全解耦，因此，需采用摄动法进行进一步的分析。

根据摄动法有

$$\boldsymbol{\eta}=\boldsymbol{\eta}_0+\varepsilon\boldsymbol{\eta}_1+\varepsilon^2\boldsymbol{\eta}_2+\cdots+\varepsilon^n\boldsymbol{\eta}_n\tag{5.5}$$

式中，ε 为小参数，由于 $\boldsymbol{Y}_R$ 相对其他项较小，可令 $\boldsymbol{Y}_R=\varepsilon\bar{\boldsymbol{Y}}_R$，则有

$$\ddot{\boldsymbol{\eta}}+\boldsymbol{\phi}^{\mathrm{T}}\boldsymbol{C\phi}\dot{\boldsymbol{\eta}}+\boldsymbol{\phi}^{\mathrm{T}}\boldsymbol{K\phi}\boldsymbol{\eta}=\boldsymbol{\phi}^{\mathrm{T}}\boldsymbol{P}-\boldsymbol{\phi}^{\mathrm{T}}\boldsymbol{Q}-\boldsymbol{\phi}^{\mathrm{T}}\boldsymbol{G}_g+\varepsilon\left(\chi\boldsymbol{\phi}^{\mathrm{T}}\boldsymbol{Y}_R\right)\tag{5.6}$$

χ 为数值修正系数，将式(5.5)代入式(5.6)，根据方程两边 ε 同幂的系数相同，有

$$\begin{cases}\ddot{\boldsymbol{\eta}}_0+\boldsymbol{\phi}^{\mathrm{T}}\boldsymbol{C\phi}\dot{\boldsymbol{\eta}}_0+\boldsymbol{\phi}^{\mathrm{T}}\boldsymbol{K\phi}\boldsymbol{\eta}_0=\boldsymbol{\phi}^{\mathrm{T}}\boldsymbol{P}-\boldsymbol{\phi}^{\mathrm{T}}\boldsymbol{Q}-\boldsymbol{\phi}^{\mathrm{T}}\boldsymbol{G}_g+\boldsymbol{\phi}^{\mathrm{T}}\boldsymbol{S}_R\\ \ddot{\boldsymbol{\eta}}_1+\boldsymbol{\phi}^{\mathrm{T}}\boldsymbol{C\phi}\dot{\boldsymbol{\eta}}_1+\boldsymbol{\phi}^{\mathrm{T}}\boldsymbol{K\phi}\boldsymbol{\eta}_1=\chi\boldsymbol{\phi}^{\mathrm{T}}\boldsymbol{Y}_{SR1}\\ \quad\vdots\\ \ddot{\boldsymbol{\eta}}_r+\boldsymbol{\phi}^{\mathrm{T}}\boldsymbol{C\phi}\dot{\boldsymbol{\eta}}_r+\boldsymbol{\phi}^{\mathrm{T}}\boldsymbol{K\phi}\boldsymbol{\eta}_r=\chi\boldsymbol{\phi}^{\mathrm{T}}\boldsymbol{Y}_{SRr}\\ \quad\vdots\\ \ddot{\boldsymbol{\eta}}_n+\boldsymbol{\phi}^{\mathrm{T}}\boldsymbol{C\phi}\dot{\boldsymbol{\eta}}_n+\boldsymbol{\phi}^{\mathrm{T}}\boldsymbol{K\phi}\boldsymbol{\eta}_n=\chi\boldsymbol{\phi}^{\mathrm{T}}\boldsymbol{Y}_{SRn}\end{cases}\tag{5.7}$$

$\boldsymbol{Y}_{SRr}$ 为 $\boldsymbol{Y}_R$ 中 ε^r 对应项，与 $\boldsymbol{\eta}_{r-1}$ 相关，当 $\boldsymbol{\eta}_{r-1}$ 求出后，便可求出 $\boldsymbol{\eta}_r$ 。

5.2　改进的 L-P 法

运用改进的 L-P 法[172]（频率展开法）对解耦后的动力学模型进行求解。该方法求解的优点在于，ε 不局限于小参数。

设

$$\boldsymbol{\omega}_R = \begin{bmatrix} \omega_1 & & & & & \\ & \omega_2 & & & & \\ & & \ddots & & & \\ & & & \omega_r & & \\ & & & & \ddots & \\ & & & & & \omega_n \end{bmatrix} \tag{5.8}$$

由式(5.6)得

$$\ddot{\boldsymbol{\eta}} + \boldsymbol{\omega}_R^2 \boldsymbol{\eta} = \boldsymbol{\phi}^{\mathrm{T}} \boldsymbol{P} - \boldsymbol{\phi}^{\mathrm{T}} \boldsymbol{Q} - \boldsymbol{\phi}^{\mathrm{T}} \boldsymbol{G}_g + \varepsilon \boldsymbol{f}(\boldsymbol{\eta}, \dot{\boldsymbol{\eta}}) \tag{5.9}$$

式中，$\boldsymbol{f}(\boldsymbol{\eta},\dot{\boldsymbol{\eta}})$ 为关于 $\boldsymbol{\eta}$ 和 $\dot{\boldsymbol{\eta}}$ 的函数。

将式(5.5)代入式(5.9)的第 r 阶振型方程，得

$$\omega^2 \ddot{\eta}_r + \omega_r^2 \eta_r = \sum_{m=1}^{n_e} \sum_{p_k=1}^{N_z} \phi_{rp_k} F_{mp_k} \cos\left(p_k v_m t + \theta_{rp_k m}\right) + \varepsilon f_r(\boldsymbol{\eta}, \dot{\boldsymbol{\eta}}) \tag{5.10}$$

式中，F_{mp_k} 为各非频率周期随机变力的振幅；p_k 为比例系数；v_m 为频率系数；$\theta_{rp_k m}$ 为相位。

令 $\tau=\omega t$，则有如下变换：

$$p_k \omega_m t = c_{mp_k} \tau \tag{5.11}$$

则有

$$\omega^2 \frac{\mathrm{d}^2 \eta_r}{\mathrm{d}\tau^2} + \omega_r^2 \eta_r = \varepsilon f_r\left(\boldsymbol{\eta}, \tau \frac{\mathrm{d}\boldsymbol{\eta}}{\mathrm{d}\tau}\right) + \sum_{m=1}^{n_e} \sum_{p_k=1}^{N_z} F_{mp_k} \cos\left(c_{mp_k} \tau + \theta_{rp_k m}\right) \tag{5.12}$$

$$\begin{aligned} f_r\left(\boldsymbol{\eta}, \tau \frac{\mathrm{d}\boldsymbol{\eta}}{\mathrm{d}\tau}\right) = & -\chi_{r1} \omega \boldsymbol{\phi}_r^{\mathrm{T}} \boldsymbol{C} \boldsymbol{\phi}_r \frac{\mathrm{d}\boldsymbol{\eta}}{\mathrm{d}\tau} + \chi_{r2} \sum_{j=1}^{N_z} \sum_{i=1}^{N_z} \left(\kappa_{ij} \eta_i \eta_j\right) \\ & + \chi_{r3} \sum_{o=1}^{N_z} \sum_{j=1}^{N_z} \sum_{i=1}^{N_z} \left(\psi_{ijo} \eta_i \eta_j \eta_o\right) \end{aligned} \tag{5.13}$$

式中，n_e 为激振力的总数；χ_{r1}、χ_{r2}、χ_{r3}、κ_{ij} 和 ψ_{ijo} 为对应的常系数。

一般情况下，高阶振型影响较小，常取 $N_u=1\sim5$，这里取 $N_u=2$；因此在对 u 进行分解时，$\boldsymbol{\phi}$ 为 $n\times2$ 的矩阵，$\boldsymbol{\eta}$ 为 2×1 的矩阵：

$$\begin{cases}\boldsymbol{\phi}=\begin{bmatrix}\phi_{11} & \phi_{12}\\ \phi_{21} & \phi_{22}\\ \vdots & \vdots\\ \phi_{n1} & \phi_{n2}\end{bmatrix}\\ \boldsymbol{\eta}=\begin{bmatrix}\eta_1\\ \eta_2\end{bmatrix}\end{cases} \tag{5.14}$$

$\boldsymbol{\eta}$ 矩阵(即 η_1、η_2)为待求量。

为研究系统在各种共振条件下的响应，设

$$\begin{cases}\eta_r=\eta_{r0}(\tau)+\varepsilon\eta_{r1}(\tau)+\varepsilon^2\eta_{r2}(\tau)+\cdots\\ \omega^2=\omega_r^2(\tau)+\varepsilon\omega_1(\tau)+\varepsilon^2\omega_2(\tau)+\cdots\end{cases},\quad r=1,2 \tag{5.15}$$

引进参数变换

$$\alpha=\frac{\varepsilon\omega_1}{\omega_r^2+\varepsilon\omega_1} \tag{5.16}$$

则有

$$\begin{cases}\varepsilon=\dfrac{\alpha\omega_r^2}{\omega_1(1-\alpha)}\\ \omega^2=\dfrac{\omega_r^2}{1-\alpha}\left(1+\delta_2\alpha^2+\delta_3\alpha^3+\cdots\right)\end{cases} \tag{5.17}$$

把 η_r 展开为 α 的幂函数：

$$\eta_r=\sum_{q=0}^{\infty}\alpha^q\eta_{rq} \tag{5.18}$$

比较方程两边的 α 同次幂的系数，令方程两边 α 的同次幂的系数相等，可得零阶和一阶摄动方程分别如下：

$$\frac{\mathrm{d}^2\eta_{r0}}{\mathrm{d}\tau^2}+\eta_{r0}=\frac{1}{\omega_{r0}^2}\sum_{m=1}^{n_e}\sum_{p_k=1}^{N_z}\phi_{rp_k}F_{mp_k}\cos\left(c_{km}\tau+\theta_{rp_km}\right) \tag{5.19}$$

$$
\begin{aligned}
\frac{\mathrm{d}^2\eta_{r1}}{\mathrm{d}\tau^2}+\eta_{r1}=\eta_{r0}&+\frac{1}{\omega_r^2}\left[\chi_{r2}\sum_{j=1}^{N_z}\sum_{i=1}^{N_z}\left(\kappa_{ij}\eta_i\eta_j\right)+\chi_{r3}\sum_{o=1}^{N_z}\sum_{j=1}^{N_z}\sum_{i=1}^{N_z}\left(\psi_{ijo}\eta_i\eta_j\eta_o\right)\right]\\
&-\frac{1}{\omega_{r0}^2}\chi_{r1}c_1\frac{\mathrm{d}\eta_{r0}}{\mathrm{d}\tau}-\chi_{r1}c_2\frac{\mathrm{d}\eta_{r0}}{\mathrm{d}\tau}-2\frac{\omega_{r1}}{\omega_{r0}}\frac{\mathrm{d}^2\eta_{r0}}{\mathrm{d}\tau^2}\\
&-\frac{1}{\omega_{r0}^2}\sum_{m=1}^{n_e}\sum_{p_k=1}^{N_z}\phi_{rp_k}F_{mp_k}\cos\left(c_{km}\tau+\theta_{rp_km}\right)
\end{aligned}\tag{5.20}
$$

式(5.20)的通解为

$$
\begin{cases}
\eta_{r0}=a_{r0}\cos\left(\tau+\varphi_{r0}\right)+\dfrac{1}{\omega_{r0}^2}\displaystyle\sum_{m=1}^{n_e}\sum_{p_k=1}^{N_z}\frac{\phi_{rp_k}F_{mp_k}}{1-c_{mp_k}}\cos\left(c_{mp_k}\tau+\theta_{rp_km}\right)\\
\dfrac{\mathrm{d}\eta_{r0}}{\mathrm{d}\tau}=-a_{r0}\sin\left(\tau+\varphi_{r0}\right)-\dfrac{1}{\omega_{r0}^2}\displaystyle\sum_{m=1}^{n_e}\sum_{p_k=1}^{N_z}\frac{c_{mp_k}F_{mp_k}}{1-c_{mp_k}}\sin\left(c_{mp_k}\tau+\theta_{rp_km}\right)\\
\dfrac{\mathrm{d}^2\eta_{r0}}{\mathrm{d}\tau^2}=-a_{r0}\cos\left(\tau+\varphi_{r0}\right)-\dfrac{1}{\omega_{r0}^2}\displaystyle\sum_{m=1}^{n_e}\sum_{p_k=1}^{N_z}\frac{c_{mp_k}^2F_{mp_k}}{1-c_{mp_k}}\cos\left(c_{mp_k}\tau+\theta_{rp_km}\right)\\
r=1,2
\end{cases}\tag{5.21}
$$

式中，φ_{r0}为对应的相位。

将式(5.21)代入式(5.20)得

$$
\begin{aligned}
&\frac{\mathrm{d}^2\eta_{r1}}{\mathrm{d}\tau^2}+\eta_{r1}\\
&=-\frac{1}{\omega_{r0}^2}\sum_{m=1}^{n_e}\sum_{p_k=1}^{N_z}\phi_{rp_k}F_{mp_k}\cos\left(c_{km}\tau+\theta_{rp_km}\right)\\
&\quad+\left(1+2\frac{\omega_{r1}}{\omega_{r0}}\right)a_{r0}\cos\left(\tau+\varphi_{r0}\right)+\frac{1}{\omega_{10}^2}\left(1+2\frac{\omega_{r1}}{\omega_{r0}}\right)\sum_{m=1}^{n_e}\sum_{p_k=1}^{N_z}\frac{\phi_{rp_k}F_{mp_k}}{1-c_{mp_k}}\cos\left(c_{mp_k}\tau+\theta_{rp_km}\right)\\
&\quad+\left(\frac{1}{\omega_{r0}^2}\chi_{r1}c_1+\chi_{r1}c_2\right)\left[a_{r0}\sin\left(\tau+\varphi_{r0}\right)+\frac{1}{\omega_{r0}^2}\sum_{m=1}^{n_e}\sum_{p_k=1}^{N_z}\frac{c_{mp_k}F_{1mp_k}}{1-c_{mp_k}}\sin\left(c_{mp_k}\tau+\theta_{mp_k}\right)\right]\\
&\quad+\frac{\chi_{r2}}{\omega_r^2}\left[\frac{a_{10}\kappa_{11}}{2}\cos\left(2\tau+2\varphi_{10}\right)+\frac{a_{20}\kappa_{22}}{2}\cos\left(2\tau+2\varphi_{20}\right)\right.\\
&\quad+\frac{\kappa_{11}a_{10}}{\omega_{10}^2}\sum_{m=1}^{n_e}\sum_{p_k=1}^{N_z}\frac{\phi_{1p_k}F_{mp_k}}{1-c_{mp_k}}\cos\left(2\tau+2c_{mp_k}\tau+2\varphi_{10}+2\theta_{rp_km}\right)\\
&\quad+\frac{\kappa_{22}a_{20}}{\omega_{12}^2}\sum_{m=1}^{n_e}\sum_{p_k=1}^{N_z}\frac{\phi_{2p_k}F_{mp_k}}{1-c_{mp_k}}\cos\left(2\tau+2c_{mp_k}\tau+2\varphi_{20}+2\theta_{rp_km}\right)
\end{aligned}
$$

$$+\frac{\kappa_{11}}{\omega_{10}^2}\sum_{m_2=1}^{n_e}\sum_{p_{k2}=1}^{N_z}\sum_{m_1=1}^{n_e}\sum_{p_{k1}=1}^{N_z}\left(\frac{\phi_{1p_k}F_{mp_k}}{1-c_{mp_k}}\right)^2\cos\left(2c_{m_1p_{k1}}\tau+2c_{m_2p_{k2}}\tau+2\theta_{rp_{k1}m_1}+2\theta_{rp_{k2}m_2}\right)$$

$$+\frac{\kappa_{22}}{\omega_{20}^2}\sum_{m_2=1}^{n_e}\sum_{p_{k2}=1}^{N_z}\sum_{m_1=1}^{n_e}\sum_{p_{k1}=1}^{N_z}\left(\frac{\phi_{2p_k}F_{mp_k}}{1-c_{mp_k}}\right)^2\cos\left(2c_{m_1p_{k1}}\tau+2c_{m_2p_{k2}}\tau+2\theta_{rp_{k1}m_1}+2\theta_{rp_{k2}m_2}\right)$$

$$+\frac{\kappa_{12}+\kappa_{21}}{2}a_{10}a_{20}\cos\left(2\tau+\varphi_{10}+\varphi_{20}\right)$$

$$+\frac{\left(\kappa_{12}+\kappa_{21}\right)a_{10}}{\omega_{10}^2}\sum_{m=1}^{n_e}\sum_{p_k=1}^{N_z}\frac{\phi_{2p_k}F_{mp_k}}{1-c_{mp_k}}\cos\left(2\tau+2c_{mp_k}\tau+2\varphi_{20}+2\theta_{rp_km}\right)$$

$$+\frac{\left(\kappa_{12}+\kappa_{21}\right)a_{20}}{\omega_{20}^2}\sum_{m=1}^{n_e}\sum_{p_k=1}^{N_z}\frac{\phi_{1p_k}F_{mp_k}}{1-c_{mp_k}}\cos\left(2\tau+2c_{mp_k}\tau+2\varphi_{10}+2\theta_{rp_km}\right)$$

$$\left.+\frac{\kappa_{12}+\kappa_{21}}{\omega_{10}\omega_{20}}\sum_{m_2=1}^{n_e}\sum_{p_{k2}=1}^{N_z}\sum_{m_1=1}^{n_e}\sum_{p_{k1}=1}^{N_z}\phi_{1p_k}\phi_{2p_k}\left(\frac{F_{mp_k}}{1-c_{mp_k}}\right)^2\cos\left(2c_{m_1p_{k1}}\tau+2c_{m_2p_{k2}}\tau+2\theta_{rp_{k1}m_1}+2\theta_{rp_{k2}m_2}\right)\right]$$

$$+\frac{\chi_{r3}\psi_{111}}{\omega_r^2}\left\{\frac{3}{4}a_{10}^3\cos\left(\tau+\varphi_{10}\right)+\frac{1}{4}a_{10}^3\cos\left(3\tau+3\varphi_{10}\right)\right.$$

$$+\frac{3}{4}a_{10}^2\sum_{m=1}^{n_e}\sum_{p_k=1}^{N_z}\frac{\phi_{rp_k}F_{mp_k}}{1-c_{mp_k}}\left[\cos\left(2c_{mp_k}\tau+\tau+2\theta_{rp_km}+\varphi_{10}\right)+\cos\left(2c_{mp_k}\tau-\tau+2\theta_{rp_km}-\varphi_{10}\right)\right.$$

$$\left.+\cos\left(2c_{m_1p_{k1}}\tau+2c_{m_2p_{k2}}\tau+2\theta_{rp_{k1}m_1}+2\theta_{rp_{k2}m_2}\right)\right]$$

$$+\frac{3}{4}a_{10}\sum_{m=1}^{n_e}\sum_{p_k=1}^{N_z}\left(\frac{\phi_{rp_k}F_{mp_k}}{1-c_{mp_k}}\right)^2\left[\cos\left(c_{mp_k}\tau+2\tau+\theta_{rp_km}+2\varphi_{10}\right)\right.$$

$$\left.+\cos\left(c_{mp_k}\tau-2\tau+\theta_{rp_km}-2\varphi_{10}\right)+\cos\left(2\tau+2\varphi_{10}\right)\right]$$

$$+\frac{3}{4}\frac{1}{\omega_{10}^2}\sum_{m=1}^{n_e}\sum_{p_k=1}^{N_z}\frac{\phi_{1p_k}F_{mp_k}}{1-c_{mp_k}}\cos\left(\tau+c_{mp_k}\tau+\varphi_{10}+\theta_{rp_km}\right)$$

$$\left.+\frac{1}{4}\frac{1}{\omega_{10}^2}\sum_{m=1}^{n_e}\sum_{p_k=1}^{N_z}\frac{\phi_{1p_k}F_{mp_k}}{1-c_{mp_k}}\cos\left(3\tau+3c_{mp_k}\tau+3\varphi_{10}+3\theta_{rp_km}\right)\right\}$$

$$+\frac{\chi_{r3}\psi_{222}}{\omega_r^2}\left\{\frac{3}{4}a_{20}^3\cos\left(\tau+\varphi_{20}\right)+\frac{1}{4}a_{20}^3\cos\left(3\tau+3\varphi_{20}\right)\right.$$

$$+\frac{3}{4}a_{20}^2\sum_{m=1}^{n_e}\sum_{p_k=1}^{N_z}\frac{\phi_{rp_k}F_{mp_k}}{1-c_{mp_k}}\left[\cos\left(2c_{mp_k}\tau+\tau+2\theta_{rp_km}+\varphi_{20}\right)+\cos\left(2c_{mp_k}\tau-\tau+2\theta_{rp_km}-\varphi_{20}\right)\right.$$

$$
\begin{aligned}
&+\cos\left(2c_{m_1p_{k1}}\tau+2c_{m_2p_{k2}}\tau+2\theta_{rp_{k1}m_1}+2\theta_{rp_{k2}m_2}\right)\Big]\\
&+\frac{3}{4}a_{20}\sum_{m=1}^{n_e}\sum_{p_k=1}^{N_z}\left(\frac{\phi_{rp_k}F_{mp_k}}{1-c_{mp_k}}\right)^2\Big[\cos\left(c_{mp_k}\tau+2\tau+\theta_{rp_km}+2\varphi_{20}\right)+\cos\left(c_{mp_k}\tau-2\tau+\theta_{rp_km}-2\varphi_{20}\right)\\
&+\cos\left(2\tau+2\varphi_{20}\right)\Big]+\frac{3}{4}\frac{1}{\omega_{20}^2}\sum_{m=1}^{n_e}\sum_{p_k=1}^{N_z}\frac{\phi_{2p_k}F_{mp_k}}{1-c_{mp_k}}\cos\left(\tau+c_{mp_k}\tau+\varphi_{20}+\theta_{rp_km}\right)\Bigg\}
\end{aligned}
\tag{5.22}
$$

由式(5.22)可知，可能存在如下谐波响应：

(1) $c_{mp_k}\tau=\tau$，即 $v_{mp_k}\approx\omega_r$，主谐波共振。

(2) $2c_{mp_k}\tau=\tau$，$3c_{mp_k}\tau=\tau$，即 $2v_{mp_k}\approx\omega_r$，$3v_{mp_k}\approx\omega_r$，超谐波共振。

(3) $c_{mp_k}\tau=2\tau$，$c_{mp_k}\tau=3\tau$，即 $\dfrac{1}{2}p_kv_{mp_k}\approx\omega_r$，$\dfrac{1}{3}p_kv_{mp_k}\approx\omega_r$，次谐波共振。

(4) $b_1c_{m_1p_{k1}}\tau\pm b_2c_{m_2p_{k2}}\tau=b_3\tau$，即 $b_1p_{k1}v_{m_1p_{k1}}\pm b_2p_{k2}v_{m_2p_{k2}}\approx b_3\omega_r$，$b_1,b_2,b_3=1,2$，组合谐波共振。

因此，共振失效时需要对以上各种共振的情况进行分析，进一步可得以上各种共振条件下的 η_{r0} 如下：

$$
\begin{cases}
\eta_{r0}=a_{r0}\cos(\tau+\varphi_{r0}), & \text{非共振}\\
\eta_{r0}=a_{r0}\cos(\tau+\varphi_{r0})+\dfrac{1}{\omega_{r0}^2}\displaystyle\sum_{m=1}^{n_e}\sum_{p_k=1}^{N_z}\frac{\phi_{rp_k}F_{mp_k}}{1-c_{mp_k}}\cos\left(c_{mp_k}\tau+\theta_{rp_km}\right), & \text{主谐波共振}\\
\eta_{r0}=a_{r0}\cos(n\tau+\varphi_{r0})+\dfrac{n^2p}{\left(n^2-1\right)\omega_{r0}^2}\displaystyle\sum_{m=1}^{n_e}\sum_{p_k=1}^{N_z}\frac{\phi_{rp_k}F_{mp_k}}{1-c_{mp_k}}\cos\left(c_{mp_k}\tau+\theta_{rp_km}\right), & \text{超谐波共振}\\
\eta_{r0}=a_{r0}\cos\left(\dfrac{1}{n}\tau+\varphi_{r0}\right)+\dfrac{\left(n^2-1\right)p}{n^2\omega_{r0}^2}\displaystyle\sum_{m=1}^{n_e}\sum_{p_k=1}^{N_z}\frac{\phi_{rp_k}F_{mp_k}}{1-c_{mp_k}}\cos\left(c_{mp_k}\tau+\theta_{rp_km}\right), & \text{次谐波共振}\\
\eta_{r0}=a_{r0}\cos(\tau+\varphi_{r0})+\dfrac{1}{\omega_{r0}^2}\displaystyle\sum_{m=1}^{n_e}\sum_{p_k=1}^{N_z}\frac{\phi_{rp_k}F_{mp_k}}{1-c_{mp_k}}\cos\left(c_{mp_k}\tau+\theta_{rp_km}\right), & \text{组合谐波共振}
\end{cases}
\tag{5.23}
$$

进一步由式(5.1)可得出一次动力学方程的近似解 $\boldsymbol{u}_0$。

5.3 动力学模型的初值解

一般情况下，可利用逐步积分法求解上述方程来得到 $\boldsymbol{\eta}_0$，进一步由 $\boldsymbol{\eta}_0$ 可求出 $\boldsymbol{\eta}_1$，依次类推求出 $\boldsymbol{\eta}_n$，最终由式(5.1)和式(5.5)可得出 $\boldsymbol{u}$ 的终值，但是由于涉及

非线性耦合项 $\boldsymbol{Y}_R, \boldsymbol{\eta}_1, \boldsymbol{\eta}_2, \cdots, \boldsymbol{\eta}_n$，求解过程通常比较复杂，$r$ 越大，求解越困难，并且动力学模型中 n 往往为较大值，因此该方法直接求取精确解的效率较低。为解决这一问题，本节提出如下解决思路：由于非线性耦合项 $\boldsymbol{Y}_R$ 相对其他项较小，近似解 $\boldsymbol{u}_0$ 与 $\boldsymbol{u}$ 偏差不会太大，并且利用迭代法求取精确解的效率比多次运用数值法求解的效率高，所以本节采用在求取初值 $\boldsymbol{u}_0 = \boldsymbol{\phi}\boldsymbol{\eta}_0$ 的基础上，利用 Newmark 校正迭代法求出 $\boldsymbol{u}$ 的终值的方法。

在 t 时刻，求取初值 $\boldsymbol{u}_{0t}$ 后，为了保证计算精度，有

$$\Delta S_t = \left|\left(\boldsymbol{P}_t - \boldsymbol{Q}_t - \boldsymbol{G}_{gt}\right) - \left(\boldsymbol{M}_t \ddot{\boldsymbol{u}}_{0t} + \boldsymbol{C}_t \dot{\boldsymbol{u}}_{0t} + \boldsymbol{K}_t \boldsymbol{u}_{0t}\right)\right| < \upsilon_0 \tag{5.24}$$

式中，υ_0 为允许的最大计算误差。若式(5.24)不成立，采用 Newmark 误差修正迭代法修正计算误差[170,173]如下：

$$\begin{cases} \ddot{\boldsymbol{u}}_{0t}^{i+1} = \ddot{\boldsymbol{u}}_{0t}^{i} + \left(\boldsymbol{M}_t^*\right)^{-1} \Delta S_t \\ \dot{\boldsymbol{u}}_{0t}^{i+1} = \dot{\boldsymbol{u}}_{0t}^{i} + \Delta t \gamma_c \left(\ddot{\boldsymbol{u}}_{0t}^{i+2} - \ddot{\boldsymbol{u}}_{0t}^{i+1}\right) \\ \boldsymbol{u}_{0t}^{i+1} = \boldsymbol{u}_{0t}^{i} + \Delta t^2 \beta_c \left(\ddot{\boldsymbol{u}}_{0t}^{i+1} - \ddot{\boldsymbol{u}}_{0t}^{i}\right) \\ \boldsymbol{M}_t^* = \boldsymbol{M}_t + \Delta t \gamma_c \boldsymbol{C}_t + \Delta t^2 \beta_c \boldsymbol{K}_t \end{cases} \tag{5.25}$$

式中，γ_c 和 β_c 是按积分的精度和稳定性要求进行调整的参数，称为 Newmark 积分常数，并且 $\gamma_c \geqslant 0.5$，$\beta_c \geqslant 0.25\left(0.5 + \gamma_c\right)^2$；$i$ 为迭代次数。由式(5.25)得出 $\boldsymbol{u}_{0t}$、$\dot{\boldsymbol{u}}_{0t}$、$\ddot{\boldsymbol{u}}_{0t}$ 迭代 i+1 次的值，重新代入式(5.24)，若式(5.24)成立，则 $\boldsymbol{u}_{0t}^{i+1}$、$\dot{\boldsymbol{u}}_{0t}^{i+1}$、$\ddot{\boldsymbol{u}}_{0t}^{i+1}$ 为所求得的初值，若式(5.24)仍不成立，则由式(5.25)进行 i+2 次迭代计算，直至式(5.24)成立。

若达到最大迭代次数 N_e 后，式(5.24)仍不成立，需重新调整相关参数再计算，直至式(5.24)成立，则可进一步求 $\boldsymbol{u}$ 的终值。

5.4　动力学模型的终值解

首先，将系统运动任意瞬时 $t + \Delta t$ 时刻的零次近似解 $\boldsymbol{u}_{0(t+\Delta t)}$ 作为 Newmark 校正迭代法计算初值 $\boldsymbol{u}_{t+\Delta t}^{p}$ (其中初值 $p = 0$)。在 $t + \Delta t$ 时刻，$p = 1$ 时的初值为 $\boldsymbol{u}_{t+\Delta t}^{p}$、$\dot{\boldsymbol{u}}_{t+\Delta t}^{p}$、$\ddot{\boldsymbol{u}}_{t+\Delta t}^{p}$。

其次，进行 p+1 次迭代计算，将初值代入后有

$$\boldsymbol{M}_{t+\Delta t}^{(\xi)} \ddot{\boldsymbol{u}}_{t+\Delta t}^{p+1} + \boldsymbol{C}_{t+\Delta t}^{(\xi)} \dot{\boldsymbol{u}}_{t+\Delta t}^{p+1} + \boldsymbol{K}_{t+\Delta t}^{(\xi)} \boldsymbol{u}_{t+\Delta t}^{p+1} = \boldsymbol{O}_{t+\Delta t}^{p} \tag{5.26}$$

式中，

$$\boldsymbol{O}_{t+\Delta t}^{p}=\boldsymbol{P}_{t+\Delta t}^{(\xi)}-\boldsymbol{Q}_{t+\Delta t}^{(\xi)}-\boldsymbol{G}_{g(t+\Delta t)}^{(\xi)}+\boldsymbol{Y}_{R(t+\Delta t)}^{p} \tag{5.27}$$

利用 Newmark 迭代法求解该方程，则有

$$\Delta O_{t+\Delta t}=\left|\boldsymbol{O}_{t+\Delta t}^{p+1}-\left(\boldsymbol{M}_{t+\Delta t}^{(\xi)}\ddot{\boldsymbol{u}}_{t+\Delta t}^{p+1}+\boldsymbol{C}_{t+\Delta t}^{(\xi)}\dot{\boldsymbol{u}}_{t+\Delta t}^{p+1}+\boldsymbol{K}_{t+\Delta t}^{(\xi)}\boldsymbol{u}_{t+\Delta t}^{p+1}\right)\right|\leqslant\varepsilon_0 \tag{5.28}$$

式中，$\boldsymbol{O}_{t+\Delta t}^{p+1}$ 为 $\boldsymbol{u}_{t+\Delta t}^{p+1}$ 替换 $\boldsymbol{O}_{t+\Delta t}^{p}$ 中的 $\boldsymbol{u}_{t+\Delta t}^{p}$ 后的值；ε_0 为所设定的迭代计算精度。若式(5.28)成立，则开始下一时刻 $t+2\Delta t$ 的迭代计算，若式(5.28)不成立，则以 $\boldsymbol{u}_{t+\Delta t}^{p+1}$、$\dot{\boldsymbol{u}}_{t+\Delta t}^{p+1}$、$\ddot{\boldsymbol{u}}_{t+\Delta t}^{p+1}$ 作为第 p+2 次迭代计算的初值，进行迭代计算，直至式(5.28)成立，记迭代得到的终值为 $\boldsymbol{u}_{t+\Delta t}^{p+n}$、$\dot{\boldsymbol{u}}_{t+\Delta t}^{p+n}$、$\ddot{\boldsymbol{u}}_{t+\Delta t}^{p+n}$。

运用同样的方法计算下一时刻($t+2\Delta t$)的 $\boldsymbol{u}_{t+2\Delta t}^{p+n}$、$\dot{\boldsymbol{u}}_{t+2\Delta t}^{p+n}$、$\ddot{\boldsymbol{u}}_{t+2\Delta t}^{p+n}$，直到所有时刻的值全部计算出来。若达到设定的最大迭代次数 N_m 后仍不满足 $\Delta O_{t+\Delta t}\leqslant\varepsilon_0$，则需重新调整相关参数并计算。本节所提出的动力学模型求解方法适用于同类型弱非线性耦合动力学方程的求解，求解方法简单便捷。

5.5　动力学模型解析实例分析

以第 2 章设计的变胞式码垛机器人样机为研究对象，机器人在整体坐标系 *O-xyz* 下的单元划分信息如表 5.1 所示，一共有 11 个单元，56 个广义坐标。各单元结构参数如表 5.2 所示。

表 5.1　机构系统单元划分信息

单元序号	前一节点							后一节点						
	节点名称	X向位移	Y向位移	Z向位移	X向转角	Y向转角	Z向转角	节点名称	X向位移	Y向位移	Z向位移	X向转角	Y向转角	Z向转角
1	*A*	无	无	无	无	无	无	*B*	u_{19}	u_{20}	u_{21}	u_{22}	u_{23}	u_{24}
2	*H*	无	无	无	无	无	无	*I*	u_{37}	u_{38}	u_{39}	u_{40}	u_{41}	u_{42}
3	*I*	u_{37}	u_{38}	u_{39}	u_{40}	u_{49}	u_{42}	*B*	u_{19}	u_{20}	u_{21}	u_{22}	u_{50}	u_{24}
4	*B*	u_{19}	u_{20}	u_{21}	u_{22}	u_{50}	u_{24}	*J*	u_{43}	u_{44}	u_{45}	u_{46}	u_{47}	u_{48}
5	*E*	无	无	无	无	无	无	*D*	u_{31}	u_{32}	u_{33}	u_{34}	u_{35}	u_{36}
6	*D*	u_{31}	u_{32}	u_{33}	u_{34}	u_{54}	u_{36}	*C*	u_{25}	u_{26}	u_{27}	u_{28}	u_{53}	u_{30}
7	*B*	u_{19}	u_{20}	u_{21}	u_{22}	u_{51}	u_{24}	*C*	u_{25}	u_{26}	u_{27}	u_{28}	u_{29}	u_{30}
8	*C*	u_{25}	u_{26}	u_{27}	u_{28}	u_{29}	u_{30}	*F*	u_{7}	u_{8}	u_{9}	u_{10}	u_{11}	u_{12}
9	*J*	u_{43}	u_{44}	u_{45}	u_{46}	u_{52}	u_{48}	*K*	u_{13}	u_{14}	u_{15}	u_{16}	u_{17}	u_{18}
10	*K*	u_{13}	u_{14}	u_{15}	u_{16}	u_{55}	u_{18}	*F*	u_{7}	u_{8}	u_{9}	u_{10}	u_{56}	u_{12}
11	*F*	u_{7}	u_{8}	u_{9}	u_{10}	u_{56}	u_{12}	*G*	u_{1}	u_{2}	u_{3}	u_{4}	u_{5}	u_{6}

表 5.2 各单元结构参数

单元序号	截面形状	截面尺寸/(mm×mm)	长度/mm	密度/(kg/m^3)	弹性模量/GPa
1	空心矩形	外轮廓：100×50 内轮廓：86×36	600	7.85×10^3	201
2	实心矩形	60×30	600	2.7×10^3	70
3	实心矩形	60×30	200	2.7×10^3	70
4	实心矩形	60×30	250	2.7×10^3	70
5	空心矩形	外轮廓：100×50 内轮廓：86×36	350	7.85×10^3	201
6	实心矩形	x_c×z_c，x_c 和 z_c 为变截面尺寸，由三角形杆 *CND* 确定	608	7.85×10^3	201
7	实心矩形	100×50	200	2.7×10^3	70
8	实心矩形	100×50	400	2.7×10^3	70
9	实心矩形	60×30	600	2.7×10^3	70
10	实心矩形	60×30	250	2.7×10^3	70
11	实心矩形	100×50	166	2.7×10^3	70

对机器人完成一个码垛任务的过程进行分析。机器人采用柱面坐标方式定位，即 (x, β, z)，x 和 β 分别指 $O\text{-}xz$ 平面内的输出端 F 点的坐标数值，x 轴随底座旋转，β 为底座旋转角度。机器人抓取物体负载后在坐标点(1.020m, 52°, 0.297m)将二自由度构态变为一自由度构态，再以一自由度构态运动至坐标点(1.046m, 30.33°, 0.158m)，运行时间为 0.5s。

设内冲击力 $F_e = 180\text{N}$，机构系统在第一次构态变换后一阶固有频率的均值为 16Hz，针对 $f_{e1} = 100\text{Hz}$（非共振情况，F_e 作用时间为 $1/(2f_{e1})$）、$f_{e2} = 16\text{Hz}$（主共振情况，F_e 作用时间为 $1/(2f_{e2})$）进行分析。首先根据式(2.11)～式(2.17)得出机器人机构工作过程中各个杆件与水平方向的夹角，然后由第 4 章和第 5 章的理论分析方法完成机器人的建模和解析。工作过程中机器人动力学模型求解的误差变化情况如图 5.1 所示。可见各广义坐标的最大误差 $\Delta O_{\max}$ 均小于 $2\times10^{-10}\text{N}$，说明本章动力学求解方法具有较高的准确性。

两种条件下机构系统碰撞点（B 点）的广义坐标的变化情况如图 5.2 和图 5.3 所示，相应频域内的变化情况如图 5.4 和图 5.5 所示。由图可知，主共振情况的弹性位移大于非共振情况，因此，需要避免共振的发生。

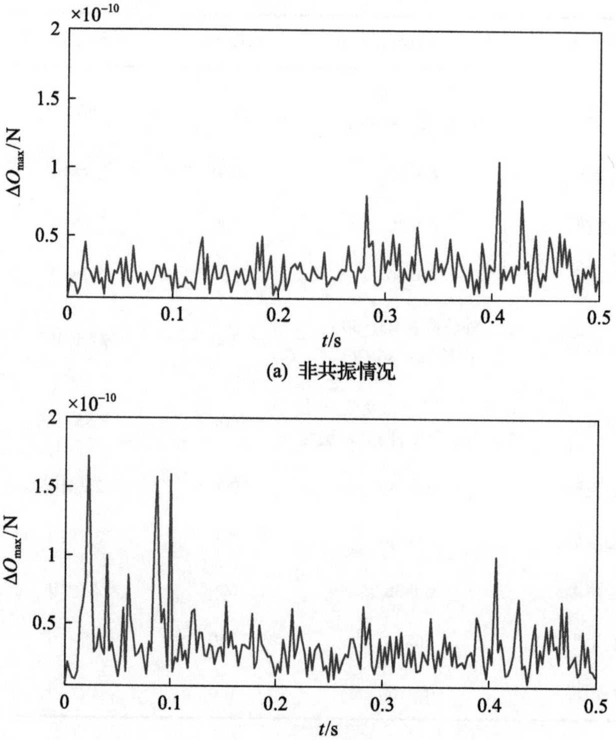

(a) 非共振情况

(b) 主共振情况

图 5.1　最大误差 ΔO_{max} 随时间 t 的变化

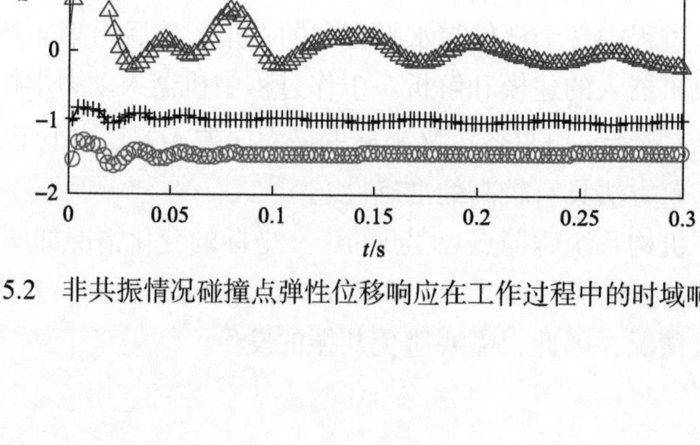

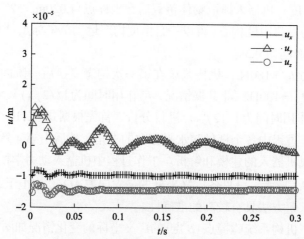

图 5.2　非共振情况碰撞点弹性位移响应在工作过程中的时域响应

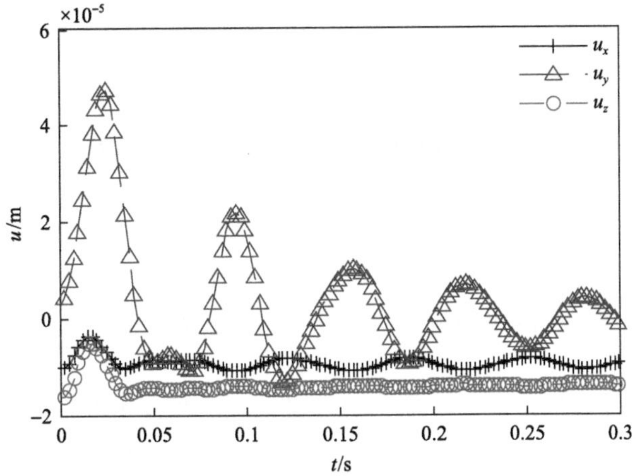

图 5.3　主共振情况碰撞点弹性位移响应在工作过程中的时域响应

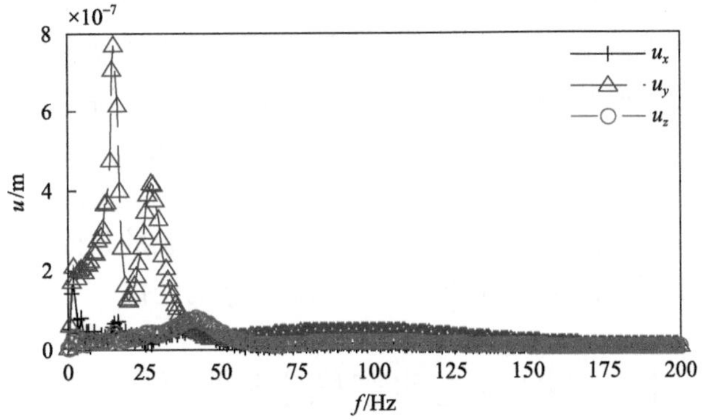

图 5.4　非共振情况碰撞点弹性位移响应在工作过程中的频域响应

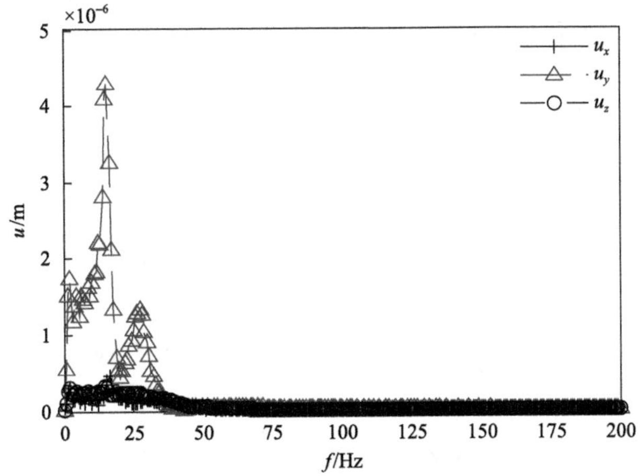

图 5.5　主共振情况碰撞点弹性位移响应在工作过程中的频域响应

第 6 章　变胞机构系统动态稳定性分析

面向任务的变胞机构构态变换过程中会产生内冲击力，这种内冲击力以及工作任务载荷的随机性都会给机构系统带来较大的振动干扰，严重时将导致系统失稳，直接影响机构系统的工作安全性和可靠性。因此，此类机构系统的动态稳定性研究十分关键。

系统稳定性理论最早由俄罗斯著名数学家和力学家李雅普诺夫于 19 世纪 90 年代创立，现广泛地应用于自然科学和工程技术研究[174]。基于此，本章将最大李雅普诺夫指数作为机构系统动态稳定性的度量指标，在第 5 章所计算的面向任务变胞式码垛机器人机构系统非线性动力学模型动态响应时间序列的基础上，先运用时间序列的相空间重构方法(取名 C-C 法)计算机构系统动态响应时间序列相空间重构的参数(时间延迟和嵌入维数)；再对该时间序列进行相空间重构；然后运用 Wolf 法计算其最大李雅普诺夫指数，得出机构系统在工作过程中输出端动态响应的相图中的轨迹，求出机构系统构态变换时输出端响应时间序列的最大李雅普诺夫指数的变化；最后得出在构态变换前不同输入激励的条件下，机构系统构态变换发生碰撞时产生内冲击力情况下的动态稳定性的变化。

6.1　机构系统动态稳定性状态的定义

对于第 4 章得出的在实际运行中面向任务的新型变胞式码垛机器人机构系统全构态非线性动态方程即式(4.15)，令

$$\dot{\boldsymbol{u}} = \boldsymbol{w} \tag{6.1}$$

则有

$$\begin{aligned}\ddot{\boldsymbol{u}} = \dot{\boldsymbol{w}} = \left(\boldsymbol{M}^{-1}\right)^{(\xi)}\Bigg[&-\boldsymbol{C}^{(\xi)}\boldsymbol{w} - \boldsymbol{K}^{(\xi)}\boldsymbol{u} - \varepsilon\Bigg(\sum_{n=1}^{8}\boldsymbol{u}^{\mathrm{T}}\boldsymbol{G}_n^{(\xi)}\boldsymbol{K}_n^{(\xi)}\boldsymbol{u} \\ &+\frac{1}{2}\sum_{n=1}^{8}\boldsymbol{u}^{\mathrm{T}}\boldsymbol{K}_n^{(\xi)}\boldsymbol{u}\boldsymbol{G}_n^{(\xi)} + \frac{1}{2}\sum_{g}\sum_{l}\boldsymbol{u}^{\mathrm{T}}\boldsymbol{G}_{gl}^{(\xi)}\boldsymbol{u}\boldsymbol{K}_{gl}^{(\xi)}\boldsymbol{u} \\ &+\frac{1}{2}\sum_{g}\sum_{l}\boldsymbol{G}_{gl}^{(\xi)}\boldsymbol{u}\boldsymbol{u}^{\mathrm{T}}\boldsymbol{K}_{gl}^{(\xi)}\boldsymbol{u}\Bigg) + \boldsymbol{P}^{(\xi)} + \boldsymbol{Q}^{(\xi)}\Bigg]\end{aligned} \tag{6.2}$$

可将其写成以下形式：

$$\begin{cases}\dot{\boldsymbol{u}}=\boldsymbol{w}\\ \dot{\boldsymbol{w}}=\boldsymbol{F}_f(\boldsymbol{u},\boldsymbol{w})\end{cases} \tag{6.3}$$

即可写成

$$\dot{\boldsymbol{s}}=\boldsymbol{F}(\boldsymbol{s}) \tag{6.4}$$

式中，

$$\boldsymbol{s}=(\boldsymbol{u},\boldsymbol{w}) \tag{6.5}$$

设状态变量 $\boldsymbol{u}=\boldsymbol{u}(u_1,u_2,\cdots,u_n)$，则 $\dot{\boldsymbol{u}}=\dot{\boldsymbol{u}}(\dot{u}_1,\dot{u}_2,\cdots,\dot{u}_n)=\boldsymbol{w}(w_1,w_2,\cdots,w_n)$，即机构系统状态向量空间 $\boldsymbol{s}=\boldsymbol{s}(u_1,u_2,\cdots,u_n,w_1,w_2,\cdots,w_n)$，设

$$\boldsymbol{s}(u_1,u_2,\cdots,u_n,w_1,w_2,\cdots,w_n)=\boldsymbol{s}(s_1,s_2,\cdots,s_n,s_{n+1},s_{n+2},\cdots,s_{2n})$$

机构系统状态空间 $\boldsymbol{x}$ 在 t_0 时刻服从动态方程：

$$\frac{\mathrm{d}s_i}{\mathrm{d}t}=F_i\left(s_1(t_0),s_2(t_0),\cdots,s_{2n}(t_0)\right),\quad i=1,2,\cdots,2n \tag{6.6}$$

式中，$F_i\left(s_1(t_0),s_2(t_0),\cdots,s_{2n}(t_0)\right)$ 为非线性函数。t_0 时刻对机构系统施加扰动 $U(t_0)$，当 $t_0\to\infty$ 时，若 $U(t_0)\to 0$，则机构系统是稳定的，若 $U(t_0)\to\infty$，则机构系统是不稳定的[174]。

6.2　李雅普诺夫指数计算方法

6.2.1　李雅普诺夫指数

设系统动态方程为

$$\frac{\mathrm{d}\boldsymbol{s}}{\mathrm{d}t}=\boldsymbol{F}(\boldsymbol{s},t),\quad \boldsymbol{s}\in\mathbf{R}^n \tag{6.7}$$

设初始时刻为 t_0，在 t 时刻经过 $\boldsymbol{s}_0$ 的流在相空间形成一轨道 $\boldsymbol{s}$，若初始条件 $\boldsymbol{s}_0$ 有一偏差 $\Delta\boldsymbol{s}_0$，则由 $\boldsymbol{s}_0+\Delta\boldsymbol{s}_0$ 出发形成另一轨道，它们形成一个切空间向量 $\Delta\boldsymbol{s}(\boldsymbol{s}_0)$，其欧氏范数模为 $\left\|\Delta\boldsymbol{s}(\boldsymbol{s}_0)\right\|$。令 $\boldsymbol{v}(\boldsymbol{s}_0)=\Delta\boldsymbol{s}(\boldsymbol{s}_0)$，有

$$\frac{\mathrm{d}\boldsymbol{v}}{\mathrm{d}t}=\frac{\partial\boldsymbol{F}(\boldsymbol{s},t)}{\partial\boldsymbol{s}}\boldsymbol{v} \tag{6.8}$$

则 n 维流状态向量空间的李雅普诺夫指数为

$$\lambda(\boldsymbol{s}_0,\boldsymbol{v})=\lim_{t\to\infty}\frac{1}{t}\ln\frac{\left\|\Delta\boldsymbol{s}(\boldsymbol{s}_0,t)\right\|}{\left\|\Delta\boldsymbol{s}(\boldsymbol{s}_0,t_0)\right\|},\quad \left\|\Delta\boldsymbol{s}(\boldsymbol{s}_0,t_0)\right\|\to 0 \tag{6.9}$$

李雅普诺夫指数是衡量系统动力学特性的一个重要定量指标。若系统出现大于零的李雅普诺夫指数，则系统做混沌运动[175,176]；稳定状态的李雅普诺夫指数均小于零；周期运动(准周期运动)的李雅普诺夫指数为零。

机构系统的状态向量空间 $\boldsymbol{s}(s_1,s_2,\cdots,s_n,s_{n+1},s_{n+2},\cdots,s_{2n})$ 中有 $2n$ 个状态变量，每个状态变量的李雅普诺夫指数共有 $2n$ 个。在 $t=t'$ 时刻，第 i（$i=1,2,\cdots,2n$）个状态变量的 $2n$ 个李雅普诺夫指数有以下关系：

$$\lambda_{1(i)}\geqslant\lambda_{2(i)}\geqslant\cdots\geqslant\lambda_{2n(i)} \tag{6.10}$$

该时刻机构系统的各状态变量在状态空间中沿各自方向上的指数变化速率越大，即与机构系统的各状态变量对应的李雅普诺夫指数越大，机构系统的动态稳定性越差，其动态稳定度越小；反之，该时刻机构系统的各状态变量在状态空间中沿各自方向上的指数变化速率越小，即与机构系统的各状态变量对应的李雅普诺夫指数越小，机构系统的动态稳定性越好，其动态稳定度越大。

因此，当李雅普诺夫指数全部计算出来后，选取最大李雅普诺夫指数作为机构系统动态稳定性大小的度量指标。

6.2.2 机构系统动态稳定性的度量指标

李雅普诺夫指数的计算方法有两大类：在已知系统的动力学方程的情况下，可由定义法计算系统的李雅普诺夫指数[177,178]；在未知系统的动力学方程的情况下，通过观测时间序列来计算系统的李雅普诺夫指数，计算方法主要有分析法和轨道跟踪法[179]。

由于变胞式码垛机器人的动力学方程比较复杂，若根据李雅普诺夫指数定义或者采用分析法计算机构系统的最大李雅普诺夫指数，计算将会非常复杂，而动力学方程的动态响应时间序列可利用第 5 章的求解方法得出。因此，机构系统李雅普诺夫指数计算采用轨道跟踪法，这类方法主要有 Wolf 法[177]和 Rosenstein 小数据法[178-182]。本节采用 Wolf 法计算机构系统状态变量的时间序列的最大李雅普诺夫指数并进行动态稳定性分析。

计算机构系统李雅普诺夫指数的主要过程是对单变量的时间序列进行相空间重构，即先对状态向量空间 $\boldsymbol{s}=\boldsymbol{s}(s_1,s_2,\cdots,s_n,s_{n+1},s_{n+2},\cdots,s_{2n})$ 中任一坐标 s_i（$i=1,2,\cdots,2n$）的时间序列进行相空间重构，然后采用 Wolf 法计算机构系统的李雅普诺夫指数。

采用 Wolf 法计算李雅普诺夫指数的步骤如下[183]。

(1) 提取机构系统动力学方程的时间序列，并对其进行相空间重构。

(2) 确定相空间重构的相关参数，即时间延迟和嵌入维数。

(3) 采用 Wolf 法计算该时间序列的最大李雅普诺夫指数。

6.2.3 机构系统相空间重构

采用 Newmark 法对机构系统动力学方程进行迭代求解：

$$\begin{cases} \boldsymbol{u}(t+\Delta t)=\boldsymbol{u}(t)+\dot{\boldsymbol{u}}_t\Delta t+[(0.5-\mu)\ddot{\boldsymbol{u}}(t)+\mu\boldsymbol{u}(t+\Delta t)]\Delta t^2 \\ \dot{\boldsymbol{u}}(t+\Delta t)=\dot{\boldsymbol{u}}(t)+[(1-\delta)\ddot{\boldsymbol{u}}(t)+\delta\ddot{\boldsymbol{u}}(t+\Delta t)]\Delta t \end{cases} \tag{6.11}$$

假设初始时刻为 t_0，最终迭代 N' 次，分别计算出各个时刻 $\boldsymbol{u}(t_0),\boldsymbol{u}(t_0+\Delta t),\cdots,\boldsymbol{u}(t_0+N'\Delta t)$ 和 $\dot{\boldsymbol{u}}(t_0),\dot{\boldsymbol{u}}(t_0+\Delta t),\cdots,\dot{\boldsymbol{u}}(t_0+N'\Delta t)$ 的值，从而最终算出机构系统在整个工作过程中 $\boldsymbol{u}$ 和 $\dot{\boldsymbol{u}}$ 的值。由于 $\boldsymbol{s}=(\boldsymbol{u},\dot{\boldsymbol{u}})=(\boldsymbol{u},\boldsymbol{w})$，可得出机构系统状态空间 $\boldsymbol{s}=\boldsymbol{s}(s_1,s_2,\cdots,s_n,s_{n+1},s_{n+2},\cdots,s_{2n})$ 相应的各坐标值，对于机构系统工作过程中 $\boldsymbol{s}$ 的任一坐标 s_i（$i=1,2,\cdots,2n$）的时间序列 $\{s_i(t_0),s_i(t_0+\Delta t),\cdots,s_i(t_0+(N'-1)\Delta t)\}$，把该时间序列定义为 $\{s_i(t_1),s_i(t_2),\cdots,s_i(t_w),\cdots,s_i(t_N)\}$，式中，$t_w=t_0+(w-1)\Delta t$；$N=N'-1$。

相空间重构的常用方法有导数重构法和坐标延迟重构法[184]两种。由于数值微分的计算会对误差有一定的影响，所以一般采用坐标延迟重构法对时间序列进行相空间重构[185]。本节在对面向任务的新型变胞式码垛机器人机构系统动态响应时间序列进行相空间重构时采用坐标延迟重构法。

对机构系统动态响应时间序列 $\{s_i(t_1),s_i(t_2),\cdots,s_i(t_w),\cdots,s_i(t_N)\}$ 进行相空间重构。设机构系统的嵌入维数为 m，时间延迟为 τ，则初始时刻为 t_1 时的重构相空间记为 $Y_i(t_1)$，具体如下：

$$Y_i(t_1)=\left\{Y_i(t_1)_1,Y_i(t_1)_2,\cdots,Y_i(t_1)_w,\cdots,Y_i(t_1)_{N-(m-1)\tau}\right\},\quad w=1,2,\cdots,N-(m-1)\tau \tag{6.12}$$

$$\begin{cases} Y_i(t_1)_1=\left\{s_i(t_1),s_i(t_{1+\tau}),\cdots,s_i\left(t_{1+(m-1)\tau}\right)\right\} \\ Y_i(t_1)_2=\left\{s_i(t_2),s_i(t_{2+\tau}),\cdots,s_i\left(t_{2+(m-1)\tau}\right)\right\} \\ \quad\vdots \\ Y_i(t_1)_w=\left\{s_i(t_w),s_i(t_{w+\tau}),\cdots,s_i\left(t_{w+(m-1)\tau}\right)\right\} \\ \quad\vdots \\ Y_i(t_1)_{N-(m-1)\tau}=\left\{s_i\left(t_{N-(m-1)\tau}\right),s_i(t_{N-m\tau+2\tau}),\cdots,s_i(t_N)\right\} \end{cases} \tag{6.13}$$

6.2.4 采用 C-C 法计算相关参数

本节采用 C-C 法[186]计算时间延迟τ和嵌入维数m这两个相空间重构的重要参数。C-C 法是一种基于互相关的计算方法，其基本原理是通过对两个信号序列进行互相关计算，找到它们之间的最大互相关值，从而确定信号之间的时间延迟；同时，通过对信号序列进行重构，可以计算出信号的嵌入维数。这种方法能同时计算时间延迟和嵌入维数两个参数，计算方便。对于机构系统工作过程中$\boldsymbol{s}$的任一坐标s_i（$i=1,2,\cdots,2n$）在初始时刻为t_1的时间序列$\left\{s_i\left(t_1\right),s_i\left(t_2\right),\cdots,s_i\left(t_N\right)\right\}$，采用如下关联积分：

$$C\left(m,N,a,\tau_l\right)=\frac{2}{M(M-1)}\sum_{1\leqslant q\leqslant p\leqslant M}h\left(a-\left\|Y_i(t_1)_q-Y_i(t_1)_p\right\|_\infty\right),\quad a>0 \tag{6.14}$$

式中，$M=N-(m-1)\tau_l$，表示m维相空间的嵌入点数；τ_l为重构时间延迟；$h(r)$为单位阶跃函数：

$$h(r)=\begin{cases}1, & r\geqslant 0\\ 0, & r<0\end{cases} \tag{6.15}$$

一般m、N和a的选择有一定的范围[187]，当$2\leqslant m\leqslant 5$，$\sigma_i/2\leqslant a\leqslant 2\sigma_i$，$N\geqslant 500$时，渐近分布可以通过有限时间序列很好地近似，其中，σ_i为时间序列$\left\{s_i\left(t_1\right),s_i\left(t_2\right),\cdots,s_i\left(t_N\right)\right\}$的方差。使用 C-C 法计算时间序列$\left\{s_i\left(t_1\right),s_i\left(t_2\right),\cdots,s_i\left(t_N\right)\right\}$的$\tau_{i(t_1)}$和$m_{i(t_1)}$时，由于需要进行相空间重构，一般取$N=3000$，一开始取$m=2,3,4,5$。

定义检测统计量为

$$S\left(m,N,a,\tau_l\right)=C\left(m,N,a,\tau_l\right)-\left[C\left(1,N,a,\tau_l\right)\right]^m \tag{6.16}$$

用此统计量来描述非线性时间序列$\left\{s_i\left(t_1\right),s_i\left(t_2\right),\cdots,s_i\left(t_N\right)\right\}$的相关性，并由统计量$S\left(m,N,a,\tau_l\right)$来得出机构系统工作过程中$\boldsymbol{s}$的任一坐标$s_i$的时间序列$\left\{s_i\left(t_1\right),s_i\left(t_2\right),\cdots,s_i\left(t_N\right)\right\}$的时间延迟$\tau_{i(t_1)}$和嵌入维数$m_{i(t_1)}$。

进一步，将时间序列$\left\{s_i\left(t_1\right),s_i\left(t_2\right),\cdots,s_i\left(t_N\right)\right\}$划分成$\tau_l$个互不相交的时间序列，$S\left(m,N,a,\tau_l\right)$可由这$\tau_l$个互不相交的时间序列计算得到（长度均为$N/\tau_l$）：

$$\begin{cases}s_i^1=\left\{s_i\left(t_1\right),s_i\left(t_{\tau_l+1}\right),\cdots,s_i\left(t_{N-\tau_l+1}\right)\right\}\\ s_i^2=\left\{s_i\left(t_2\right),s_i\left(t_{\tau_l+2}\right),\cdots,s_i\left(t_{N-\tau_l+2}\right)\right\}\\ \quad\vdots\\ s_i^{\tau_l}=\left\{s_i\left(t_{\tau_l}\right),s_i\left(t_{2\tau_l}\right),\cdots,s_i\left(t_N\right)\right\}\end{cases}$$

对于一般的 τ_l，对式(6.16)采用分块平均策略可计算出 $S(m,N,a,\tau_l)$：

$$S(m,N,a,\tau_l)=\frac{1}{\tau_l}\sum_{s=1}^{\tau_l}\left\{C_s(m,N/\tau_l,a,\tau_l)-\left[C_s(1,N/\tau_l,a,\tau_l)\right]^m\right\} \tag{6.17}$$

当 $N\to\infty$ 时，得

$$S(m,a,\tau_l)=\frac{1}{\tau_l}\sum_{s=1}^{\tau_l}\left\{C_s(m,a,\tau_l)-\left[C_s(1,a,\tau_l)\right]^m\right\},\quad m=2,3,\cdots \tag{6.18}$$

如果时间序列满足独立同分布，m 和 τ_l 为固定值，对于所有的 a，并且 $N\to\infty$，有 $S(m,a,\tau_l)=0$。但是实际时间序列数据是有限的并受到其相关性的影响，可得 $S(m,a,\tau_l)\neq 0$。可取 $S(m,a,\tau_l)$ 的第一个零点或对于所有半径 a 变化最小的时间点作为最优时间延迟。取几个代表值 a_j，$a_j=j\sigma_i/2$，$j=1,2,3,4$，并定义

$$\Delta S(m,\tau_l)=\max\left\{S(m,a_j,\tau_l)\right\}-\min\left\{S(m,a_j,\tau_l)\right\} \tag{6.19}$$

则局部最优时间 τ_l 为 $S(m,a,\tau_l)$ 的零点和 $\Delta S(m,\tau_l)$ 的最小值。对于所有的 m 和 a，$S(m,a,\tau_l)$ 的零点几乎相同；对于所有的 m，$\Delta S(m,a)$ 的最小值也几乎相同。机构系统工作过程中，$\boldsymbol{s}$ 的任一坐标 s_i（$i=1,2,\cdots,2n$）时间序列 $\{s_i(t_1),s_i(t_2),\cdots,s_i(t_N)\}$ 的时间延迟 $\tau_{i(t_1)}$ 就对应着这些局部最优时间 τ_l 中的第一个。

对全部 $S(m,a_j,\tau_l)$ 求平均值：

$$\bar{S}=\frac{1}{\|m\|\cdot\|j\|}\sum_m\sum_j S(m,a_j,\tau_l) \tag{6.20}$$

式中，$\|m\|$ 为嵌入维数；$\|j\|$ 为 a_j 的数量。

对全部 $\Delta S(m,\tau_l)$ 求平均值：

$$\Delta\bar{S}(\tau_l)=\frac{1}{\|m\|}\sum_m\Delta S(m,\tau_l) \tag{6.21}$$

取

$$S_{\text{sor}}(\tau_l)=\bar{S}+\Delta\bar{S}(\tau_l) \tag{6.22}$$

$S_{\text{sor}}(\tau_l)$ 的最小值为延迟时间窗 τ_w 的最优值。那么机构系统工作过程中，$\boldsymbol{s}$ 中任一坐标 s_i 的时间序列 $\{s_i(t_1),s_i(t_2),\cdots,s_i(t_N)\}$ 的最佳嵌入维数[188] $m_{i(t_1)}$ 为

$$m_{i(t_1)} = \frac{\tau_w}{\tau_{i(t_1)}} + 1 \tag{6.23}$$

6.2.5 采用 Wolf 法计算最大李雅普诺夫指数

Wolf 法[175,177]由 Wolf 等于 1985 年提出，其原理是根据时间序列的相平面和相体积等的演化来估计时间序列的李雅普诺夫指数，目前广泛应用于计算时间序列的李雅普诺夫指数。

机构系统状态空间相应的各坐标值为 $\boldsymbol{s} = \boldsymbol{s}(s_1, s_2, \cdots, s_n, s_{n+1}, s_{n+2}, \cdots, s_{2n})$，工作过程的时间节点为 $t_1, t_2, \cdots, t_N, \cdots$，初始时刻为 t_1。机构系统工作过程中，$\boldsymbol{s}$ 中任一坐标 s_i（$i = 1, 2, \cdots, 2n$）的时间序列为 $\{s_i(t_1), s_i(t_2), \cdots, s_i(t_N)\}$。按照 6.2.4 节中提到的 C-C 法计算相关参数的方法计算相空间重构的参数——时间延迟 $\tau_{i(t_1)}$ 和嵌入维数 $m_{i(t_1)}$，再按照 6.2.3 节的相空间重构方法对时间序列 $\{s_i(t_1), s_i(t_2), \cdots, s_i(t_N)\}$ 进行相空间重构。

记重构后的相空间为 $Y_i(t_1) = \left\{Y_i(t_1)_1, Y_i(t_1)_2, \cdots, Y_i(t_1)_{N-(m-1)\tau}\right\}$。进行相空间重构后，采用 Wolf 法计算时间序列的最大李雅普诺夫指数，如图 6.1 所示。

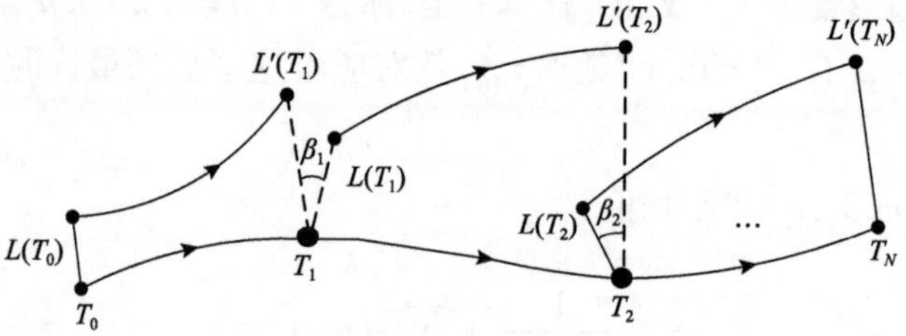

图 6.1　Wolf 法求最大李雅普诺夫指数示意图

记初始时刻为 T_0（即 $T_0 = t_1$），s_i 重构后的相空间为 $Y_i(T_0)$，设与它最邻近的点为 $Y_{0i}(T_0)$，两点之间的距离为 $L_i(T_0)$，从 T_0 时刻开始追踪这两点的时间演化，设在 T_1 时刻这两点的间距大于所设定的值 $\bar{\varepsilon}_0$，则有

$$L_i'(T_1) = \left|Y_i(T_1) - Y_{0i}(T_1)\right| > \bar{\varepsilon}_0, \quad \bar{\varepsilon}_0 > 0 \tag{6.24}$$

此时保留点 $Y_i(T_1)$，并在其邻近范围内寻找一点 $Y_{1i}(T_1)$，此时使得两点间距离为

$$L_i(T_1) = \left|Y_i(T_1) - Y_{1i}(T_1)\right| > \bar{\varepsilon}_0, \quad \bar{\varepsilon}_0 > 0 \tag{6.25}$$

同时不断减小 $L_i(T_1)$ 与 $L_i'(T_1)$ 之间的夹角 β_1，继续上述过程直到到达机构系统在 t_1 时刻 $\boldsymbol{s}$ 中任一坐标 s_i 的时间序列 $Y_i(t)$ 的终点 T_N 为止，总的迭代次数为 M_N，则机构系统在 t_1 时刻 $\boldsymbol{s}$ 中任一坐标 s_i（$i=1,2,\cdots,2n$）的最大李雅普诺夫指数 $\lambda_i^{t_1}$ 为

$$\lambda_i^{t_1}=\frac{1}{T_N-T_0}\sum_{k=1}^{N}\ln\frac{L_i'(T_k)}{L_i(T_{k-1})} \tag{6.26}$$

式中，$T_1,T_2,\cdots,T_N$ 为 $L_i'(T_1),L_i'(T_2),\cdots,L_i'(T_N)$ 超过规定值 ε_0 所对应的时刻。

机构系统工作过程的时间节点为 $t_1,t_2,\cdots,t_N,\cdots$，用同样的方法计算 t_2 时刻 $\boldsymbol{s}$ 中任一坐标 s_i 的最大李雅普诺夫指数 $\lambda_i^{t_2}$。$\boldsymbol{s}$ 中任一元素 s_i（$i=1,2,\cdots,2n$）在 t_2 时刻的时间序列为 $\{s_i(t_2),s_i(t_3),\cdots,s_i(t_{N+1})\}$。首先根据 C-C 法计算该时间序列进行相空间重构的参数——时间延迟 $\tau_{i(t_1)}$ 和嵌入维数 $m_{i(t_1)}$，然后对时间序列 $\{s_i(t_2),s_i(t_3),\cdots,s_i(t_{N+1})\}$ 进行相空间重构得到 $Y_i(t_2)$，令初始时刻 $T_0=t_2$，根据式(6.24)～式(6.26)，计算出 t_2 时刻的 $\boldsymbol{s}$ 中任一坐标 s_i 的最大李雅普诺夫指数 $\lambda_i^{t_2}$。对于 t_2 时刻 $\boldsymbol{s}$ 中任一坐标 s_i 的最大李雅普诺夫指数 $\lambda_i^{t_2}$，继续重复上述过程，计算出 $t_3,t_4,\cdots$ 时刻的最大李雅普诺夫指数 $\lambda_i^{t_3},\lambda_i^{t_4},\cdots$，最终得到 s_i（$i=1,2,\cdots,2n$）的最大李雅普诺夫指数的变化情况。

采用 Wolf 法计算李雅普诺夫指数的步骤可总结如下：

(1)求解机构系统动力学方程，从而提取机构系统输出点 H 的响应 $u_{p1}, u_{p2},\cdots, u_{pn}$($u_{p1}, u_{p2},\cdots, u_{pn}$ 对应机构系统状态向量空间中的 $s_{p1}, s_{p2}, \cdots, s_{pn}$)，机构系统工作过程的时间节点为 $t_1,t_2,\cdots,t_N,\cdots$，在工作过程中，初始时刻为 t_1 的时间序列为 $\{s_{p1}(t_1),s_{p1}(t_2),\cdots,s_{p1}(t_N)\}$，$\{s_{p2}(t_1),s_{p2}(t_2),\cdots,s_{p2}(t_N)\}$，$\cdots$，$\{s_{pn}(t_1),s_{pn}(t_2),\cdots,s_{pn}(t_N)\}$。

(2)用 C-C 法确定这三个时间序列的时间延迟 $\tau_{p1(t_1)},\tau_{p2(t_1)},\cdots,\tau_{pn(t_1)}$ 以及嵌入维数 $m_{p1(t_1)},m_{p2(t_1)},\cdots,m_{pn(t_1)}$。

(3)用 FFP 法确定编程计算时所需的参数、三个时间序列的平均周期[189]。

(4)对这三个时间序列进行相空间重构，分别得到 $Y_{p1}(t_1),Y_{p2}(t_1),\cdots,Y_{pn}(t_1)$。

(5)运用 Wolf 法计算时间序列的最大李雅普诺夫指数 $\lambda_{p1}^{t_1},\lambda_{p2}^{t_1},\cdots,\lambda_{pn}^{t_1}$。

(6)重复步骤(1)～步骤(5)，计算出机构系统构态变换后其他时间节点对应的时间序列的最大李雅普诺夫指数 $\lambda_{p1}^{t_2},\lambda_{p1}^{t_3},\cdots,\lambda_{p2}^{t_2},\lambda_{p2}^{t_3},\cdots,\lambda_{pn}^{t_2},\lambda_{pn}^{t_3},\cdots$。

(7) 计算出各时刻的 $\max\left(\lambda_{p1}^{t_1}, \lambda_{p2}^{t_1}, \cdots, \lambda_{pn}^{t_1}\right), \max\left(\lambda_{p1}^{t_2}, \lambda_{p2}^{t_2}, \cdots, \lambda_{pn}^{t_2}\right), \cdots$，得出机构系统构态变换后动态稳定性的变化情况。

6.3　动态稳定性实例分析

按照以上步骤，对机构系统进行动态稳定性数值分析，计算时机构系统各部分参数与 5.5 节设定的机构结构参数和工作过程相同。针对非共振和主共振这两种情况，得出碰撞点 x 、y 、z 方向弹性位移 u_x 、u_y 、u_z 的相图如图 6.2 和图 6.3 所示。

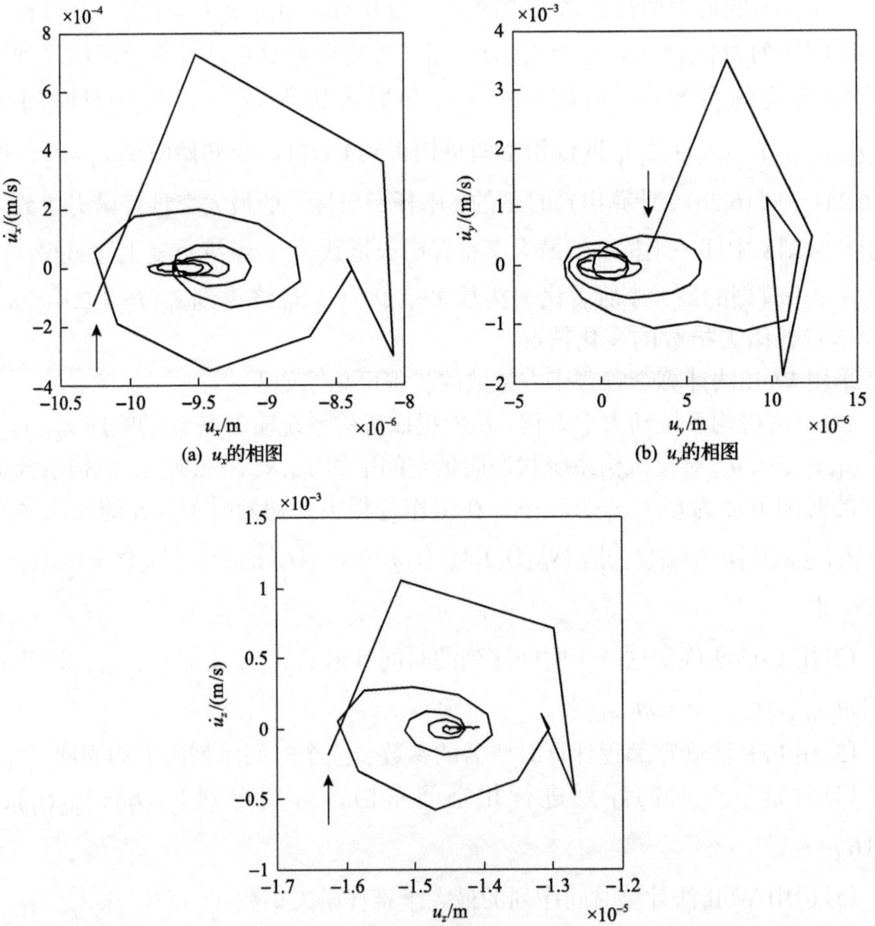

(a) u_x的相图　　(b) u_y的相图

(c) u_z的相图

图 6.2　非共振情况碰撞点弹性位移响应在工作过程中的时域响应相图

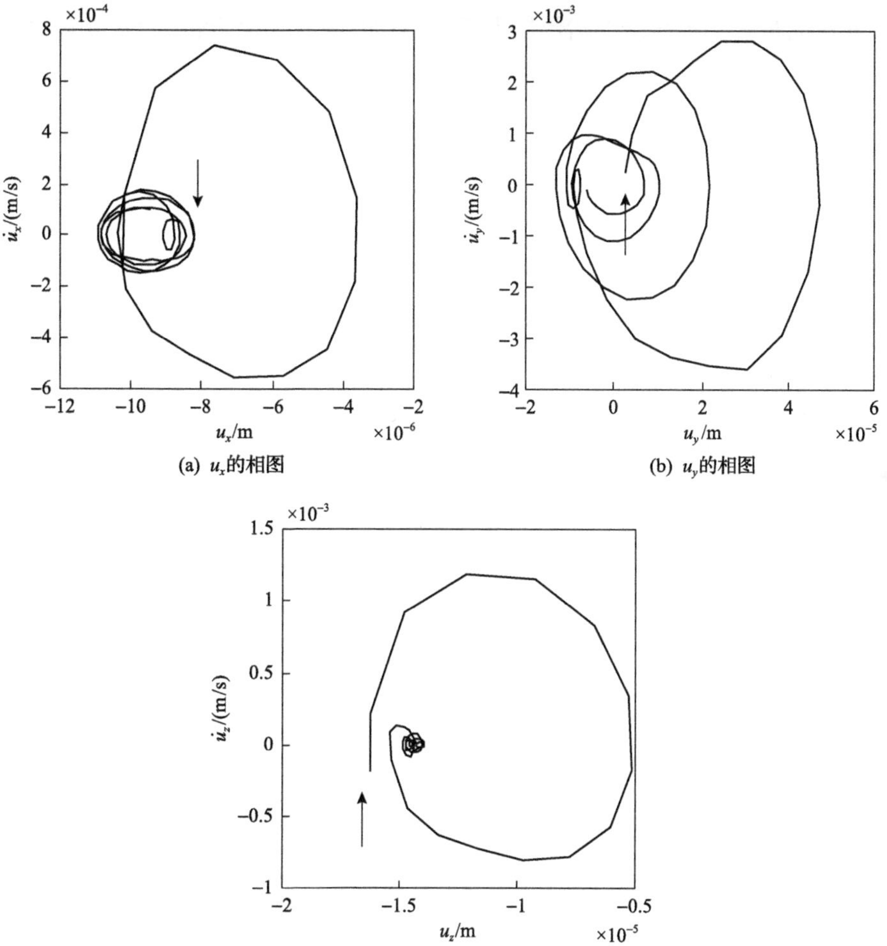

(a) u_x的相图　(b) u_y的相图

(c) u_z的相图

图 6.3　主共振情况碰撞点弹性位移响应在工作过程中的时域响应相图

从图 6.2 和图 6.3 中(箭头处为轨迹起点)可以看出，由于构态变换后产生内冲击力，相图收敛趋势受到影响，但弹性位移的相轨迹仍然能够收敛，只是机构系统运动过程中仍有力的作用，所以机构系统输出端的各弹性位移坐标均不收敛于原点。

进一步，得出 u_x 、 u_y 、 u_z 的李雅普诺夫指数 λ_x 、 λ_y 、 λ_z 随时间 t 的变化情况如图 6.4 所示。

机构系统构态变换后碰撞点处弹性位移的最大李雅普诺夫指数 $\lambda_{\max}$ 随时间 t 的变化情况如图 6.5 所示。由于机构系统构态变换时受到内冲击力，机构系统的最大李雅普诺夫指数出现正值，机构系统在构态变换后动态稳定度较小，然后逐渐增大。主共振情况时，0～0.3s 各个时刻的最大李雅普诺夫指数均为正值；非共振时在 0.2s 后最大李雅普诺夫指数接近于 0。因此，非共振情况下稳定度较大。

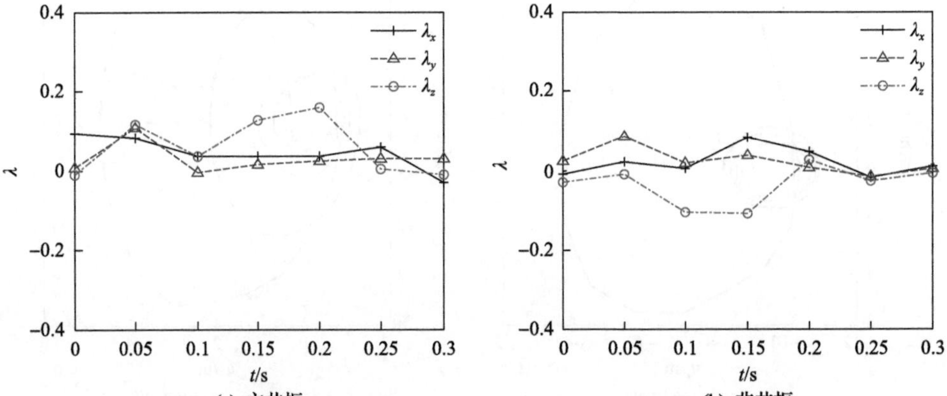

(a) 主共振　　(b) 非共振

图 6.4　机构系统构态变换后碰撞点处弹性位移的李雅普诺夫指数变化

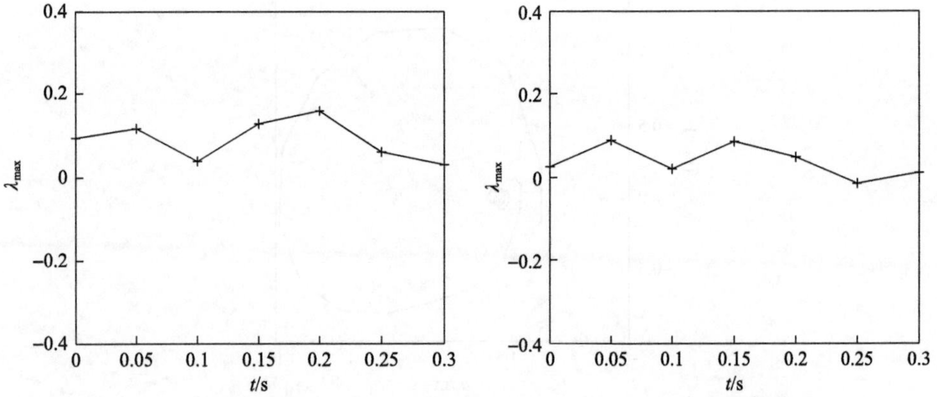

(a) 主共振　　(b) 非共振

图 6.5　机构系统构态变换后碰撞点处弹性位移的最大李雅普诺夫指数变化

第 7 章　变胞机构系统可靠性分析

可靠性是保证机械系统实际运行时正常工作的关键[101-104]。为保证系统的工作轨迹满足工作任务的要求，需进行运动可靠性分析。变胞机构系统在多种工作状况下，其运动可靠性分析涉及多个构态、多个失效模式和多种不确定变量。然而，目前变胞机构的可靠性研究主要从相互独立的单失效模式的角度开展，仅涉及概率随机变量[120,121]。考虑多失效模式和多种不确定变量共存的有关面向任务的变胞机构系统可靠性问题的研究还需进一步开展。

变胞机构构态变换时杆件的合并会产生内冲击力，这种内冲击力以及工作任务载荷的随机性会直接影响机构系统的工作安全性和可靠性，不利于该机构在工程实际中的推广应用。因此，变胞机构的构态变换动态可靠性是确保其在工程应用中实现多构态正常运行的关键，也是变胞机构在实际运行中实现多个构态长期正常运行的保障。虽然在传统机构可靠性研究方面取得了一些可喜的成果[123-147]，但是传统机构可靠性研究中可靠性解析模型建立及分析时没有同时考虑机构系统动态模型的变化和任务载荷随机性因素对构态变换的综合影响，鲜见有从非线性动力学及多种不确定性变量共存的角度研究动态可靠性问题。对于该类问题，应将变胞机构作为面向实际工程应用的对象，将变胞机构、控制系统、工程任务要求看作一个系统，综合考虑系统机械结构、控制参数、变胞机构构态变换内冲击力、任务载荷的随机性等主要因素的影响。因此，研究面向任务的变胞机构的动态可靠性问题，需要合适且便捷的分析求解方法。

基于此，本章考虑多种不确定变量(概率随机变量和非概率区间变量)，开展可靠性分析，提出基于变量状态空间的变胞机构多失效模式运动可靠性分析及优化方法、基于动态响应区间的变胞机构构态变换失效的动态可靠性分析方法和变胞机构多种失效模式动态可靠性分析及优化方法，并与传统方法的计算结果进行对比，验证本章所提方法的正确性。

7.1　不确定变量的状态空间

面向任务的变胞机构系统的总体失效由多个失效环节组成，包括定位精度失效环节、构态变换失效环节等，每个失效环节由多个失效模式组成。设该总体失效模型由 n 个失效模式组成，每个失效模式分别对应一个失效功能函数，分别为 $g_1(X)$，$g_2(X)$，$\cdots$，$g_n(X)$，X 为不确定变量集合，$X=\{x_1,x_2,\cdots,x_{n_q},x_{n_q+1},x_{n_q+2},\cdots,$

$x_{n_q+n_w}\}$，$x_1, x_2, \cdots, x_{n_q}$ 为概率随机变量，$x_{n_q+1}, x_{n_q+2}, \cdots, x_{n_q+n_w}$ 为非概率区间变量。

根据所要求的计算精度和概率随机变量的概率分布函数，可将概率随机变量转换为相应置信度的区间，有

$$x_j \in \left[x_{rj(\kappa_j)}, x_{sj(\kappa_j)}\right], \quad j=1,2,\cdots,q \tag{7.1}$$

式中，κ_j 为各概率随机变量的置信度；$x_{rj(\kappa_j)}$ 为置信区间下限；$x_{sj(\kappa_j)}$ 为置信区间上限，则所有的变量均为区间变量。将每个变量对应一个坐标轴，得到各个变量均共存情况下的多维变量坐标系，进一步根据各个变量(如第 j 个变量 x_j)对应的区间范围 $[x_{rj}, x_{sj}]$，在多维变量坐标系中生成变量的状态空间，若各变量相互独立，则该变量状态空间的体积为

$$V = \prod_{j=1}^{n}(x_{sj} - x_{rj}) \tag{7.2}$$

以 3 个变量 x_1、x_2、x_3 形成的状态空间为例，其状态空间如图 7.1 所示，其中 2 个变量形成的状态空间为矩形。若存在变量之间相关的情况，相当于变量之间增加了约束条件，如变量 x_1 和 x_2 相关，其状态空间如图 7.2 所示，此时变量 x_1 和 x_2 形成的区域不是矩形。

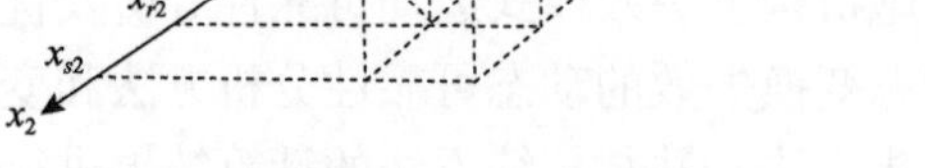

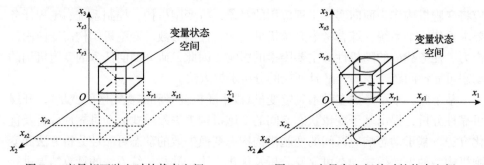

图 7.1 变量相互独立时的状态空间

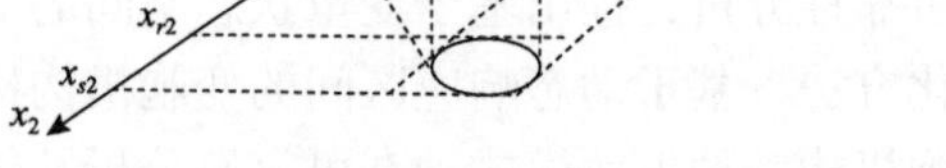

图 7.2 变量存在相关时的状态空间

设 X 中的变量 $x_1, x_2, \cdots, x_{n_{\bar{q}}}$ 相关，其相关性函数为 $h(x_1, x_2, \cdots, x_{n_{\bar{q}}})$，变量 $x_{n_{\bar{q}}+1}$，$x_{n_{\bar{q}}+2}, \cdots, x_{n_{\bar{q}}+n_{\bar{w}}}$ 独立，则状态空间的体积为

$$\begin{aligned} V &= \int_{x_{r1}}^{x_{s1}}\int_{x_{r2}}^{x_{s2}}\cdots\int_{x_{r(n_{\bar{q}}+n_{\bar{w}})}}^{x_{s(n_{\bar{q}}+n_{\bar{w}})}} h(x_1, x_2, \cdots, x_{n_{\bar{q}}+n_{\bar{w}}})\mathrm{d}x_1\mathrm{d}x_2\cdots\mathrm{d}x_{n_{\bar{q}}+n_{\bar{w}}} \\ &= \prod_{j=n_{\bar{q}}+1}^{n_{\bar{q}}+n_{\bar{w}}}(x_{sj} - x_{rj})\cdot\int_{x_{r1}}^{x_{s1}}\int_{x_{r2}}^{x_{s2}}\cdots\int_{x_{r\bar{q}}}^{x_{s\bar{q}}} h(x_1, x_2, \cdots, x_{n_{\bar{q}}})\mathrm{d}x_1\mathrm{d}x_2\cdots\mathrm{d}x_{n_{\bar{q}}} \end{aligned} \tag{7.3}$$

各失效功能函数在整体结构体系的连接存在并联和串联关系。例如，n 个功能失效函数中，分别由 $n_1, n_2, \cdots, n_a$ 个功能失效函数组成 n_b 个并联结构，这些并联结构相互串联，如图 7.3 所示。进一步，可得到整体结构的安全空间函数为

$$h_g(X) = \bigcap_{j=1}^{n_a}\left(\bigcup_{i=1}^{n_b} g_{ji}(X) > 0\right) \tag{7.4}$$

对于其他情况的连接关系，也可依此推导出 $h_g(X)$。结合图 7.2 的情况展示含有失效功能函数的变量状态空间，设变量状态空间中存在的 $h_g(X)$ 由 $g_1(X)$、$g_2(X)$ 和 $g_3(X)$ 组成，则变量状态空间中的安全空间如图 7.4 所示。图中，V_s 为安全空间的体积，V_{g1}、V_{g2} 和 V_{g3} 分别为 $g_1(X)<0$、$g_2(X)<0$ 和 $g_3(X)<0$ 对应的失效空间体积。

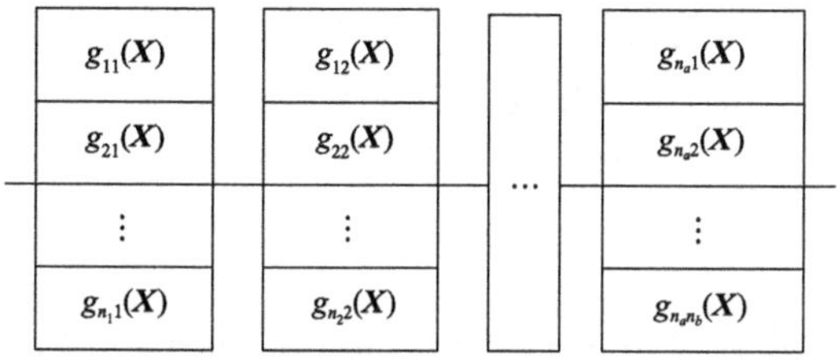

图 7.3　各失效功能函数的关联情况

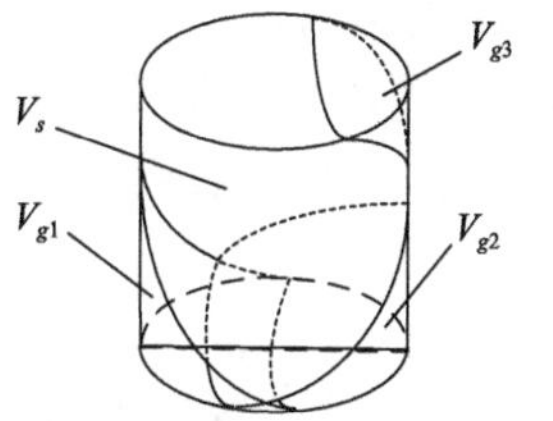

图 7.4　含有失效功能函数的变量状态空间

根据 $h_g(X)$ 和 $h(X)$ 可得

$$V_s = \int_{x_{r1}}^{x_{s1}}\int_{x_{r2}}^{x_{s2}}\cdots\int_{x_{r(n_{\bar{q}}+n_{\bar{w}})}}^{x_{s(n_{\bar{q}}+n_{\bar{w}})}} h_g(x_1, x_2, \cdots, x_{n_{\bar{q}}+n_{\bar{w}}})\mathrm{d}x_1\mathrm{d}x_2\cdots\mathrm{d}x_{n_{\bar{q}}+n_{\bar{w}}} \tag{7.5}$$

式中，积分上限 $x_{s1}, x_{s2}, \cdots, x_{s(n_{\bar{q}}+n_{\bar{w}})}$ 和积分下限 $x_{r1}, x_{r2}, \cdots, x_{r(n_{\bar{q}}+n_{\bar{w}})}$ 由 $h(X)$ 推导得出。

7.2　运动可靠性分析

7.2.1　运动可靠性的计算方法

由于概率随机变量的存在，变量状态空间中每个区域的空间对应着其出现的概率。设相互独立的概率随机变量 $x_1, x_2, \cdots, x_u$ 对应的概率密度函数分别为 $f_1(x_1)$, $f_2(x_2), \cdots, f_u(x_u)$；设相关的概率随机变量为 $x_{u+1}, x_{u+2}, \cdots, x_{u+v}$，其概率密度函数为 $f(x_{u+1}, x_{u+2}, \cdots, x_{u+v})$。那么，安全空间中的累计概率之和 P_s 为

$$P_s = \sum_{i=1}^{v} \int_{x_{r(u+i)}}^{x_{s(u+i)}} f_{u+i}(x_{u+i}) \mathrm{d}x_{u+i} \cdot \int_{x_{r1}}^{x_{s1}} \int_{x_{r2}}^{x_{s2}} \cdots \int_{x_{ru}}^{x_{su}} f(x_1, x_2, \cdots, x_u) \mathrm{d}x_1 \mathrm{d}x_2 \cdots \mathrm{d}x_u \tag{7.6}$$

同理，式中的积分上限 $x_{s1}, x_{s2}, \cdots, x_{s(u+v)}$ 和积分下限 $x_{r1}, x_{r2}, \cdots, x_{r(u+v)}$ 可由 $h(X)$ 推导出。

(1)若 X 中全为概率随机变量，则可靠度 R 为

$$R = P_s \tag{7.7}$$

(2)若 X 中全为非概率区间变量，各个变量在状态空间内出现的概率均未知，根据文献[190]，以安全空间与变量状态空间之比作为非概率可靠性分析的指标，则有

$$R = V_s / V \tag{7.8}$$

当 $R=1$ 或 0 时，该结构为绝对安全或绝对失效；当 $R \in (0,1)$ 时，由于无法确定变量状态空间的体积 V 中安全空间的体积 V_s 所对应的概率，R 在该区间内仅具有参考性，可引入模糊隶属函数模拟 $R \in (0,1)$ 的可靠度分布情况。

(3)若 X 中存在概率随机变量和非概率区间变量，则有

$$R = P_s \cdot V_s / V \tag{7.9}$$

进一步，可直接对式(7.3)、式(7.5)和式(7.6)进行积分运算并由式(7.7)～式(7.9)得到可靠度。

当可靠性模型较为复杂时，直接对式(7.3)、式(7.5)、式(7.6)进行积分运算往往比较困难。在实际工程中，不确定变量一般都涉及关键参数的调节，需要根据实际情况进行反复计算得出最优值，因此需要合适且便捷的求解方法。

利用连续空间离散化的思想进行简化计算。首先将变量状态空间离散化，对每个变量的区间范围 $[x_{rj}, x_{sj}]$ 进行离散得到由各个离散节点组成的离散空间。以 2 个变量 x_1 和 x_2 形成的状态空间的离散空间为例进行展示，如图 7.5 所示。

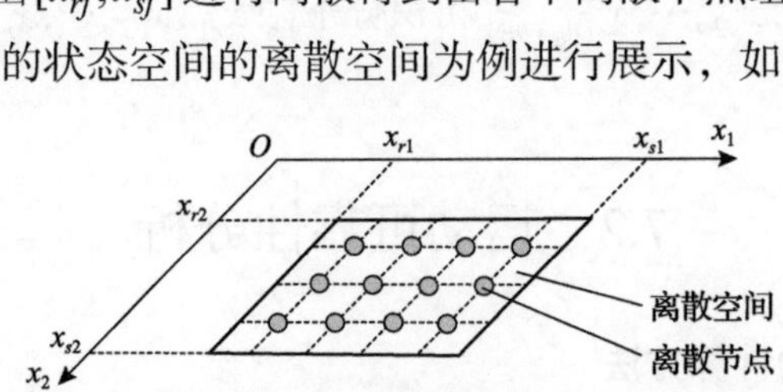

图 7.5　变量状态空间内的离散节点与离散空间

记总离散空间的数目为 N_L，为了确保精度，一般情况下要求

$$N_L \geqslant 1/\varepsilon_s \tag{7.10}$$

式中，ε_s 为计算精度。

各个变量区间的离散空间数目 W_L 为

$$W_L \geqslant N_L/(n_q+n_w) \tag{7.11}$$

根据分层抽样法，对各个离散空间进行任意离散点抽样。设第 k 个离散空间的各个变量对应的范围为 $[x_{r1k},x_{s1k}],[x_{r2k},x_{s2k}],\cdots,[x_{r(n_q+n_w)k},x_{s(n_q+n_w)k}]$，在该空间范围内进行离散点抽样。设抽取的离散点 K_{ki} 的变量状态空间的坐标值为 $(x_{ki_1},x_{ki_2},\cdots,x_{ki_{n_q}})$，则有对应的离散点 K_{kj}，其坐标值为 $(x_{kj_1},x_{kj_2},\cdots,x_{kj_{n_q}})$，使得这两点的坐标值平均数等于该离散空间中心点 K_{km} 的坐标值 $(x_{1m_1},x_{2m_2},\cdots,x_{n_qm_{n_q}})$，即

$$\begin{cases}(x_{ki_1}+x_{kj_1})/2=x_{1m_1}\\(x_{ki_2}+x_{kj_2})/2=x_{2m_2}\\\qquad\vdots\\(x_{ki_{n_q}}+x_{kj_{n_q}})/2=x_{n_qm_{n_q}}\end{cases} \tag{7.12}$$

由大数定律，有

$$P_s=\frac{1}{2}\sum_{k=1}^{N}\left[\left(f_{\chi1}+f_{\chi2}\right)\prod_{t=1}^{n_q}\left(x_{stk}-x_{rtk}\right)\right] \tag{7.13}$$

式中，

$$\begin{aligned}f_{\chi1}&=\begin{cases}0, & \text{在安全空间外}\\ f(x_{ki_1},x_{ki_2},\cdots,x_{kin_q}), & \text{在安全空间内}\end{cases}\\ f_{\chi2}&=\begin{cases}0, & \text{在安全空间外}\\ f(x_{kj_1},x_{kj_2},\cdots,x_{kjn_q}), & \text{在安全空间内}\end{cases}\end{aligned} \tag{7.14}$$

当对计算精度有较高要求时，可取较大的 N_L 或者在离散空间中取多个抽样离散点。为了减小抽样带来的误差，设抽取离散点数为 N_S，则有

$$\begin{cases}P_s=\dfrac{P_{s0}}{P_{s1}}\\ P_{s0}=\dfrac{1}{2N_S}\displaystyle\sum_{k=1}^{N_L}\sum_{d=1}^{N_S}\left[\left(f_{\chi d11}+f_{\chi d12}\right)\prod_{t=1}^{n_q}\left(x_{stk}-x_{rtk}\right)\right]\\ P_{s1}=\dfrac{1}{2N_S}\displaystyle\sum_{k=1}^{N_L}\sum_{d=1}^{N_S}\left[\left(f_{\chi d21}+f_{\chi d22}\right)\prod_{t=1}^{n_q}\left(x_{stk}-x_{rtk}\right)\right]\end{cases} \tag{7.15}$$

式中，$f_{\chi d11}$ 和 $f_{\chi d12}$ 的设定分别与式(7.14)中的 $f_{\chi 1}$ 和 $f_{\chi 2}$ 相同，即

$$\begin{cases} f_{\chi d21} = f(x_{ki_1}, x_{ki_2}, \cdots, x_{ki_{n_q}}) \\ f_{\chi d22} = f(x_{kj_1}, x_{kj_2}, \cdots, x_{kj_{n_q}}) \end{cases} \tag{7.16}$$

若 X 中全为概率随机变量（$w=0$），则由式(7.15)和式(7.7)可计算出 R；若 X 中全为非概率区间变量（$q=0$），则有

$$\begin{cases} V = \dfrac{1}{2N_S}\displaystyle\sum_{k=1}^{N_L}\sum_{d=1}^{N_S}\left[\left(h_{\chi d11} + h_{\chi d12}\right)\prod_{t=n_q+1}^{n_q+n_w}\left(x_{stk} - x_{rtk}\right)\right] \\ V_s = \dfrac{1}{2N_S}\displaystyle\sum_{k=1}^{N_L}\sum_{d=1}^{N_S}\left[\left(h_{\chi d21} + h_{\chi d22}\right)\prod_{t=n_q+1}^{n_q+n_w}\left(x_{stk} - x_{rtk}\right)\right] \end{cases} \tag{7.17}$$

式中，

$$\begin{cases} h_{\chi d11} = \begin{cases} 0, & \text{在状态空间外} \\ h(x_{ki_1}, x_{ki_2}, \cdots, x_{ki_{n_q}}) = 1, & \text{在状态空间内} \end{cases} \\ h_{\chi d12} = \begin{cases} 0, & \text{在状态空间外} \\ h(x_{kj_1}, x_{kj_2}, \cdots, x_{kj_{n_q}}) = 1, & \text{在状态空间内} \end{cases} \\ h_{\chi d21} = \begin{cases} 0, & \text{在安全空间外} \\ h_g(x_{ki_1}, x_{ki_2}, \cdots, x_{ki_{n_q}}) = 1, & \text{在安全空间内} \end{cases} \\ h_{\chi d22} = \begin{cases} 0, & \text{在安全空间外} \\ h_g(x_{kj_1}, x_{kj_2}, \cdots, x_{kj_{n_q}}) = 1, & \text{在安全空间内} \end{cases} \end{cases} \tag{7.18}$$

进一步由式(7.17)和式(7.8)可计算出 R；若 X 中存在概率随机变量和非概率区间变量，则根据式(7.9)、式(7.15)和式(7.17)可计算出 R。可靠度计算流程图如图 7.6 所示。

7.2.2 运动可靠性的优化方法

设变胞机构系统的可靠性优化变量集合为 X_s，$X_s \subseteq X$，优化目标函数为 $F(X)$，优化的目的是求出满足可靠度条件 $R \geqslant R_0$（R_0 为所设定的安全可靠度）时所对应 X_s 的设定区间（区间上限为 $X_{s\max}$、下限为 $X_{s\min}$）和最优目标函数 $F(X_s)$。优化数学模型如下：

$$\begin{aligned}&\text{find}\ \ X_s\ \ \text{or}\ \{X_{s\min}, X_{s\max}\}\\&\min\ \text{or}\ \max\ F(X)\\&\text{s.t.}\ \begin{cases}X\in[X_{\min}, X_{\max}]\\R\geqslant R_0\end{cases}\end{aligned}\tag{7.19}$$

式中，$X_{\min}$ 和 $X_{\max}$ 分别为优化区域内 X 对应的最小边界值和最大边界值，均为已知值。

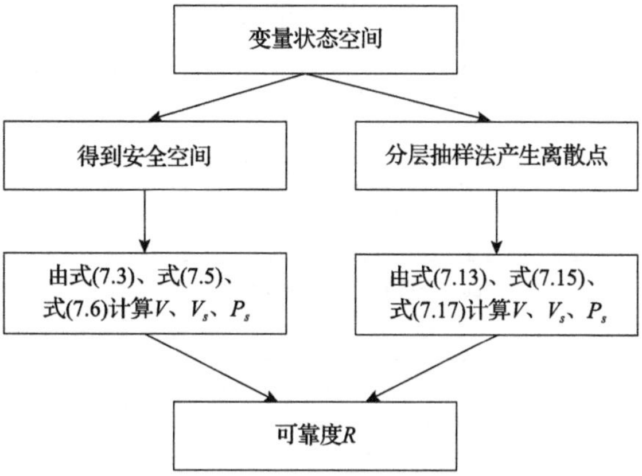

图 7.6　可靠度计算流程图

优化计算的步骤如下：

(1)确定可靠性优化变量集合 X_s。

(2)根据工作实际选择合适的 $F(X)$。

(3)根据 $X_{\min}$ 和 $X_{\max}$ 对 X 进行离散化，设第一次优化时 X 中离散节点的点距为 S_1，由此生成 X 中的离散节点对应的离散空间。

(4)进行第一次优化计算，由式(7.7)～式(7.9)(或式(7.3)、式(7.5)和式(7.6))得到 X 的状态空间内离散空间中的可靠度分布区域及所对应的 $F(X)$。

(5)根据 X_s 的可靠度分布区域及对应 $F(X)$ 的情况，初步选取第二次优化计算的优化变量取值范围 $X_{s2}\in[X_{s2\min}, X_{s2\max}]$。

(6)进行第二次优化计算，由于优化区间范围减小，此次优化的点距 S_2 相对前一次优化计算的较小。按照上述方法重新进行优化计算，若所得结果能满足要求，则优化结束；否则，进行下一次优化计算，直至满足要求。如果对优化的精度要求很高，在第二次优化计算时可采用遗传算法、混沌粒子群优化算法等传统优化方法，可提高计算精度，但是如果机构系统的 $h_g(X)$ 和 $h(X)$ 较复杂，则优化计算耗时会增加。

本节的优化方法在进行第一次优化计算时，将 X 的最大范围进行缩减，如图 7.7 所示。区域 V_c 为 X 的初始优化范围，为第一次优化计算时的变量区间；区域 V_e 为 X 的设定区间范围，由其生成第二次优化计算时的变量区间范围。V_e 相对 V_c 大大缩小，S_2 相对 S_1 大大减小，在总离散节点数保持不变甚至有所减少时也能获得较高的精度。当需要进行第三次优化计算时，根据上一次优化计算时的变量区间选择更小的点距 S_3，通过优化计算求解出更精确的 X_s，多次优化计算可以获得更高的精度。优化计算过程的流程图如图 7.8 所示。

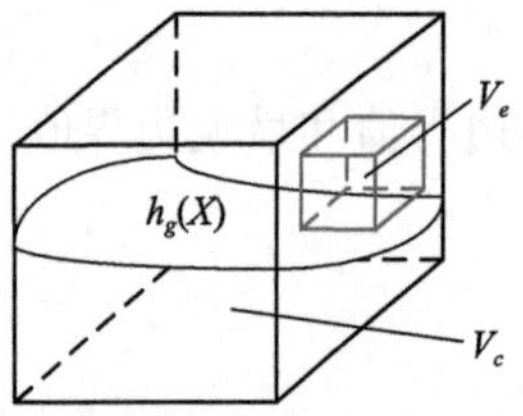
V_e
$h_g(X)$
V_c

图 7.7　优化范围与设定区间的空间

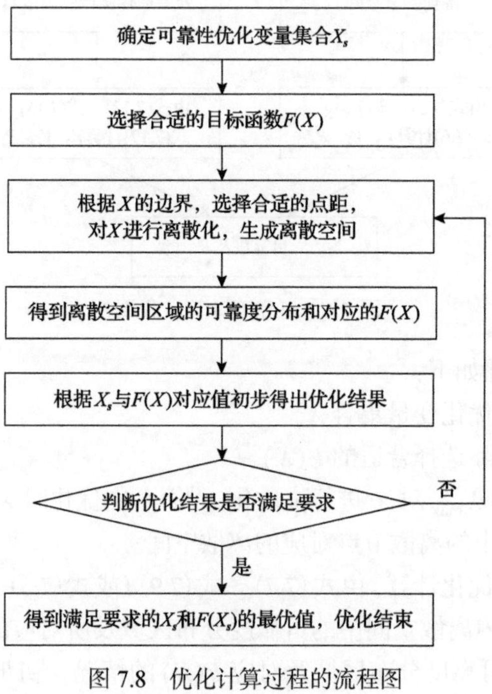
确定可靠性优化变量集合X_s
选择合适的目标函数$F(X)$
根据X的边界，选择合适的点距，
对X进行离散化，生成离散空间
得到离散空间区域的可靠度分布和对应的$F(X)$
根据X_s与$F(X)$对应值初步得出优化结果
判断优化结果是否满足要求
否
是
得到满足要求的X_s和$F(X_s)$的最优值，优化结束

图 7.8　优化计算过程的流程图

7.3　运动可靠性实例分析

7.3.1　失效函数

以码垛工件为例，机器人在一个码垛工作周期的合适工作空间内的工作轨迹如图 7.9 所示，具体如下。

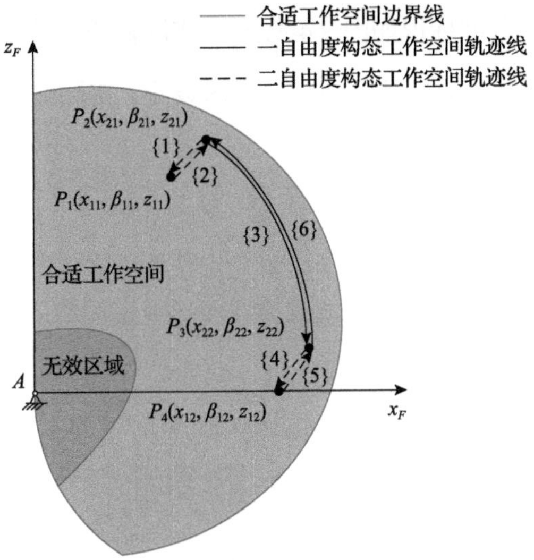

图 7.9　合适工作空间内工作轨迹

(1) 设码垛工作时输出端 F 点初始位置为 $P_2(x_{21}, \beta_{21}, z_{21})$，机器人以二自由度构态运行，同时底座旋转至 β_{11}，F 点移动至 P_1。

(2) 输出端电磁铁在磁力作用下吸取工件。

(3) 机器人继续以二自由度构态运行，同时底座旋转至 β_{21}，实现 F 点由 P_1 移动至 P_2。

(4) 机器人发生构态变换，切换至一自由度构态。

(5) 机器人以一自由度构态运行，同时底座旋转至 β_{22}，实现 F 点由 P_2 移动至 $P_3(x_{22}, \beta_{22}, z_{22})$。

(6) 机器人发生构态变换，切换至二自由度构态。

(7) 机器人以二自由度构态运行，同时底座旋转至 β_{12}，实现 F 点由 P_3 移动至 P_4。

(8) 输出端电磁铁磁力消失，放下工件。

(9) 机器人继续以二自由度构态运行，同时底座旋转至 β_{22}，实现 F 点由 P_4 移动至 P_3。

(10) 机器人发生构态变换，切换至一自由度构态。

(11) 机器人以一自由度构态运行，同时底座旋转至 β_{21}，实现 F 点由 P_3 移动至初始点 P_2。

机器人的总体运动失效包括目标定位点(P_1 和 P_4)和构态变换点(P_2 和 P_3)的运动失效环节。

加工原因以及杆件之间转动副存在配合间隙，导致杆件的长度与理想值存在偏差，这会给运动定位精度造成影响。另外，输入端电机的运动误差也会给机构运动精度造成影响。因此，选取运动精度失效环节的不确定变量如下(变胞式码垛机器人机构的杆长和角度标识如图 2.4 所示）：实际杆长 $L=\left\{\hat{L}_1,\hat{L}_2,\hat{L}_3,\hat{L}_4,\hat{L}_5,\hat{L}_7,\hat{L}_8\right\}$ 认为是概率随机变量，其数字特征由加工要求设定；实际输入角 $\hat{\theta}_1$ 和 $\hat{\theta}_2$ 由于为随机分布未知，认为是非概率区间参数。

1. 目标定位点的运动失效环节

为了满足搬运工件时的定位要求，避免定位偏差较大使得输出端抓取工件时电磁铁未碰到工件或与其产生挤压造成损坏而导致运动精度失效，设坐标点 P_1 和 P_4 的失效函数分别如下：

$$\begin{cases} g_1=[L_{sx1}]-\left|\hat{L}_{x1}-L_{x1}\right| \\ g_2=[L_{sz1}]-\left|\hat{L}_{z1}-L_{z1}\right| \end{cases} \tag{7.20}$$

$$\begin{cases} g_3=[L_{sx4}]-\left|\hat{L}_{x4}-L_{x4}\right| \\ g_4=[L_{sz4}]-\left|\hat{L}_{z4}-L_{z4}\right| \end{cases} \tag{7.21}$$

式中，L_{x1}、L_{z1} 为输出端 F 点在坐标点 P_1 时 x 方向和 z 方向的理想位移，L_{x4}、L_{z4} 为输出端 F 点在坐标点 P_4 时 x 方向和 z 方向的理想位移，可由输入角 $\theta_1^{(\xi)}$ 和 $\theta_2^{(\xi)}$ 求得；$\hat{L}_{x1}$、$\hat{L}_{z1}$ 和 $\hat{L}_{x4}$、$\hat{L}_{z4}$ 为对应的实际位移；$[L_{sx1}]$、$[L_{sz1}]$ 和 $[L_{sx4}]$、$[L_{sz4}]$ 分别为 F 点在坐标点 P_1 和 P_4 时 x 方向和 z 方向允许的最大偏差量，其根据误差因素和精度要求而设定。

理想输入角 $\theta_1^{(\xi)}$ 和 $\theta_2^{(\xi)}$ 可由式(2.16)和式(2.17)得出。由理想输入角 $\theta_1^{(\xi)}$ 和 $\theta_2^{(\xi)}$ 得

$$\begin{cases} L_{x\varpi}=L_1\cos\theta_1^{(\xi)}+(L_3+L_5)\cos\theta_3^{(\xi)} \\ L_{z\varpi}=L_1\sin\theta_1^{(\xi)}+(L_3+L_5)\sin\theta_3^{(\xi)} \\ \xi=1,2 \\ \varpi=1,2,3,4 \end{cases} \tag{7.22}$$

式中，$\theta_3^{(\xi)}$ 由式(2.11)～式(2.15)得出。由式(7.22)可得出 L_{x1}、L_{z1} 和 L_{x4}、L_{z4}。

实际输入角 $\hat{\theta}_1^{(\xi)}$ 和 $\hat{\theta}_2^{(\xi)}$ 为

$$\begin{cases} \hat{\theta}_1^{(\xi)}=\theta_1^{(\xi)}+\theta_{b1} \\ \hat{\theta}_2^{(\xi)}=\theta_2^{(\xi)}+\theta_{b2} \end{cases} \tag{7.23}$$

式中，θ_{b1} 和 θ_{b2} 为输入角误差，其取值范围为其对应的脉冲角度的±5%。将式(7.22)

和式(7.23)的理想输入角 $\theta_1^{(\xi)}$ 和 $\theta_2^{(\xi)}$ 换成实际输入角 $\hat{\theta}_1^{(\xi)}$ 和 $\hat{\theta}_2^{(\xi)}$，便可得出 $\hat{L}_{x1}$、$\hat{L}_{z1}$、$\hat{L}_{x4}$ 和 $\hat{L}_{z4}$。

2. 构态变换点的运动失效环节

输出端 F 点在坐标点 P_2 和 P_3 时，机器人进行构态变换。若运动过程中在这两个坐标点有较大误差，会导致无法实现构态变换而失效。为了顺利完成构态变换，设在坐标点 P_2 由二自由度构态转为一自由度构态时的失效函数为

$$\begin{cases} g_5 = [L_{sx2}] - \left|\hat{L}_{x2} - L_{x2}\right| \\ g_6 = [L_{sz2}] - \left|\hat{L}_{z2} - L_{z2}\right| \end{cases} \tag{7.24}$$

式中，$[L_{sx2}]$ 和 $[L_{sz2}]$ 分别为输出端 F 点在坐标点 P_2 时 x 方向和 z 方向允许的最大偏差量；L_{x2} 和 L_{z2} 分别为输出端 F 点在坐标点 P_2 时 x 方向和 z 方向的理想位移，$\hat{L}_{x2}$ 和 $\hat{L}_{z2}$ 为对应的实际位移，均可由式(7.22)和式(7.23)求得。

同理，在坐标点 P_3 由一自由度构态转为二自由度构态时的失效函数为

$$\begin{cases} g_7 = [L_{sx3}] - \left|\hat{L}_{x3} - L_{x3}\right| \\ g_8 = [L_{sz3}] - \left|\hat{L}_{z3} - L_{z3}\right| \\ g_9 = [\theta_{s2}] - \left|\hat{\theta}_2 - n_l\theta_l\right| \end{cases} \tag{7.25}$$

式中，L_{x3} 和 L_{z3} 分别为输出端 F 点在坐标点 P_3 时 x 方向和 z 方向的理想位移，$\hat{L}_{x3}$ 和 $\hat{L}_{z3}$ 为对应的实际位移；$[L_{sx3}]$ 和 $[L_{sz3}]$ 分别为输出端 F 点在坐标点 P_3 时 x 方向和 z 方向允许的最大偏差量；$[\theta_{s2}]$ 为 $\left|\hat{\theta}_2 - n_l\theta_l\right|$ 所允许的最大值，n_l 为补偿系数，θ_l 为离合器的齿距角。g_9 根据铰链 E 处离合器的正常开合情况而设定，若 $\hat{\theta}_2$ 与 $n_l\theta_l$ 差距较大，铰链 E 处离合器的开合会因产生较大的张力而导致损坏失效。

L_{x3}、L_{z3} 和 $\hat{L}_{x3}$、$\hat{L}_{z3}$ 均可由式(7.22)和式(7.23)、式(2.11)～式(2.15)求得。

7.3.2　可靠度计算

设置杆长的设计参数与 2.6 节所计算得出的结果一致：$L_1 = 0.6\text{m}$，$L_2 = 0.35\text{m}$，$L_3 = 0.2\text{m}$，$L_4 = 0.608\text{m}$，$L_5 = 0.4\text{m}$，$L_7 = 0.196\text{m}$，$L_8 = 0.455\text{m}$，杆长 $L = \{L_1, L_2, L_3, L_4, L_5, L_7, L_8\}$ 服从正态分布，均值 $\mu(L)$ 为设计参数，其方差 $\sigma(L)$ 根据加工和配合要求而定，均取 $4\times10^{-6}\text{m}$。θ_{b1} 和 θ_{b2} 均为非概率区间参数，θ_{b1}，$\theta_{b2} \in [-\beta_b, \beta_b]$，$\beta_b$ 为输入端的步距角的最大值，取 $4.488\times10^{-5}\text{rad}$。设 θ_{b1} 和 θ_{b2} 的

模糊隶属函数为

$$M(\theta_{be})=\frac{\theta_{be}+\beta_b}{2\beta_b},\quad -\beta_b\leqslant\theta_{be}\leqslant\beta_b, e=1,2 \tag{7.26}$$

设$[L_{sx1}]$、$[L_{sz1}]$、$[L_{sx4}]$和$[L_{sz4}]$为$1.2\times10^{-4}\text{m}$，$[L_{sx2}]$、$[L_{sz2}]$、$[L_{sx3}]$和$[L_{sz3}]$为$1.8\times10^{-4}\text{m}$。设$x_A=0$，$z_A=0$，$x_F=0$，$z_F=-L_7$。输出端F点的运动轨迹中，坐标点P_1～P_4的坐标参数为$x_{11}=0.4\text{mm}$，β_{11}=0°，z_{11}=0.8m，$x_{21}=0.4\text{mm}$，β_{21}=0°，x_{22}=1.0mm，β_{22}=45°，x_{12}=1.0m，β_{12}=45°，$z_{12}=0.1\text{mm}$。z_{21}和z_{22}由式(2.11)、式(2.14)和式(2.15)求得。

各个不确定变量相互独立，若列举的失效情况所对应失效功能函数的其中之一发生失效，则认为整体结构发生失效。设g_i($i=1,2,\cdots,9$)的可靠度为R_i，考虑各模式相关性的整体失效可靠度为R，不考虑各模式相关性的整体失效可靠度为$R_K\left(R_K=\prod_{i=1}^{9}R_i\right)$。

将各个变量在置信度为 0.999 的置信区间依据概率间隔 0.999/m 划分为m份，取$m=2$和$m=3$，$d=2$，分别运用 7.2.2 节所提出的方法和蒙特卡罗法模拟10^7次进行计算，所得结果如表 7.1 所示。由表 7.1 可知，7.2.2 节方法(在式(7.15)中P_{s1}接近状态空间概率之和时)与蒙特卡罗法计算结果比较接近，说明 7.2.2 节方法具备较高的准确性，且取$m=2$时已具备较高的计算精度。表 7.1 中R与R_K之间存在偏差，因此多失效模式不考虑失效函数的相关性会对计算结果造成误差；而R_K中的连乘计算涉及误差累积，导致 7.2.2 节方法的计算偏差有所增加。

表 7.1 可靠度计算结果

可靠度	蒙特卡罗法	7.2.2 节方法 ($m=2$)	7.2.2 节方法 ($m=2$) 与蒙特卡罗法计算偏差/%	7.2.2 节方法 ($m=3$)	7.2.2 节方法 ($m=3$) 与蒙特卡罗法计算偏差/%
R_1	0.9919	0.9959	0.40	0.9920	0.01
R_2	0.9932	0.9969	0.37	0.9940	0.08
R_3	1	1	0	1	0
R_4	0.9865	0.9846	–0.19	0.9878	0.13
R_5	1	1	0	1	0
R_6	0.9998	1	0.02	0.9999	0.01
R_7	1	1	0	1	0
R_8	0.9651	0.9798	1.52	0.9692	0.42
R_9	1	1	0	1	0
R	0.9631	0.9665	0.35	0.9619	–0.12
R_K	0.9378	0.9578	2.13	0.9440	0.66

7.3.3　优化计算

由于精加工条件下杆长的方差 $\sigma(L)$ 已很难再缩小，考虑采用对输入端电机位置定位或者对其驱动器进行细分设置的方法提高控制定位精度，从而提高可靠度。为了便于选取合适的控制参数，取优化变量为 θ_{b1} 和 θ_{b2}。当得到 θ_{b1} 和 θ_{b2} 的最优值后，可获取其对应的细分角范围，据此可完成相关控制参数的设置。

选取目标函数 $F(\theta_{b1},\theta_{b2})$ 为

$$F(\theta_{b1},\theta_{b2}) = \theta_{b1} + \theta_{b2} \tag{7.27}$$

为求出满足安全可靠度条件 $R \geqslant R_0$（$R_0 = 0.9995$）时 $F(\theta_{b1},\theta_{b2})$ 的最大值，定义优化数学模型如下：

$$\begin{aligned}
&X_s = [\theta_{b1},\theta_{b2}] \\
&\text{find } X_s \\
&\max \ F(X) \\
&\text{s.t.} \begin{cases} L \sim N(\mu(L),\sigma(L)) \\ \theta_{b1},\theta_{b2} \in [\beta_b / 60, \beta_b] \\ R \geqslant R_0 \end{cases}
\end{aligned} \tag{7.28}$$

将 θ_{b1} 和 θ_{b2} 离散化，选取 θ_{b1} 和 θ_{b2} 的离散节点均为 $\{\beta_b, \beta_b/3, \beta_b/6, \beta_b/12, \beta_b/24, \beta_b/30\}$，运用 7.2.2 节提出的优化方法进行第一次优化计算，得到 θ_{b1} 和 θ_{b2} 的可靠度区域分布情况如图 7.10 所示，图中最深色的区域范围为 $R \geqslant R_0$。由该区域确定第二次优化计算时 θ_{b1} 和 θ_{b2} 的对应范围为 $[2\times10^{-6}\,\text{rad}, 3\times10^{-5}\,\text{rad}]$，离散节点间隔为 $4\times10^{-6}\,\text{rad}$，进行第二次优化计算，得到 θ_{b1} 和 θ_{b2} 的可靠度区域分布情况如图 7.11

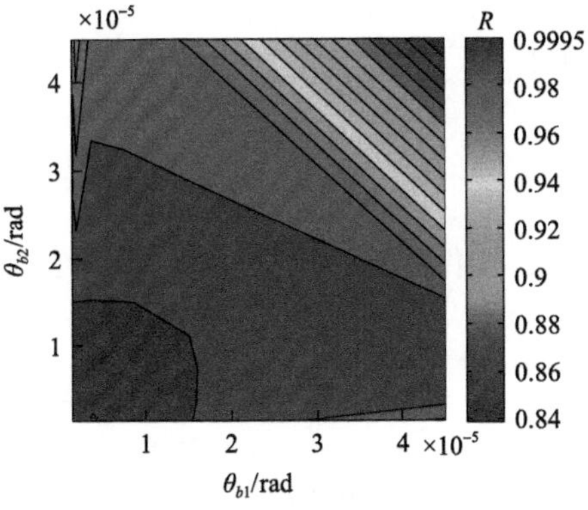

图 7.10　第一次优化时可靠度区域分布图

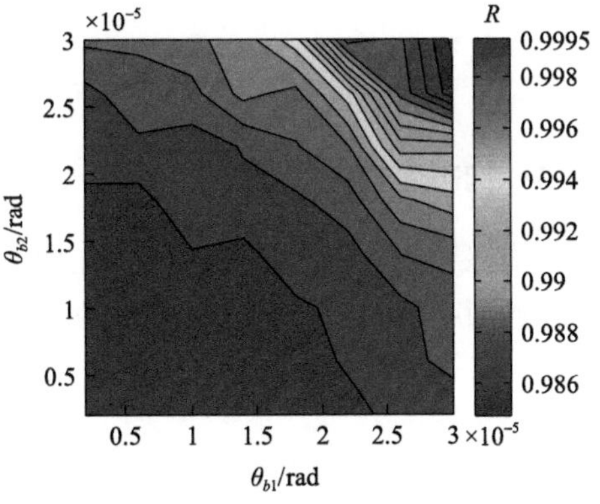

图 7.11　第二次优化时可靠度区域分布图

所示，图中最深色的区域范围为 $R \geqslant R_0$，在该范围内，θ_{b1} 和 θ_{b2} 对应的可靠度变化较小，说明优化变量具有较低的灵敏度，可靠性模型更安全。

第一次和第二次优化计算得到的目标函数最优值及所对应的优化变量如表 7.2 所示。由于离散节点之间有间距，表中 θ_{b1} 和 θ_{b2} 的目标函数最小值并非精确值。

表 7.2　7.2.2 节优化方法的计算结果

优化次数	最优目标函数 F/rad	输入角误差 θ_{b1}/rad	输入角误差 θ_{b2}/rad
1	2.276×10^{-5}	1.496×10^{-5}	7.84×10^{-6}
	2.276×10^{-5}	7.84×10^{-6}	1.496×10^{-5}
2	2.8×10^{-5}	1.4×10^{-5}	1.4×10^{-5}

基于蒙特卡罗法计算可靠度的过程中，采用遗传算法进行优化计算，优化数学模型为式(7.28)，优化结果如表 7.3 所示。对比表 7.2 和表 7.3 可知，7.2.2 节方法的优化结果与蒙特卡罗法的优化结果较为接近。

表 7.3　遗传算法的优化结果

迭代次数	目标函数 F/rad	输入角误差 θ_{b1}/rad	输入角误差 θ_{b2}/rad
51	2.843×10^{-5}	1.408×10^{-5}	1.435×10^{-5}

运用 7.2.2 节方法计算优化变量为最优值时的可靠度为 $R=0.9995217$，运用蒙特卡罗法计算得到的可靠度为 $R=0.9995184$，两者偏差为 $3.3\times10^{-4}\%$，说明 7.2.2 节优化方法具有一定的准确性。和表 7.1 中的偏差值对比可知，可靠度越接近 1，其计算偏差越小。

7.4　基于动态响应区间的构态变换可靠性分析

7.4.1　构态变换失效模式

构态变换失效是指变胞机构在构态变换时，构件未达到指定变换位置导致变胞失败而引起的失效，其失效函数为

$$g(X,t)=T-S \tag{7.29}$$

式中，S 为变胞指定位置与实际位置的偏差值；T 为不发生失效时所允许的最大偏移量。

结合图 2.23 所示变胞式码垛机器人的结构及其构态变换方式，构建其构态变换失效函数。如图 7.12 所示，设定构态变换时刻，N 点处气动插销在铰链 B 点处插销孔能顺利插拔的情况为稳定状态，即构态变换安全状态；N 点处气动插销在铰链 B 点处插销孔不能实现插拔以及插拔时振动较大或出现不稳定时为失效状态。

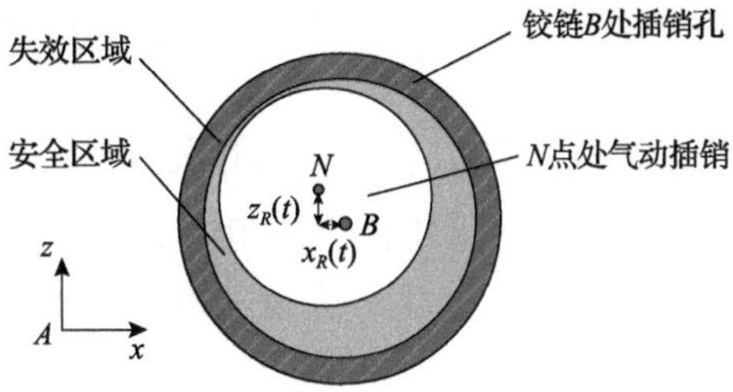

图 7.12　构态变换的安全区域与失效区域

设 t 时刻 $\theta_1(t)$ 和 $\theta_2(t)$ 所对应插销与插销孔的位置点沿 x 和 z 方向的偏差为 $x_R(t)$ 和 $z_R(t)$，设不确定变量集合为 X，考虑运行方便，可得出其构态变换失效函数为

$$g(X,t)=T_E-S_E \tag{7.30}$$

式中，

$$\begin{cases}S_E=\sqrt{[x_R(X,t)]^2+[z_R(X,t)]^2}\\x_R(X,t)=\hat{x}_B(\theta_1(t),\theta_2(t))-\hat{x}_N(\theta_1(t),\theta_2(t))\\z_R(X,t)=\hat{z}_B(\theta_1(t),\theta_2(t))-\hat{z}_N(\theta_1(t),\theta_2(t))\end{cases} \tag{7.31}$$

T_E 为 B 点与 N 点之间所允许的最大偏移量。$\hat{x}_B$、$\hat{x}_N$ 和 $\hat{z}_B$、$\hat{z}_N$ 分别为 B 点和 N 点沿 x 和 z 方向的实际坐标值，有

$$\begin{cases}\hat{x}_B(\theta_1(t),\theta_2(t))=\hat{L}_1\cos\theta_1\\\hat{z}_B(\theta_1(t),\theta_2(t))=\hat{L}_1\sin\theta_1\\\hat{x}_N(\theta_1(t),\theta_2(t))=\hat{L}_2\cos\theta_2+\hat{L}_8\cos(\theta_4+\beta)\\\hat{z}_N(\theta_1(t),\theta_2(t))=-\hat{L}_7+\hat{L}_2\sin\theta_2+\hat{L}_8\sin(\theta_4+\beta)\\\theta_4=\arctan\left(\dfrac{\hat{L}_2\sin\theta_2-\hat{L}_1\sin\theta_1}{\hat{L}_2\cos\theta_2-\hat{L}_1\cos\theta_1}\right)-\arccos\left(\dfrac{\hat{L}_4^2+\hat{L}_S^2-\hat{L}_3^2}{2\hat{L}_4\hat{L}_S}\right)\\\hat{L}_S=\sqrt{(\hat{L}_2\sin\theta_2-\hat{L}_1\sin\theta_1)^2+(\hat{L}_2\cos\theta_2-\hat{L}_1\cos\theta_1)^2}\\\beta=\arccos\left(\dfrac{L_4^2+L_8^2-L_3^2}{2L_4L_8}\right)\end{cases} \tag{7.32}$$

式中，$\hat{L}_i(i=1,2,3,4,7,8)$ 为考虑弹性变形的实际杆长，与动态响应 $\boldsymbol{u}$ 相关，即

$$\hat{L}_i = L_i + \sum u_p \cos\varphi_p \tag{7.33}$$

式中，u_p 为与 L_i 轴向变形相关的广义坐标；φ_p 为 u_p 的旋转角。

进一步可运用传统的矩法或蒙特卡罗法进行求解。但是传统的蒙特卡罗可靠度计算往往由 X 生成大量随机数，进而计算 $\boldsymbol{u}$，最终得出 S_E，因此需要大量循环计算。由于存在概率随机参数，所以在用传统的矩法进行求解时，为了使验算点 $\boldsymbol{u}^*$ 满足所允许的误差要求，也需要对 $\boldsymbol{u}$ 进行反复计算，而式(4.15)所示动力学模型的计算求解较为复杂，反复计算求解效率较低。为了解决这一问题，本节提出基于动态响应区间的可靠性分析方法，由不确定变量 X 的区间范围生成 $g(X,t)$ 的动态响应区间范围，在此基础上进行可靠度计算。

7.4.2　基于动态响应区间的可靠度计算

定义机构系统动态可靠性的不确定变量 X 由非概率区间变量集合 D 和概率随机变量集合 Z 组成，即

$$X = \{Z, D\} \tag{7.34}$$

设非概率区间变量集合为 $D = \{d_1, d_2, \cdots, d_{n_w}\}$，下界为 $D_r = \{d_{r1}, d_{r2}, \cdots, d_{rn_w}\}$，上界为 $D_s = \{d_{s1}, d_{s2}, \cdots, d_{sn_w}\}$。对于 d_i，有

$$d_i = d_{ci} + d_{di}\delta_i \tag{7.35}$$

式中，$\delta_i \in [-1,1]$ 为标准化区间变量；d_{ci} 为 d_i 的均值；d_{di} 为 d_i 的离差。那么有

$$\begin{cases} d_{ci} = \dfrac{d_{ri} + d_{si}}{2} \\ d_{di} = \dfrac{d_{si} - d_{ri}}{2} \end{cases} \tag{7.36}$$

设 $Z = \{z_1, z_2, \cdots, z_n\}$，该集合的随机变量均服从正态分布(对于非正态变量，可以利用数学方法将其转化为正态变量进行分析)，随机参数 z_i 的均值为 $\mu(z_i)$，标准差为 $\sigma_i(z_i)$。

对于 $g(X,t)$，在其区间参数中值附近进行泰勒展开，进一步采用区间数学中的区间自然扩张理论，则区间上界 $g_s(X,t)$ 和下界 $g_r(X,t)$ 分别为

$$\begin{cases} g_s(X,t) = g(Z,D_c,t) + \sum_{i=1}^{m} \left| \left(\dfrac{\partial g(Z,D,t)}{\partial d_i} \right)_{D=D_c} \right| d_{di} \\ g_r(X,t) = g(Z,D_c,t) - \sum_{i=1}^{m} \left| \left(\dfrac{\partial g(Z,D,t)}{\partial d_i} \right)_{D=D_c} \right| d_{di} \end{cases} \tag{7.37}$$

式中，$D_c = \{d_{c1}, d_{c2}, \cdots, d_{cn_w}\}$，当上界 $g_s(X,t)$ 和下界 $g_r(X,t)$ 均求出后，可得到机构系统广义坐标向量的变化区间。

式(7.37)在 $d_{di}/d_{ci} \leqslant \upsilon_{di}$ 时误差较小（υ_{di} 由 d_i 确定），若 $d_{di}/d_{ci} > \upsilon_{di}$，可将其分为满足 $d_{di}/d_{ci} < \upsilon_{di}$ 的多段区间进行计算最终获得 $g_s(X,t)$ 和 $g_r(X,t)$。两者均为随机变量，并且均服从或近似服从正态分布（当 Z 满足 $\sigma_i(z_i)/\mu(z_i) < 0.1$ 时误差较小）。由文献[190]和文献[191]的矩法可得数字特征如下：

$$\begin{cases} \mu(g_s(X,t)) = \mu(g(Z,D_c,t)) + \sum_{i=1}^{m} \left| \mu \left(\dfrac{\partial g(Z,D,t)}{\partial d_i} \right)_{D=D_c} \right| d_{di} \\ \mu(g_r(X,t)) = \mu(g(Z,D_c,t)) - \sum_{i=1}^{m} \left| \mu \left(\dfrac{\partial g(Z,D,t)}{\partial d_i} \right)_{D=D_c} \right| d_{di} \end{cases} \tag{7.38}$$

$$\begin{cases} \sigma^2(g_s(X,t)) = \sum_i \left(\dfrac{\partial g_s(Z,D_c,t)}{\partial z_i} \right)_{Z=\mu(Z)}^2 \sigma^2(z_i) + \sum_j \sum_i \left(\dfrac{\partial g_s(Z,D_c,t)}{\partial z_i} \right)_{Z=\mu(Z)} \\ \qquad \cdot \left(\dfrac{\partial g_s(Z,D_c,t)}{\partial z_j} \right)_{Z=\mu(Z)} \sigma^2(z_i)\sigma^2(z_j)\vartheta(z_i z_j) \\ \sigma^2(g_r(X,t)) = \sum_i \left(\dfrac{\partial g_r(Z,D_c,t)}{\partial z_i} \right)_{Z=\mu(Z)}^2 \sigma^2(z_i) + \sum_j \sum_i \left(\dfrac{\partial g_r(Z,D_c,t)}{\partial z_i} \right)_{Z=\mu(Z)} \\ \qquad \cdot \left(\dfrac{\partial g_r(Z,D_c,t)}{\partial z_j} \right)_{Z=\mu(Z)} \sigma^2(z_i)\sigma^2(z_j)\vartheta(z_i z_j) \end{cases} \tag{7.39}$$

式中，z_i 代表其中的第 i 个不确定参数变量；$\vartheta(z_i z_j)$ 为不确定变量 z_i 与 z_j 的相关系数。

$$\begin{cases} \dfrac{\partial g_s(X,t)}{\partial z_j} = \left(\dfrac{\partial g(Z,D_c,t)}{\partial z_j}\right)_{Z=\mu(Z)} + \sum_{i=1}^{m} \left| \left(\dfrac{\partial^2 g(Z,D,t)}{\partial d_i \partial z_i}\right)_{\substack{D=D_c \\ Z=\mu(Z)}} \right| d_{di} \\ \dfrac{\partial g_r(X,t)}{\partial z_j} = \left(\dfrac{\partial g(Z,D_c,t)}{\partial z_j}\right)_{Z=\mu(Z)} - \sum_{i=1}^{m} \left| \left(\dfrac{\partial^2 g(Z,D,t)}{\partial d_i \partial z_i}\right)_{\substack{D=D_c \\ Z=\mu(Z)}} \right| d_{di} \end{cases} \tag{7.40}$$

由式(7.38)～式(7.40)可求出相应置信水平的对应区间，即不确定变量 X 影响下 $g(X,t)$ 的动态响应区间。该动态响应区间与 $\boldsymbol{u}$ 相关项（$\mu(g_s(X,t))$、$\mu(g_r(X,t))$、$\sigma^2(g_s(X,t))$、$\sigma^2(g_r(X,t))$）有关。另外，涉及 $\mu(\boldsymbol{u}(Z,D_c))$、$\left(\dfrac{\partial \boldsymbol{u}(Z,D)}{\partial d_i}\right)_{D=D_c}$、$\mu\left(\dfrac{\partial \boldsymbol{u}(Z,D)}{\partial d_i}\right)_{D=D_c}$、$\left(\dfrac{\partial \boldsymbol{u}(Z,D_c)}{\partial z_i}\right)_{Z=\mu(Z)}$、$\left(\dfrac{\partial^2 \boldsymbol{u}(Z,D)}{\partial d_i \partial z_i}\right)_{\substack{D=D_c \\ Z=\mu(Z)}}$ 的求解可结合式(7.38)～式(7.40)进行。

分别对式(4.15)进行相应的运算，有

$$\begin{aligned} &\mu[\boldsymbol{M}(Z,D_c)]\mu[\ddot{\boldsymbol{u}}(Z,D_c)] + \mu[\boldsymbol{C}(Z,D_c)]\mu[\dot{\boldsymbol{u}}(Z,D_c)] + \mu[\boldsymbol{K}(Z,D_c)]\mu[\boldsymbol{u}(Z,D_c)] \\ &= \mu[\boldsymbol{P}(Z,D_c)] - \mu[\boldsymbol{Q}(Z,D_c)] - \mu[\boldsymbol{G}_g(Z,D_c)] - \mu[\boldsymbol{Y}_R(Z,D_c)] \end{aligned} \tag{7.41}$$

$$\begin{cases} \boldsymbol{M}(\mu(Z),D_c)\left(\dfrac{\partial \ddot{\boldsymbol{u}}(Z,D_c)}{\partial d_i}\right)_{\substack{D=D_c \\ Z=\mu(Z)}} + \boldsymbol{C}(\mu(Z),D_c)\left(\dfrac{\partial \dot{\boldsymbol{u}}(Z,D_c)}{\partial d_i}\right)_{\substack{D=D_c \\ Z=\mu(Z)}} \\ \quad + \boldsymbol{K}(\mu(Z),D_c)\left(\dfrac{\partial \boldsymbol{u}(Z,D_c)}{\partial d_i}\right)_{\substack{D=D_c \\ Z=\mu(Z)}} \\ = \left(\dfrac{\partial \boldsymbol{P}(Z,D_c)}{\partial d_i}\right)_{\substack{D=D_c \\ Z=\mu(Z)}} - \left(\dfrac{\partial \boldsymbol{Q}(Z,D_c)}{\partial d_i}\right)_{\substack{D=D_c \\ Z=\mu(Z)}} \\ \quad - \left(\dfrac{\partial \boldsymbol{G}_g(Z,D_c)}{\partial d_i}\right)_{\substack{D=D_c \\ Z=\mu(Z)}} - \left(\dfrac{\partial \boldsymbol{Y}_R(Z,D_c)}{\partial d_i}\right)_{\substack{D=D_c \\ Z=\mu(Z)}} - \boldsymbol{S}_{R1} \\ \boldsymbol{S}_{R1} = \left(\dfrac{\partial \boldsymbol{M}(Z,D_c)}{\partial d_i}\right)_{\substack{D=D_c \\ Z=\mu(Z)}} \ddot{\boldsymbol{u}}(Z,D_c) + \left(\dfrac{\partial \boldsymbol{C}(Z,D_c)}{\partial d_i}\right)_{\substack{D=D_c \\ Z=\mu(Z)}} \dot{\boldsymbol{u}}(Z,D_c) \\ \quad + \left(\dfrac{\partial \boldsymbol{K}(Z,D_c)}{\partial d_i}\right)_{\substack{D=D_c \\ Z=\mu(Z)}} \boldsymbol{u}(Z,D_c) \end{cases} \tag{7.42}$$

$$\left\{\begin{aligned}&\mu(\boldsymbol{M}(Z,D_c))\mu\left(\frac{\partial\ddot{\boldsymbol{u}}(Z,D)}{\partial d_i}\right)_{D=D_c}+\mu(\boldsymbol{C}(Z,D_c))\mu\left(\frac{\partial\dot{\boldsymbol{u}}(Z,D)}{\partial d_i}\right)_{D=D_c}\\&+\mu(\boldsymbol{K}(Z,D_c))\mu\left(\frac{\partial\boldsymbol{u}(Z,D)}{\partial d_i}\right)_{D=D_c}\\&=\mu\left(\frac{\partial\boldsymbol{P}(Z,D)}{\partial d_i}\right)_{D=D_c}-\mu\left(\frac{\partial\boldsymbol{Q}(Z,D)}{\partial d_i}\right)_{D=D_c}\\&-\mu\left(\frac{\partial\boldsymbol{G}_g(Z,D)}{\partial d_i}\right)_{D=D_c}-\mu\left(\frac{\partial\boldsymbol{Y}_R(Z,D)}{\partial d_i}\right)_{D=D_c}-\boldsymbol{S}_{R1}\\&\boldsymbol{S}_{R1}=\mu\left(\frac{\partial\boldsymbol{M}(Z,D)}{\partial d_i}\right)_{D=D_c}\mu(\ddot{\boldsymbol{u}}(Z,D_c))+\mu\left(\frac{\partial\boldsymbol{C}(Z,D)}{\partial d_i}\right)_{D=D_c}\mu(\dot{\boldsymbol{u}}(Z,D_c))\\&\quad+\mu\left(\frac{\partial\boldsymbol{K}(Z,D)}{\partial d_i}\right)_{D=D_c}\mu(\boldsymbol{u}(Z,D_c))\end{aligned}\right.\tag{7.43}$$

$$\left\{\begin{aligned}&\boldsymbol{M}(\mu(Z),D_c)\left(\frac{\partial\ddot{\boldsymbol{u}}(Z,D_c)}{\partial z_i}\right)_{Z=\mu(Z)}+\boldsymbol{C}(\mu(Z),D_c)\left(\frac{\partial\dot{\boldsymbol{u}}(Z,D_c)}{\partial z_i}\right)_{Z=\mu(Z)}\\&+\boldsymbol{K}(\mu(Z),D_c)\left(\frac{\partial\boldsymbol{u}(Z,D_c)}{\partial z_i}\right)_{Z=\mu(Z)}\\&=\left(\frac{\partial\boldsymbol{P}(Z,D_c)}{\partial z_i}\right)_{Z=\mu(Z)}-\left(\frac{\partial\boldsymbol{Q}(Z,D_c)}{\partial z_i}\right)_{Z=\mu(Z)}\\&-\left(\frac{\partial\boldsymbol{G}_g(Z,D_c)}{\partial z_i}\right)_{Z=\mu(Z)}-\left(\frac{\partial\boldsymbol{Y}_R(Z,D_c)}{\partial z_i}\right)_{Z=\mu(Z)}+\boldsymbol{S}_{R2}\\&\boldsymbol{S}_{R2}=-\left(\frac{\partial\boldsymbol{M}(Z,D_c)}{\partial z_i}\right)_{Z=\mu(Z)}\ddot{\boldsymbol{u}}(\mu(Z),D_c)\\&\quad-\left(\frac{\partial\boldsymbol{C}(Z,D_c)}{\partial z_i}\right)_{Z=\mu(Z)}\dot{\boldsymbol{u}}(\mu(Z),D_c)\\&\quad-\left(\frac{\partial\boldsymbol{K}(Z,D_c)}{\partial z_i}\right)_{Z=\mu(Z)}\boldsymbol{u}(\mu(Z),D_c)\end{aligned}\right.\tag{7.44}$$

$$
\left\{\begin{aligned}
& \boldsymbol{M}(\mu(Z),D_c)\left(\frac{\partial^2\ddot{\boldsymbol{u}}(Z,D)}{\partial d_i\,\partial z_i}\right)_{\substack{D=D_c\\ Z=\mu(Z)}}+\boldsymbol{C}(\mu(Z),D_c)\left(\frac{\partial^2\dot{\boldsymbol{u}}(Z,D)}{\partial d_i\,\partial z_i}\right)_{\substack{D=D_c\\ Z=\mu(Z)}} \\
& +\boldsymbol{K}(\mu(Z),D_c)\left(\frac{\partial^2\boldsymbol{u}(Z,D)}{\partial d_i\,\partial z_i}\right)_{\substack{D=D_c\\ Z=\mu(Z)}} \\
& =\left(\frac{\partial^2\boldsymbol{P}(Z,D)}{\partial d_i\,\partial z_i}\right)_{\substack{D=D_c\\ Z=\mu(Z)}}-\left(\frac{\partial^2\boldsymbol{Q}(Z,D)}{\partial d_i\,\partial z_i}\right)_{\substack{D=D_c\\ Z=\mu(Z)}}-\left(\frac{\partial^2\boldsymbol{G}_g(Z,D)}{\partial d_i\,\partial z_i}\right)_{\substack{D=D_c\\ Z=\mu(Z)}}-\left(\frac{\partial^2\boldsymbol{Y}_R(Z,D)}{\partial d_i\,\partial z_i}\right)_{\substack{D=D_c\\ Z=\mu(Z)}}+\boldsymbol{S}_{R3} \\
& \boldsymbol{S}_{R3}=-\left(\frac{\partial^2\boldsymbol{M}(Z,D)}{\partial d_i\,\partial z_i}\right)_{\substack{D=D_c\\ Z=\mu(Z)}}\ddot{\boldsymbol{u}}(\mu(Z),D_c)-\left(\frac{\partial^2\boldsymbol{C}(Z,D)}{\partial d_i\,\partial z_i}\right)_{\substack{D=D_c\\ Z=\mu(Z)}}\dot{\boldsymbol{u}}(\mu(Z),D_c) \\
& \quad-\left(\frac{\partial^2\boldsymbol{K}(Z,D)}{\partial d_i\,\partial z_i}\right)_{\substack{D=D_c\\ Z=\mu(Z)}}\boldsymbol{u}(\mu(Z),D_c)-\left(\frac{\partial\boldsymbol{M}(\mu(Z),D)}{\partial d_i}\right)_{D=D_c}\left(\frac{\ddot{\boldsymbol{u}}(Z,D)}{\partial z_i}\right)_{Z=\mu(Z)} \\
& \quad-\left(\frac{\partial\boldsymbol{C}(\mu(Z),D)}{\partial d_i}\right)_{D=D_c}\left(\frac{\dot{\boldsymbol{u}}(Z,D)}{\partial z_i}\right)_{Z=\mu(Z)}-\left(\frac{\partial\boldsymbol{K}(\mu(Z),D)}{\partial d_i}\right)_{D=D_c}\left(\frac{\boldsymbol{u}(Z,D_c)}{\partial z_i}\right)_{Z=\mu(Z)} \\
& \quad-\left(\frac{\partial\boldsymbol{M}(Z,D_c)}{\partial z_i}\right)_{Z=\mu(Z)}\left(\frac{\partial\ddot{\boldsymbol{u}}(Z,D_c)}{\partial d_i}\right)_{D=D_c}-\left(\frac{\partial\boldsymbol{C}(Z,D_c)}{\partial z_i}\right)_{Z=\mu(Z)}\left(\frac{\partial\dot{\boldsymbol{u}}(Z,D_c)}{\partial d_i}\right)_{D=D_c} \\
& \quad-\left(\frac{\partial\boldsymbol{K}(Z,D_c)}{\partial z_i}\right)_{Z=\mu(Z)}\left(\frac{\partial\boldsymbol{u}(Z,D_c)}{\partial d_i}\right)_{D=D_c}
\end{aligned}\right.
\tag{7.45}
$$

$$
\left\{\begin{aligned}
& \mu\big(\boldsymbol{C}(Z,D_c)\big)= \\
& \quad \boldsymbol{C}(\mu(z_1),\mu(z_2),\cdots,\mu(z_n),\mu(z_1^2),\mu(z_2^2),\cdots,\mu(z_n^2),\cdots,\mu(z_1^n),\mu(z_2^n),\cdots,\mu(z_n^n),D_c) \\
& \mu\big(\boldsymbol{K}(Z,D_c)\big)= \\
& \quad \boldsymbol{K}(\mu(z_1),\mu(z_2),\cdots,\mu(z_n),\mu(z_1^2),\mu(z_2^2),\cdots,\mu(z_n^2),\cdots,\mu(z_1^n),\mu(z_2^n),\cdots,\mu(z_n^n),D_c) \\
& \mu\big(\boldsymbol{P}(Z,D_c)\big)= \\
& \quad \boldsymbol{P}(\mu(z_1),\mu(z_2),\cdots,\mu(z_n),\mu(z_1^2),\mu(z_2^2),\cdots,\mu(z_n^2),\cdots,\mu(z_1^n),\mu(z_2^n),\cdots,\mu(z_n^n),D_c) \\
& \mu\big(\boldsymbol{Q}(Z,D_c)\big)= \\
& \quad \boldsymbol{Q}(\mu(z_1),\mu(z_2),\cdots,\mu(z_n),\mu(z_1^2),\mu(z_2^2),\cdots,\mu(z_n^2),\cdots,\mu(z_1^n),\mu(z_2^n),\cdots,\mu(z_n^n),D_c) \\
& \mu\big(\boldsymbol{G}_g(Z,D_c)\big)= \\
& \quad \boldsymbol{G}_g(\mu(z_1),\mu(z_2),\cdots,\mu(z_n),\mu(z_1^2),\mu(z_2^2),\cdots,\mu(z_n^2),\cdots,\mu(z_1^n),\mu(z_2^n),\cdots,\mu(z_n^n),D_c) \\
& \mu\big(\boldsymbol{Y}_R(Z,D_c)\big)= \\
& \quad \boldsymbol{Y}_R(\mu(z_1),\mu(z_2),\cdots,\mu(z_n),\mu(z_1^2),\mu(z_2^2),\cdots,\mu(z_n^2),\cdots,\mu(z_1^n),\mu(z_2^n),\cdots,\mu(z_n^n),D_c)
\end{aligned}\right.
\tag{7.46}
$$

式中，$\mu(z_i^n)$为z_i的n阶原点矩。式(7.42)～式(7.46)均可写成如下形式：

$$\boldsymbol{M}_v^{(\xi)}\ddot{\boldsymbol{u}}_v+\boldsymbol{C}_v^{(\xi)}\dot{\boldsymbol{u}}_v+\boldsymbol{K}_v^{(\xi)}\boldsymbol{u}_v=\boldsymbol{P}_v-\boldsymbol{Q}_v-\boldsymbol{G}_{gv}-\boldsymbol{Y}_{Rv}+\boldsymbol{S}_{Rv} \tag{7.47}$$

式中,各矩阵的下标v表示统一形式；$\boldsymbol{S}_{Rv}$为时变常数项(在式(7.42)中为零向量)；$\boldsymbol{Y}_{Rv}$为$\boldsymbol{u}_v$耦合相关项(在式(7.42)中为非线性耦合项)。式(7.47)和式(4.15)的形式一致，可由式(5.24)～式(5.28)进行求解。

由于可能存在T_E落入S_E区间内情形，此时的安全性无法确定，所以将失效功能函数考虑为模糊事件，对失效功能函数进行重新构造，得出可靠度如下：

$$R_t(X,t)=\int_{Z_r}^{Z_s}f_s(Z)\mathrm{d}Z \tag{7.48}$$

式中，Z_r和Z_s分别为Z的下界和上界，则

$$f_s(Z)=\begin{cases}f_Z(D_c), & g_r(X,t)\geqslant 0\\ f_Z(D_c)\cdot M_Z(D_c), & g_s(X,t)\geqslant 0, g_r(X,t)<0\\ 0, & g_s(X,t)<0\end{cases} \tag{7.49}$$

式中，$f_Z(D_c)$为Z对应的概率密度函数；$M_Z(D_c)$为模糊隶属函数，根据S_E的动态响应区间情况确定。

运用本节的可靠性计算方法，在X满足$d_{di}/d_{ci}<\upsilon_{di}$和$\sigma_i(z_i)/\mu(z_i)<0.1$的范围，采用式(4.15)所示动力学模型进行一次求解计算，即可得到$g(X,t)$的动态响应区间，进一步由式(7.34)～式(7.49)得到$R_t(X,t)$。因此，不需要对式(4.15)进行反复求解，计算效率与传统的矩法和蒙特卡罗法相比较高。若不满足区间要求范围，可对X进行相应的数学处理使其满足该范围。或者将X的对应区间拆分成多段，运用本节方法进行计算，在第j段，如图 7.13 所示，以两个变量为例，d_{ij}为d_i在这段区间的范围，d_{ij}的范围需满足$d_{dij}/d_{cij}<\upsilon_{di}$，这段区间的可靠度$R_{jt}(X,t)$可由式(7.34)～式(7.49)求得，则$R_t(X,t)$为

$$R_t(X,t)=\sum_j R_{jt}(X,t)\frac{\prod_i\left(d_{sij}-d_{rij}\right)}{\prod_i\left(d_{si}-d_{ri}\right)} \tag{7.50}$$

式中，d_{rij}和d_{sij}分别为d_{ij}的下界和上界。

求解方法的计算流程图如图 7.14 所示。

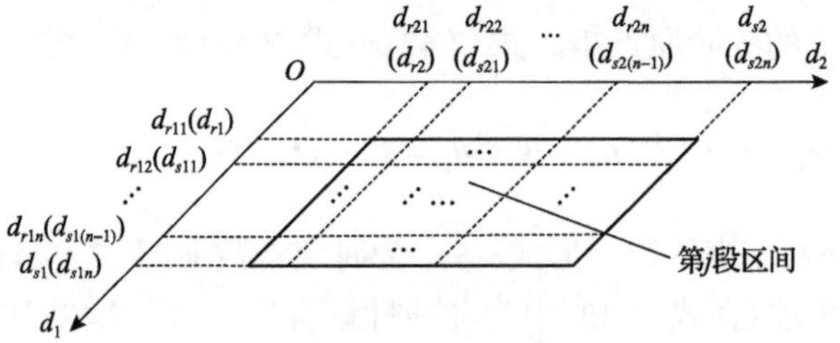

图 7.13　变量空间中的坐标分段区间

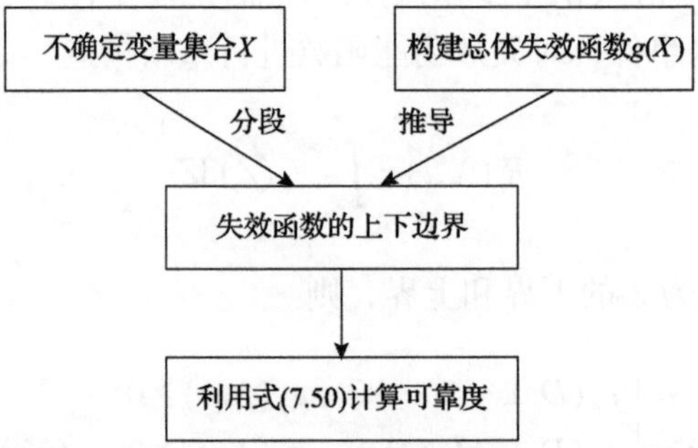

图 7.14　计算流程图

7.5　构态变换动态可靠性实例分析

7.5.1　验算算法

由于式(4.15)所示的动力学模型较为复杂，直接采用蒙特卡罗法模拟10^6次进行计算验证，效率较低，因此采用基于神经网络的蒙特卡罗法进行计算验证。运用人工神经网络方法对较小组数据进行拟合，采用遗传算法对神经网络参数进行优化，使神经网络参数具有较高的准确性，在生成大样本数据的基础上运用蒙特卡罗法进行计算。

人工神经网络方法利用人工神经网络来逼近结构数学模型的功能函数，模拟其数学模型。人工神经网络的算法一般采用反向传播(back propagation，BP)神经网络，工作原理如图 7.15 所示。BP 神经网络与其他网络相比具有自学习和自适应能力，容错性及鲁棒性好[192]。

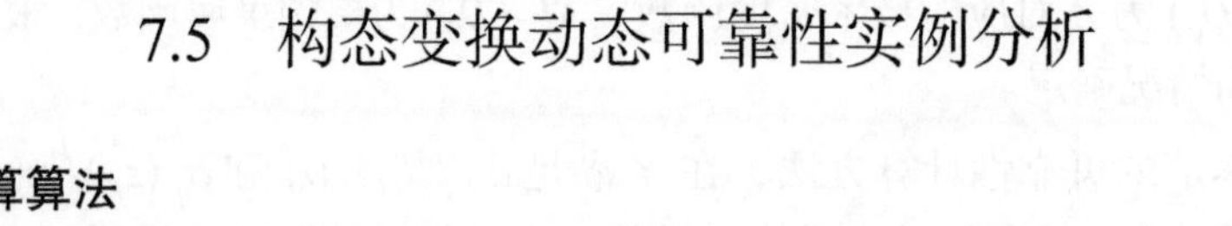

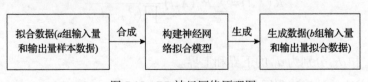

图 7.15　BP 神经网络原理图

基于神经网络的蒙特卡罗法验算步骤如下。

(1) 数据归一化。设 X_a 为输入量，$g(X_a)$ 为输出量，选定学习的样本集 $\{X_a(t), g(X_a,t)\}$，a 为少量样本组数。为了提高网络精度，输入和输出样本必须归一化，归一化公式为

$$\begin{cases} x_{ahi}(t) = \dfrac{x_{ai}(t) - 0.5\{\max[X_a(t)] + \min[X_a(t)]\}}{0.5\{\max[X_a(t)] - \min[X_a(t)]\}} \\ g(x_{ahi},t) = \dfrac{g(x_{ai},t) - 0.5\{\max[g(X_a,t)] + \min[g(X_a,t)]\}}{0.5\{\max[g(X_a,t)] - \min[g(X_a,t)]\}} \end{cases} \tag{7.51}$$

式中，$x_{ai}(t)$ 为 $X_a(t)$ 的元素，$i = 1,2,\cdots,n_q + n_w$；$x_{ahi}(t)$ 为归一化处理后 $X_a(t)$ 的新数据组 $X_{ah}(t)$ 的元素。

(2) 生成神经网络数学模型。设定的神经网络参数(隐层神经元、输出层神经元、训练次数、误差性能目标值、学习率、样本仿真时的最大失败次数、动量因子、最小梯度值、训练间隔次数等参数)，由归一化后的学习样本集 $\{X_{ah}(t), g(X_{ah}, t)\}$ 生成神经网络数学模型的相关拟合参数，得到神经网络拟合模型。

(3) 判断拟合效果。拟合结束后，将拟合出的数据与动力学模型求解得到的输出数据进行对比，计算拟合数据与求解数据之间的最大误差 S_m、拟合均方误差 S_e 以及相关系数 R_c。若 S_m 和 S_e 均小于设定值且 R_c 大于要求值并接近 1，则说明拟合效果良好，可用拟合的函数关系代替原来的动力学模型进行可靠性的分析计算。

(4) 检验神经网络拟合模型。判断是否需要使用遗传算法对相关拟合参数进行优化。若 S_m、S_e 和 R_c 其中之一未达到要求，则需要对神经网络的参数进行优化计算，使之达到要求。采用遗传算法对 BP 神经网络拟合模型进行优化[193]，如图 7.16 所示。

(5) 生成其他数据对该神经网络拟合模型进行验证。选取其他多组样本集 $\{X_q(t), g_q(X_q,t)\}$，与该神经网络生成的 $g_{q0}(X_q,t)$ 进行对比，计算 $g_q(X_q,t)$ 与 $g_{q0}(X_q,t)$ 之间的 S_m、S_e 和 R_c，若满足要求，则说明该神经网络拟合模型具有一定的准确性，若不满足，则需返回第(4)步重新对该模型进行优化或返回第(2)步重新生成神经网络拟合模型。最终得出原始数据 $X_b(t)$ 及对应的拟合响应值 $g(X_b,t)$。

(6) 对数据进行反归一化处理。在得到符合精度要求的神经网络拟合模型后，采用该模型生成蒙特卡罗法计算所需的 b 组数据(b 为大量样本组数，如10^6 组数据)，对这些样本数据 $X_{bh}(t)$ 及生成的样本输出值 $g(X_{bh},t)$ 进行反归一化处理。有

$$\begin{cases} x_{bi} = x_{bhi} \cdot 0.5\{\max[X_{bh}(t)] - \min[X_{bh}(t)]\} + 0.5\{\max[X_{bh}(t)] + \min[X_{bh}(t)]\} \\ g(x_{bi},t) = g(x_{bhi},t) \cdot 0.5\{\max[g(X_{bh},t)] - \min[g(X_{bh},t)]\} \\ \qquad\qquad + 0.5\{\max[g(X_{bh},t)] + \min[g(X_{bh},t)]\} \end{cases} \tag{7.52}$$

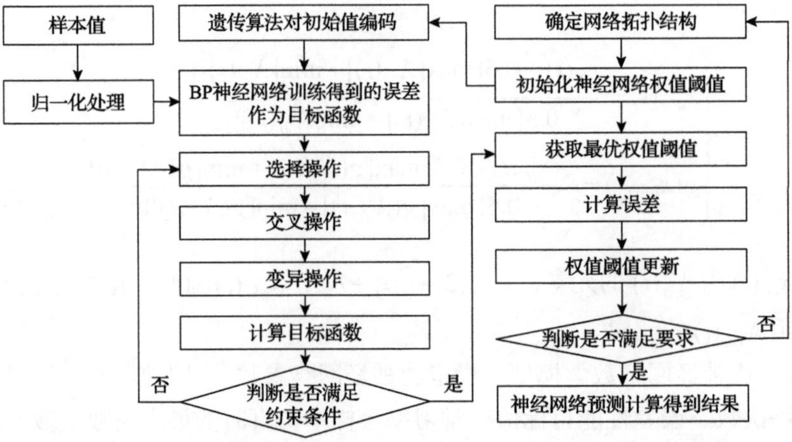

图 7.16　采用遗传算法对 BP 神经网络拟合模型进行优化的流程

(7)运用蒙特卡罗法计算可靠度。记反归一化后 $g(X_b,t)$ 中大于 0 的样本数目是 b_0，得出可靠度：

$$R = b_0/b \tag{7.53}$$

基于神经网络的蒙特卡罗法的计算过程如图 7.17 所示。

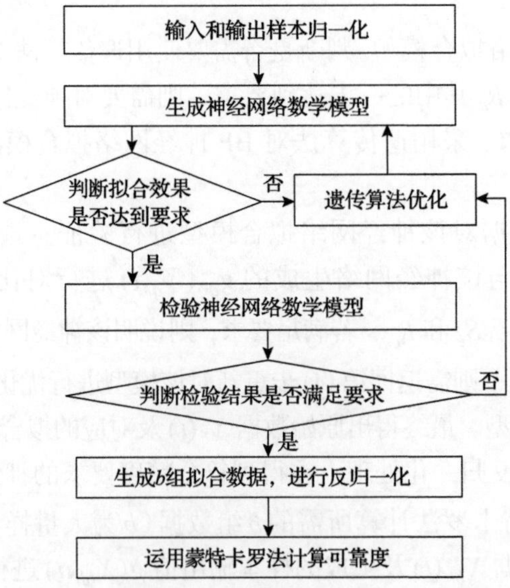

图 7.17　基于神经网络的蒙特卡罗法计算过程

7.5.2　计算结果

机器人在整体坐标系 $O\text{-}xyz$ 下的单元划分信息如表 5.1 所示，一共有 11 个单元，56 个广义坐标。各单元结构参数如表 5.2 所示。选取 $T_E=1.5\times10^{-4}\text{m}$ 。

设定输出端负载重量为概率随机变量，服从正态分布，均值 $\mu(m_p)$=5kg ，方差 $\sigma(m_p)$=0.25kg ；设定第一输入端角度偏差值 θ_{p1} 和第二输入端角度偏差值 θ_{p2} 均为非概率区间变量， $\theta_{p1},\theta_{p2}\in[-3\times10^{-4}\text{rad},3\times10^{-4}\text{rad}]$ 。

需要将工件由坐标点 $P_1(x_{11},\beta_{11},z_{11})$ 搬运至坐标点 $P_4(x_{12},\beta_{12},z_{12})$ 。机器人一个周期的码垛工作过程的相关参数如表 7.4 所示。设定机器人样机在 $(x_{21},\beta_{21},z_{21})$ 由一自由度构态转换为二自由度构态时为第一种构态变换，在 $(x_{22},\beta_{22},z_{22})$ 由二自由度构态转换为一自由度构态时为第二种构态变换。

表 7.4　机器人一个周期的码垛工作过程的相关参数

工作阶段	起始点	终止点	状态	时间
{1}	(0.750m, 55°, 0.666m)	(0.750m, 55°, 0.780m)	二自由度(无负载)	1s
{2}	(0.750m, 55°, 0.780m)	(0.750m, 55°, 0.666m)	二自由度(有负载)	1.5s
{3}	(0.750m, 55°, 0.666m)	(1.065m, 0°, 0.006m)	一自由度(有负载)	3s
{4}	(1.065m, 0°, 0.006m)	(1.067m, 0°, –0.056m)	二自由度(有负载)	1s
{5}	(1.067m, 0°, –0.056m)	(1.065m, 0°, 0.006m)	二自由度(无负载)	1.5s
{6}	(1.065m, 0°, 0.006m)	(0.750m, 55°, 0.666m)	一自由度(无负载)	3.5s

机器人工作参数与 5.5 节一致，根据 X 和 $g(X)$ ，取 M_V 为梯形分布函数，如图 7.18 所示，表达式如下：

$$M_V(D_c)=\frac{g_s(X,t)}{g_s(X,t)-g_r(X,t)} \tag{7.54}$$

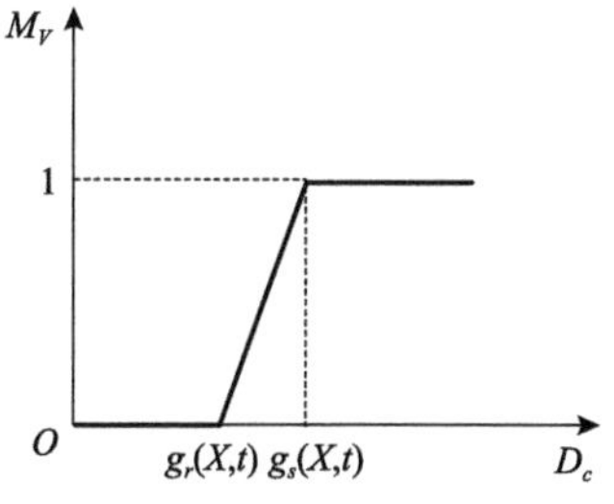

图 7.18　梯形分布函数

神经网络拟合的相关参数设置如下：训练次数为 1000，误差性能目标值为 0，学习率为 0.01，样本仿真时的最大失败次数为 5，动量因子为 0.9，最小梯度值为1×10^{-10}，训练间隔次数为 25。由 7.5.1 节的方法，对样本进行神经网络拟合，结果如下：第一种构态变换时， $S_e=2.9\times10^{-15}\varepsilon^2$， $S_m=8.2\times10^{-8}\varepsilon$， $R_c=0.9999$；第二种构态变换时，$S_e = 2.9\times10^{-14}\varepsilon^2$，$S_m = 1.3\times10^{-7}\varepsilon$，$R_c = 0.9999$。$S_e$ 和 S_m 均较小，R_c 接近 1，说明拟合具有一定的准确性。

运用基于神经网络的蒙特卡罗法和 7.4 节分析方法计算这两种构态变换的可靠度，如表 7.5 所示。由表 7.5 可知，7.4 节分析方法和基于神经网络的蒙特卡罗法计算结果大体一致，证明 7.4 节分析方法的正确性；在第二种构态变换时不考虑弹性变形与考虑弹性变形时的可靠度计算结果相差了 4.11%，因此，在进行构态变换可靠性分析时需考虑机构动态模型的影响。

表 7.5　可靠度计算结果对比

计算内容	第一种构态变换	第二种构态变换
考虑弹性变形时基于神经网络的蒙特卡罗法计算得到的可靠度	1	0.9430
考虑弹性变形时 7.4 节分析方法计算得到的可靠度	1	0.9516
以上两种方法计算结果的误差	0%	0.91%
不考虑弹性变形时 7.4 节方法计算得到的可靠度	1	0.9818
考虑和不考虑弹性变形时的可靠度计算误差	0%	4.11%

设 $T_e \in [0.8\times10^{-4}\,\mathrm{m}, 2.5\times10^{-4}\,\mathrm{m}]$，对第二种构态变换进行分析。用上述两种方法得到的 T_e 与可靠度 R 的对应关系如图 7.19 所示，可见两种方法得到的可靠度计算结果接近，这表明了 7.4 节分析方法的正确性。

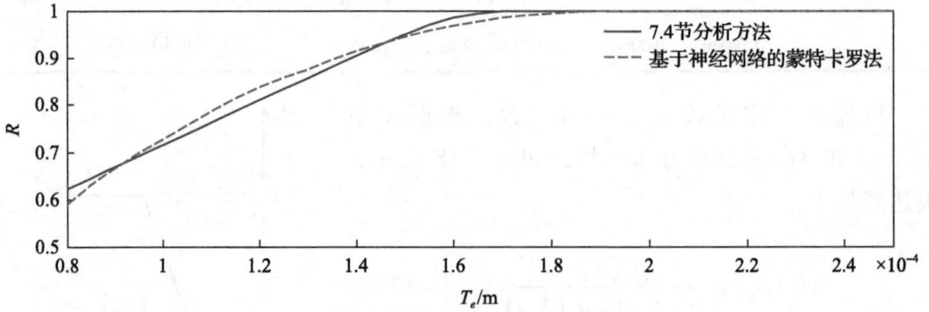

图 7.19　T_e 与 R 的对应关系

7.6　多失效模式动态可靠性分析

7.6.1　多失效模式动态可靠性计算方法

变胞机构在运动过程中通常会出现刚度失效、强度失效、疲劳失效等失效模式，均与动态响应 $\boldsymbol{u}$ 相关。设失效函数为 $g_{d1}(X), g_{d2}(X), \cdots, g_{dn_e}(X)$。

变胞式码垛机器人的可靠性模型由多种失效模式组成，只要有任意一个失效模式发生，即认为机器人可靠性失效。机器人可靠性模型的整体失效函数由对应的失效函数串联组成，因此总体失效函数 $g(X)$ 为

$$g(X) = \bigcap_{j=1}^{n_e} g_{dj} > 0 \tag{7.55}$$

式中，X 为不确定变量集合，包括概率随机变量集合 Z 和非概率区间变量集合 D。因此不能将概率可靠性和非概率可靠性的计算方法直接移植于机器人多失效模式的动态可靠性计算中。此外，若采用矩法的相关理论或直接运用蒙特卡罗法，则需要反复计算式(4.15)，但多次反复求解会导致计算效率降低。虽然 7.5 节提出了多失效模式的变胞机构运动可靠性分析的方法，但是在与弹性动力学相关的失效模式中，动态可靠性模型的求解变得更加复杂。

基于此，本节提出了以动态响应作为新的不确定变量的多失效模式动态可靠性求解方法，具体如下。

首先，将不确定变量集合 X 引入非线性动力学模型。选取向量 $\boldsymbol{u}$ 作为新的不确定变量，有

$$\begin{cases} \boldsymbol{u}_s = \boldsymbol{u}(Z, D_c) + \sum\limits_{i=1}^{m} \left| \left(\dfrac{\partial \boldsymbol{u}(Z, D)}{\partial d_i} \right)_{D=D_c} \right| d_{di} \\ \boldsymbol{u}_r = \boldsymbol{u}(Z, D_c) - \sum\limits_{i=1}^{m} \left| \left(\dfrac{\partial \boldsymbol{u}(Z, D)}{\partial d_i} \right)_{D=D_c} \right| d_{di} \end{cases} \tag{7.56}$$

式中，$\boldsymbol{u}_s$ 和 $\boldsymbol{u}_r$ 分别为 $\boldsymbol{u}$ 的上界和下界，均为随机变量。由文献[190]和文献[191]的矩法可得数字特征如下：

$$\begin{cases} \mu(\boldsymbol{u}_s) = \mu(\boldsymbol{u}(Z, D_c)) + \sum\limits_{i=1}^{m} \left| \mu \left(\dfrac{\partial \boldsymbol{u}(Z, D)}{\partial d_i} \right)_{D=D_c} \right| d_{di} \\ \mu(\boldsymbol{u}_r) = \mu(\boldsymbol{u}(Z, D_c)) - \sum\limits_{i=1}^{m} \left| \mu \left(\dfrac{\partial \boldsymbol{u}(Z, D)}{\partial d_i} \right)_{D=D_c} \right| d_{di} \end{cases} \tag{7.57}$$

$$
\begin{cases}
\sigma^2(\boldsymbol{u}_s)=\sum\limits_i\left(\dfrac{\partial \boldsymbol{u}_s(Z,D_c)}{\partial z_i}\right)^2_{Z=\mu(Z)}\sigma^2(z_i) \\
\qquad +\sum\limits_j\sum\limits_i\left(\dfrac{\partial \boldsymbol{u}_s(Z,D_c)}{\partial z_i}\right)_{Z=\mu(Z)}\left(\dfrac{\partial \boldsymbol{u}_s(Z,D_c)}{\partial z_j}\right)_{Z=\mu(Z)}\sigma^2(z_i)\sigma^2(z_j)\vartheta(z_iz_j) \\
\sigma^2(\boldsymbol{u}_r)=\sum\limits_i\left(\dfrac{\partial \boldsymbol{u}_r(Z,D_c)}{\partial z_i}\right)^2_{Z=\mu(Z)}\sigma^2(z_i) \\
\qquad +\sum\limits_j\sum\limits_i\left(\dfrac{\partial \boldsymbol{u}_r(Z,D_c)}{\partial z_i}\right)_{Z=\mu(Z)}\left(\dfrac{\partial \boldsymbol{u}_r(Z,D_c)}{\partial z_j}\right)_{Z=\mu(Z)}\sigma^2(z_i)\sigma^2(z_j)\vartheta(z_iz_j)
\end{cases}
\tag{7.58}
$$

$$
\begin{cases}
\dfrac{\partial \boldsymbol{u}_s}{\partial z_j}=\left(\dfrac{\partial \boldsymbol{u}(Z,D_c)}{\partial z_j}\right)_{Z=\mu(Z)}+\sum\limits_{i=1}^{m}\left|\left(\dfrac{\partial_2 \boldsymbol{u}(Z,D)}{\partial d_i\partial z_i}\right)_{\substack{D=D_c\\Z=\mu(Z)}}\right|d_{di} \\
\dfrac{\partial \boldsymbol{u}_r}{\partial z_j}=\left(\dfrac{\partial \boldsymbol{u}(Z,D_c)}{\partial z_j}\right)_{Z=\mu(Z)}-\sum\limits_{i=1}^{m}\left|\left(\dfrac{\partial_2 \boldsymbol{u}(Z,D)}{\partial d_i\partial z_i}\right)_{\substack{D=D_c\\Z=\mu(Z)}}\right|d_{di}
\end{cases}
\tag{7.59}
$$

由式(7.56)～式(7.59)可求出相应的置信区间，即不确定变量影响下 $\boldsymbol{u}$ 的动态响应区间。其中，涉及 $\mu(\boldsymbol{u}(Z,D_c))$、$\left(\dfrac{\partial \boldsymbol{u}(Z,D)}{\partial d_i}\right)_{D=D_c}$、$\mu\left(\dfrac{\partial \boldsymbol{u}(Z,D)}{\partial d_i}\right)_{D=D_c}$、$\left(\dfrac{\partial \boldsymbol{u}(Z,D_c)}{\partial z_i}\right)_{Z=\mu(Z)}$ 和 $\left(\dfrac{\partial_2 \boldsymbol{u}(Z,D)}{\partial d_i\partial z_i}\right)_{D=D_c,Z=\mu(Z)}$ 的值可由 7.4.1 节方法求解得出。

其次，以 $\boldsymbol{u}$ 作为新的不确定变量进行可靠度计算。在总体运行时间内，根据概率的相关性生成 $\boldsymbol{u}_s=(\boldsymbol{u}_{s1},\boldsymbol{u}_{s2},\cdots,\boldsymbol{u}_{sN_Z})$ 和 $\boldsymbol{u}_r=(\boldsymbol{u}_{r1},\boldsymbol{u}_{r2},\cdots,\boldsymbol{u}_{rN_Z})$ 的多元正态分布变量，得到如下相关系数矩阵：

$$
\begin{cases}
\boldsymbol{\rho}_{r(k_1,h_1)}=\operatorname{cov}(\boldsymbol{u}_{r(k_1)},\boldsymbol{u}_{r(h_1)})\Big/\left(\sigma(\boldsymbol{u}_{r(k_1)})\sigma(\boldsymbol{u}_{r(h_1)})\right) \\
\boldsymbol{\rho}_{s(k_1,h_1)}=\operatorname{cov}(\boldsymbol{u}_{s(k_1)},\boldsymbol{u}_{s(h_1)})\Big/\left(\sigma(\boldsymbol{u}_{s(k_1)})\sigma(\boldsymbol{u}_{s(h_1)})\right)
\end{cases}
\tag{7.60}
$$

式中，$k_1,h_1=1,2,\cdots,N_Z$。

由 $\boldsymbol{\rho}_s$ 和 $\boldsymbol{\rho}_r$ 可生成如下协方差矩阵：

$$
\begin{cases}
\boldsymbol{S}(\boldsymbol{u}_s)_{k_1,h_1}=\sigma(\boldsymbol{u}_s)_{k_1}\sigma(\boldsymbol{u}_s)_{h_1}\boldsymbol{\rho}_{s(k_1,h_1)} \\
\boldsymbol{S}(\boldsymbol{u}_r)_{k_1,h_1}=\sigma(\boldsymbol{u}_r)_{k_1}\sigma(\boldsymbol{u}_r)_{h_1}\boldsymbol{\rho}_{r(k_1,h_1)}
\end{cases}
\tag{7.61}
$$

式中，$\sigma(\boldsymbol{u}_s)_{k_1}$、$\sigma(\boldsymbol{u}_s)_{h_1}$、$\sigma(\boldsymbol{u}_r)_{k_1}$ 和 $\sigma(\boldsymbol{u}_r)_{h_1}$ 可由式(7.58)求得。

此时，可靠度 R 为

$$R=\int_{u_{ri}}^{u_{si}} f_u(u_1,u_2,\cdots,u_{N_Z})\mathrm{d}u_1\mathrm{d}u_2\cdots\mathrm{d}u_{N_Z} \tag{7.62}$$

式中，u_{si} 和 u_{ri} 分别为积分上界与下界，由 $\boldsymbol{u}_s$ 和 $\boldsymbol{u}_r$ 确定。$f_u(u_1,u_2,\cdots,u_{N_Z})$ 为

$$f_u(u_1,u_2,\cdots,u_{N_Z})=\begin{cases} f_p(\boldsymbol{u}_s,\boldsymbol{u}_r)f_\alpha(\boldsymbol{u}), & g(X)>0 \\ 0, & g(X)\leqslant 0 \end{cases} \tag{7.63}$$

式中，$f_p(\boldsymbol{u}_s,\boldsymbol{u}_r)$ 为 $\boldsymbol{u}_r$ 和 $\boldsymbol{u}_s$ 的多元正态分布概率密度函数，可由式(7.60)和式(7.61)得出；$f_\alpha(\boldsymbol{u})$ 为 $\boldsymbol{u}_r$ 和 $\boldsymbol{u}_s$ 之间的模糊隶属函数，选取 $f_\alpha(\boldsymbol{u})$ 为

$$f_\alpha(\boldsymbol{u})=\frac{\boldsymbol{u}_s-\boldsymbol{u}}{\boldsymbol{u}_s-\boldsymbol{u}_r} \tag{7.64}$$

直接通过式(7.62)计算 R 较困难，结合 $\boldsymbol{u}$ 的状态空间，采用如下方法。

(1) 根据 $\boldsymbol{u}_r$ 和 $\boldsymbol{u}_s$ 的分布情况生成随机数 $\boldsymbol{u}_{rq}$ 和 $\boldsymbol{u}_{sq}$，另得到与之匹配的随机数 $\boldsymbol{u}_{rp}$ 和 $\boldsymbol{u}_{sp}$，使之满足

$$\begin{cases} \boldsymbol{u}_{sq}+\boldsymbol{u}_{sp}=\mu(\boldsymbol{u}_s) \\ \boldsymbol{u}_{rq}+\boldsymbol{u}_{rp}=\mu(\boldsymbol{u}_r) \end{cases} \tag{7.65}$$

(2) 根据分层抽样法，在 $\boldsymbol{u}_{rq}$ 和 $\boldsymbol{u}_{sq}$ 中抽取随机数 $\boldsymbol{u}_{vq}$，另得到与之匹配的随机数 $\boldsymbol{u}_{oq}$，使之满足

$$\boldsymbol{u}_{vq}+\boldsymbol{u}_{oq}=\boldsymbol{u}_{rq}+\boldsymbol{u}_{sq} \tag{7.66}$$

同理，在 $\boldsymbol{u}_{rp}$ 和 $\boldsymbol{u}_{sp}$ 中抽取随机数 $\boldsymbol{u}_{vp}$，另得到与之匹配的随机数 $\boldsymbol{u}_{op}$。

(3) 以 $\boldsymbol{u}_{vq}$、$\boldsymbol{u}_{oq}$、$\boldsymbol{u}_{vp}$、$\boldsymbol{u}_{op}$ 为一组抽样数组，由 $g_{d1}(X), g_{d2}(X), \cdots, g_{dn_e}(X)$ 可推导出所对应的值，得出可靠度 R 为

$$R=\frac{\displaystyle\sum_{k=1}^{N_D}\sum_{d=1}^{N_S}\left[\left(f_{\psi d11}+f_{\psi d12}\right)\prod_{k=1}^{N_Z}\left(u_{sk}-u_{rk}\right)\right]}{\displaystyle\sum_{k=1}^{N_D}\sum_{d=1}^{N_S}\left[\left(f_{\psi d21}+f_{\psi d22}\right)\prod_{k=1}^{N_Z}\left(u_{sk}-u_{rk}\right)\right]} \tag{7.67}$$

式中，N_D为不确定变量状态空间中的离散区间总数；N_S为抽样随机数的总数；u_{sk}和u_{rk}分别为u_k（$k=1,2,\cdots,N_Z$）的上界和下界。

另外有

$$\begin{cases} f_{\psi d11}=\begin{cases}0, & g(X)\leqslant 0\\ f_u(\boldsymbol{u}_{vq}), & g(X)>0,\boldsymbol{u}=\boldsymbol{u}_{vq}\\ f_u(\boldsymbol{u}_{oq}), & g(X)>0,\boldsymbol{u}=\boldsymbol{u}_{oq}\end{cases}\\ f_{\psi d12}=\begin{cases}0, & g(X)\leqslant 0\\ f_u(\boldsymbol{u}_{vp}), & g(X)>0,\boldsymbol{u}=\boldsymbol{u}_{vp}\\ f_u(\boldsymbol{u}_{op}), & g(X)>0,\boldsymbol{u}=\boldsymbol{u}_{op}\end{cases}\\ f_{\psi d21}=\begin{cases}f_u(\boldsymbol{u}_{vq}), & \boldsymbol{u}=\boldsymbol{u}_{vq}\\ f_u(\boldsymbol{u}_{oq}), & \boldsymbol{u}=\boldsymbol{u}_{oq}\end{cases}\\ f_{\psi d22}=\begin{cases}f_u(\boldsymbol{u}_{vp}), & \boldsymbol{u}=\boldsymbol{u}_{vp}\\ f_u(\boldsymbol{u}_{op}), & \boldsymbol{u}=\boldsymbol{u}_{op}\end{cases}\end{cases} \tag{7.68}$$

本节提出的可靠性计算方法在X满足$d_{di}/d_{ci}<\upsilon_{di}$和$\sigma_i(z_i)/\mu(z_i)<0.1$时不需要反复计算式(4.15)，因此效率较高。多失效模式动态可靠性计算方法的计算流程图如图7.20所示。

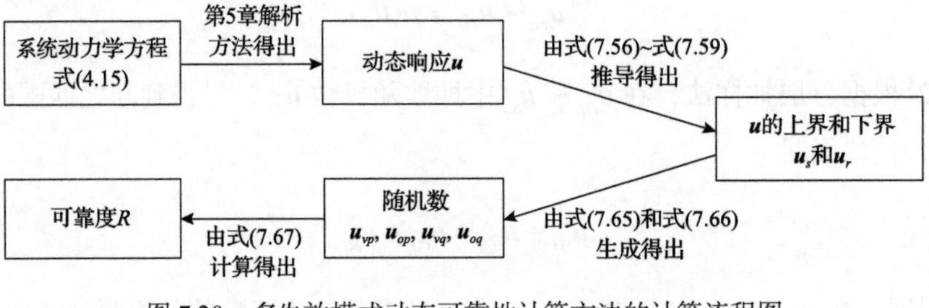

图7.20　多失效模式动态可靠性计算方法的计算流程图

7.6.2　多失效模式动态可靠性优化方法

为了进一步得到变胞式码垛机器人的最优变量范围，需要进行可靠性优化。设这些优化变量为X_s，目标函数为$F_s(X)$。结合7.6.1节的可靠性计算方法，提出如下优化方法。

(1)对X的区间$[X_{\min},X_{\max}]$进行分段，对式(4.15)求解，由式(7.56)～式(7.59)得出相应的$\boldsymbol{u}_s$和$\boldsymbol{u}_r$，由式(7.67)计算出各段的可靠度R，得出X各段与R的变

化关系。

(2) 要求满足 $R \geqslant R_0$（R_0 为设定的安全可靠度）以及 $\alpha_{X_s} < \alpha_0$，α_{X_s} 为可靠度对变量的灵敏度，α_0 为灵敏度允许的较小值，有

$$\alpha_{X_s} = \frac{\Delta R}{X_{sq\max} - X_{sq\min}} \tag{7.69}$$

式中，ΔR 为可靠度的变化量；$X_{sq\max}$ 和 $X_{sq\min}$ 分别为分段后 X_s 的上界和下界。当满足 $\alpha_{X_s} < \alpha_0$ 时，不需要对该变量进行区间分段，得到最优的 $F_s(X)$ 和对应的 X_s。

(3) 根据最优的 $F_s(X)$ 所对应的 X_s，重新确定下一次优化 X_s 的区间 $[X_{s1\min}, X_{s1\max}]$，对其进行分段，按照第 (1) 步和第 (2) 步再次计算。多次计算的精度较高，满足计算精度要求后优化结束。

优化数学模型如下：

$$\begin{aligned}
&\text{find}\ \ X_s \\
&\min\ \text{or}\ \max\ \ F_s(X) \\
&\text{s.t.}\ \begin{cases} X \in [X_{\min}, X_{\max}] \\ \alpha_{X_s} < \alpha_0 \\ R \geqslant R_0 \end{cases}
\end{aligned} \tag{7.70}$$

可靠性优化的计算流程图如图 7.21 所示。该优化方法是在本节的可靠性分析方法的基础上提出的，其主要的创新在于，在优化过程中只需对式(4.15)进行一次求解，就可以计算出变量范围内的可靠度，然后在该范围内进行优化求解，计算效率较高。在机器人运行时往往需要针对不同的工作轨迹进行多次优化，因此，采用本节的优化方法将更加便捷。

7.6.3　考虑共振时的动态可靠性分析

一般情况下，若激振力频率接近系统的固有频率则会发生共振失效，因此当激振力频率 $\omega_e \in X$ 时，需要考虑 ω_e 导致发生共振情况的影响，即 ω_e 的区间划分不能仅满足 $d_{di}/d_{ci} < \upsilon_{di}$ 或 $\sigma_i(z_i)/\mu(z_i) < 0.1$，还需要考虑 ω_e 区间内是否包括共振因子，ω_e 在共振因子附近需进行区间划分。在进行共振可靠性分析时，首先需要提取系统动力学模型的共振因子。

由式(5.22)可知，可能存在如下谐波响应：

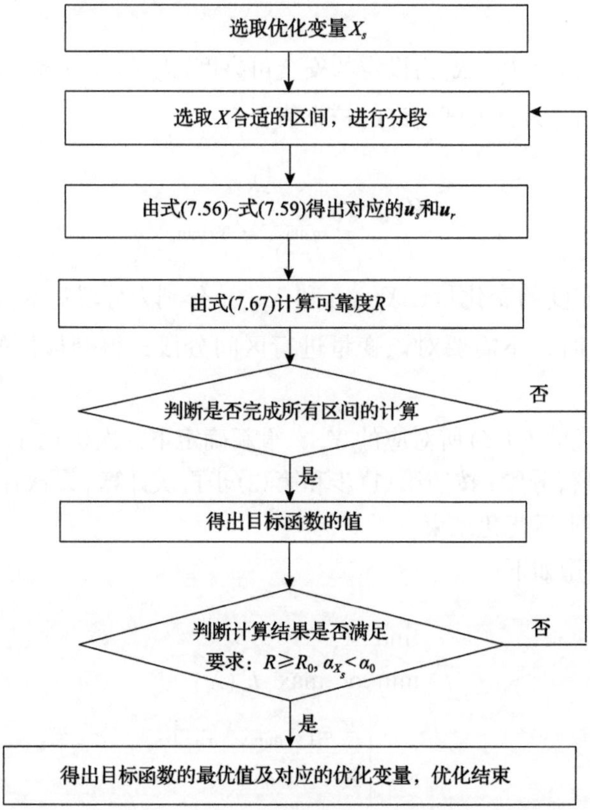

图 7.21　可靠性优化的计算流程图

(1) 当$c_{mp_k}\tau=\tau$，即$v_{mp_k}\approx\omega_r$时，为主谐波共振。

(2) 当$2c_{mp_k}\tau=\tau$，$3c_{mp_k}\tau=\tau$，即$2v_{mp_k}\approx\omega_r$，$3v_{mp_k}\approx\omega_r$时，为超谐波共振。

(3) 当$c_{mp_k}\tau=2\tau$，$c_{mp_k}\tau=3\tau$，即$\frac{1}{2}p_k v_{mp_k}\approx\omega_r$，$\frac{1}{3}p_k v_{mp_k}\approx\omega_r$时，为次谐波共振。

(4) 当$b_1 c_{m_1 p_{k1}}\tau \pm b_2 c_{m_2 p_{k2}}\tau = b_3\tau$，即$b_1 p_{k1} v_{m_1 p_{k1}} \pm b_2 p_{k2} v_{m_2 p_{k2}} \approx b_3\omega_r$，$b_1, b_2, b_3 = 1, 2$时，为组合谐波共振。

当激振力频率ω_e接近上述共振因子时，相应地会引起主谐波共振、次谐波共振、超谐波共振和组合谐波共振，从而发生相应的共振失效。若共振时机器人的弹性位移较小，则认为共振没有产生影响，没有发生共振失效；反之，认为发生共振相关的失效，即引起机器人各杆件或零件结构相应的失效(包括刚度、强度、疲劳等)。

为了反映共振作用的影响，确保可靠性计算的准确性，需要将ω_e的范围划分为共振计算区间和非共振计算区间，如图 7.22 所示。若 $\omega_e \in D$，对于共振计算区间，υ_{di} 需取较小值，非共振计算区间满足 7.6.2 节的不确定变量区间划分条件即可，进一步得到各段区间占总体区间的比例即概率值 ϑ_j (第 j 段，$j=1,2,\cdots$)。若 $\omega_e \in Z$，同样对 ω_e 进行分段处理，得出各段区间对应的概率值 p_j。结合式(7.50)，得出可靠度 $R(X,t)$ 如下：

$$R(X,t)=\begin{cases}\sum_j R_j(X,t)\cdot\vartheta_j, & \omega_e\in D\\ \sum_j R_j(X,t)\cdot p_j, & \omega_e\in Z\end{cases} \tag{7.71}$$

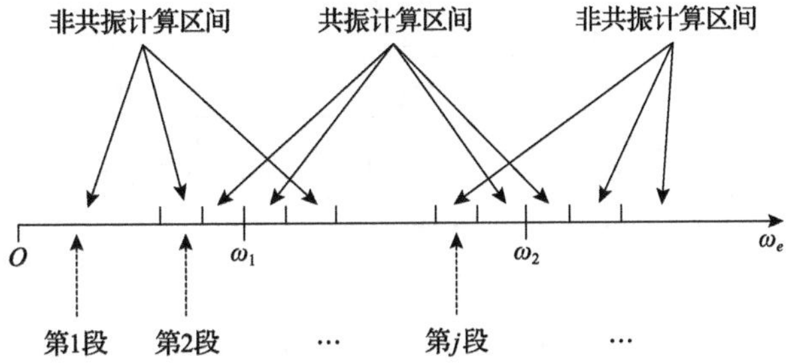

图 7.22　ω_e 范围内的计算区间

考虑共振时可靠性分析的计算流程图如图 7.23 所示。

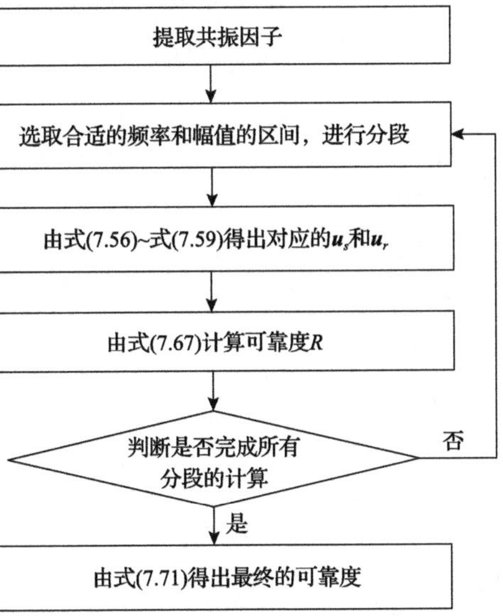

图 7.23　考虑共振时可靠性分析的计算流程图

7.7　多失效模式动态可靠性实例分析

7.7.1　多失效模式动态可靠性模型

对于实例中的失效模式，需要分别从刚度失效、强度失效、疲劳失效三个环节考虑。多失效模式的推导过程如图 7.24 所示。

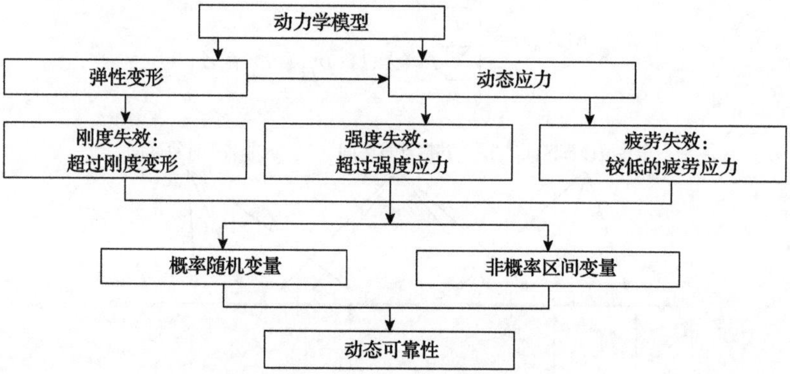

图 7.24　多失效模式的推导过程

1. 刚度失效

如图 7.25 所示，设 t 时刻第 k 个梁单元上任意一点的正应变（ε_{xk}）、挠度（w_{yk}、w_{zk}）、切应变（γ_{xk}）和转角（φ_{yk}、φ_{zk}）如下：

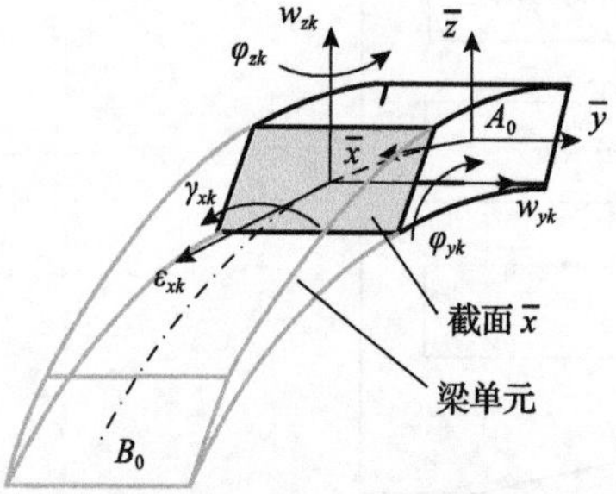

图 7.25　第 k 个梁单元的刚度失效指标

$$\begin{cases}\varepsilon_{xk}(\overline{x},t)=\dfrac{\left|U_{1k}-U_{7k}\right|}{L_k}\\ w_{yk}(\overline{x},t)=W_{yk}\\ w_{zk}(\overline{x},t)=W_{zk}\\ \gamma_{xk}(\overline{x},t)=\rho_{xk}V'_{xk}\\ \varphi_{yk}(\overline{x},t)=V_{yk}\\ \varphi_{zk}(\overline{x},t)=V_{zk}\end{cases}\tag{7.72}$$

式中，ρ_{xk} 为梁单元表面到转角 V_{xk} 中心的距离；V'_{xk} 表示对 V_{xk} 求 $\overline{x}$ 的一阶导数；L_k 为第 k 个梁单元的长度。

设第 k 个梁单元的刚度指标集合为 $\vartheta_k=\{\varepsilon_{xk},w_{yk},w_{zk},\gamma_{xk},\varphi_{yk},\varphi_{zk}\}$，$\vartheta_k$ 不超过设定的阈值，则认为是安全状态，否则认为是失效状态，则 t 时刻其刚度失效函

数为 g_{d1k_p}，有

$$g_{d1k_p}(\bar{x},t)=\vartheta_{Ek_p}-n_1\left|\vartheta_{k_p}\right|,\quad p=1,2,\cdots,6 \tag{7.73}$$

$$\begin{cases} g_{d1k_1}=\vartheta_{Ek_1}-n_1\dfrac{\left|U_{1k}-U_{7k}\right|}{L_k} \\ g_{d1k_2}=\vartheta_{Ek_2}-n_1\left|\sum\limits_{i=2,6,8,12}\zeta_i(\bar{x})U_{ik}\right|_{\max} \\ g_{d1k_3}=\vartheta_{Ek_3}-n_1\left|\sum\limits_{i=3,5,9,11}\zeta_i(\bar{x})U_{ik}\right|_{\max} \\ g_{d1k_4}=\vartheta_{Ek_4}-n_1\rho_{xk}\dfrac{\left|(L_k+1)U_{1k}-U_{7k}\right|}{L_k} \\ g_{d1k_5}=\vartheta_{Ek_5}-n_1\left|\sum\limits_{i=2,6,8,12}\zeta_i'(\bar{x})U_{ik}\right|_{\max} \\ g_{d1k_6}=\vartheta_{Ek_6}-n_1\left|\sum\limits_{i=3,5,9,11}\zeta_i'(\bar{x})U_{ik}\right|_{\max} \end{cases} \tag{7.74}$$

式中，ϑ_{k_p} 为对应的第 p（$p=1,2,\cdots,6$）个元素；ϑ_{Ek_p} 为材料许用值，由材料属性决定；n_1 为该失效函数的安全系数。

2. 强度失效

第 k 个梁单元在截面 $\bar{x}$ 所受的应力如图 7.26 所示，截面 $\bar{x}$ 中的一部分承受拉压应力，另一部分承受弯曲应力，轴线 $\bar{x}$ 方向的拉压应力为

$$\sigma_{\bar{x}k}(\bar{x},t)=\frac{E_k}{L_k}(U_{1k}-U_{7k}) \tag{7.75}$$

式中，E_k 为弹性模量；L_k 为梁单元长度。那么，$\bar{y}$ 和 $\bar{z}$ 方向产生的弯曲应力为

$$\begin{cases} \sigma_{\bar{y}k}(\bar{x},t)=\pm\dfrac{\mathrm{d}^2W_{yk}}{\mathrm{d}\bar{x}^2}E_k\rho_{yk} \\ \sigma_{\bar{z}k}(\bar{x},t)=\pm\dfrac{\mathrm{d}^2W_{zk}}{\mathrm{d}\bar{x}^2}E_k\rho_{zk} \end{cases} \tag{7.76}$$

式中，ρ_{yk} 和 ρ_{zk} 分别为 W_{yk} 和 W_{zk} 所在方向下梁单元表面到中性层的距离。

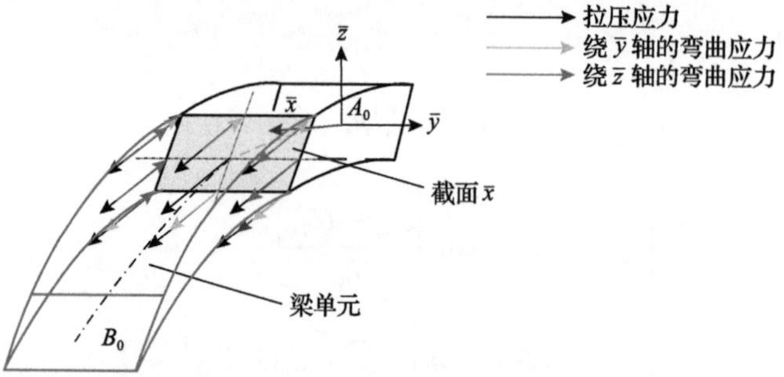

图 7.26　第 k 个梁单元在截面 $\overline{x}$ 所受的应力

进一步得梁单元的总体应力 $\sigma_{Rk}(\overline{x},t)$ 为

$$\sigma_{Rk}(\overline{x},t)=\sigma_{\overline{x}k}(\overline{x},t)+\sigma_{\overline{y}k}(\overline{x},t)+\sigma_{\overline{z}k}(\overline{x},t) \tag{7.77}$$

当 $\sigma_{Rk}(\overline{x},t)$ 超过设定的阈值时，认为发生强度失效。设 t 时刻其强度失效函数为 $g_{d2k}(\overline{x},t)$，有

$$g_{d2k}(\overline{x},t)=\frac{\sigma_{Ek(\overline{x})}}{n_{2k}}-\sigma_{Rk}(\overline{x},t) \tag{7.78}$$

式中，$\sigma_{Ek(\overline{x})}$ 为第 k 根杆对应的许用应力；n_{2k} 为该失效函数的安全系数。

3. *疲劳失效*

通常情况下，机器人在多个周期的内力和外力作用下以较快的速度运行，机器人的几何约束也限制了每个连杆的弹性变形量。因此，认为其疲劳状态属于低应力的高周疲劳。对应的非对称循环应力 $\sigma_{-1Rc}(\overline{x},t)$ 为

$$\sigma_{-1Rc}(\overline{x},t)=\sigma_{Ra}(\overline{x},t)+\phi_{p_k}\sigma_{Rb}(\overline{x},t) \tag{7.79}$$

式中，ϕ_{p_k} 为折算系数，与材料的特性有关，为已知值；$\sigma_{Ra}(\overline{x},t)$ 和 $\sigma_{Rb}(\overline{x},t)$ 分别为 $\sigma_{Rk}(\overline{x},t)$ 折算为对称循环应力的幅值和平均值，可通过雨流计数法[194, 195]计算得到。

得出第 e 个应力振幅

$$\sigma_{de}(\overline{x},t)=\left[\frac{K_{p_k}}{\varepsilon_{p_k}\beta_{p_k}}\sigma_{-1Rc}(\overline{x},t)\right]_e \tag{7.80}$$

式中，K_{p_k} 为有效应力集中系数；ε_{p_k} 为尺寸系数；β_{p_k} 为表面质量系数。这些参

数均为已知值。

考虑前后应力的相互应力，根据 Corten-Dolan 累积损伤理论[196,197]和 S-N 应力疲劳曲线的特点，有

$$\begin{cases} N_{s_k}=\dfrac{N_{sf}}{\sum\limits_{i=1}\left\{\dfrac{\sigma_{de}(\overline{x},t)}{[\sigma_{de}(\overline{x},t)]_{\max}}\right\}^{c_{s_k}}\alpha_{de}} \\ N_{sf}=N_{s0}\left(\dfrac{\sigma_{-1k}}{r_d\left[\sigma_d(\overline{x},t)\right]_{\max}}\right)^{m_c} \end{cases} \tag{7.81}$$

式中，N_{sf} 为最大循环应力 $\left[\sigma_{de}(\overline{x},t)\right]_{\max}$ 作用下的循环次数，取决于工作条件；m_c 为 S-N 应力疲劳曲线有关的材料常系数；σ_{-1k} 为对称循环应力作用下的疲劳持久极限；N_{s0} 为循环基数；c_{s_k} 为疲劳试验得到的常系数；α_{de} 为 $\sigma_{de}(\overline{x},t)$ 占总循环数的比例；r_d 为选取的安全系数；$\left[\sigma_d(\overline{x},t)\right]_{\max}$ 为非对称循环应力作用下的最大应力，根据工作条件确定。

进一步，得到横截面 $\overline{x}$ 的工作安全系数 $n_{p_k}(\overline{x},t)$ 为

$$n_{p_k}(\overline{x},t)=\frac{N_{a_k}}{N_{s_k}} \tag{7.82}$$

式中，N_{a_k} 为设定的安全循环次数。

当 n_{p_k} 超过阈值时，认为发生了疲劳失效。设 t 时刻其疲劳失效函数为 $g_{d3k}(\overline{x},t)$，得

$$g_{d3k}(\overline{x},t)=n_{p_k}(\overline{x},t)-n_{3k} \tag{7.83}$$

式中，n_{3k} 为第 k 根杆所对应的许用疲劳安全系数。

7.7.2　动态可靠性计算

设定输出端负载重量为概率随机变量，服从正态分布，均值 $\mu(m_p)$=10kg，方差 $\sigma(m_p)$=0.25kg；设定第一输入端角度偏差值 θ_{p1} 和第二输入端角度偏差值 θ_{p2} 均为非概率区间变量，$\theta_{p1},\theta_{p2}\in[-2\times10^{-4}\,\text{rad},2\times10^{-4}\,\text{rad}]$。$\vartheta_{Ek}=\{s_1,s_1,s_1,s_2,s_2,s_2\}$，$s_1=0.00065$，$s_2=0.001\pi$，$\sigma_{Ek}=100\text{MPa}$，$[\sigma_{-1k}]_{\max}=300\text{MPa}$，$n_{1k}$、$n_{2k}$ 和 n_{3k} 为 3.6。N_{s0} 和 r_d 分别为 10^8 和 3.3。m_{s_k} 和 c_{s_k} 分别为 9 和 5.8。K_{p_k}、ε_{p_k} 和 β_{p_k} 分别为 1.9、0.8 和 1。机器人抓取物体负载后在坐标点(1.020m, 52°, 0.297m)将

二自由度构态转换为一自由度构态，运行时间为 0.2s，再以一自由度构态运动至坐标点(1.053m, 0°, 0.059m)，运行时间为 1.0s。

分别运用 7.6.1 节提出的方法和基于神经网络的蒙特卡罗法进行计算。以 *BC* 杆为例，设 R_{s1} 为机器人刚度失效模式的可靠度，R_{s2} 为机器人强度失效模式的可靠度，R_{s3} 为机器人疲劳失效模式的可靠度。R 为考虑失效函数相关性的机器人整体可靠度，所得结果如表 7.6 所示。7.6.1 节方法和基于神经网络的蒙特卡罗法的计算结果接近，偏差较小，说明 7.6.1 节所提的可靠性计算方法具有一定的准确性。

表 7.6 可靠性计算结果

计算方法	R_{s1}	R_{s2}	R_{s3}	R
7.6.1 节方法	0.9901	1	0.9988	0.9889
基于神经网络的蒙特卡罗法	0.9923	1	0.9999	0.9922

在变胞机构运行控制调整中，本例中采取的不确定变量以及可靠度计算结果为运动控制中确定运动参数的依据，根据工作场合以及运动轨迹的不同，往往需要多次进行可靠度计算，在这一情况下，7.6.1 节方法相对于基于神经网络的蒙特卡罗法会更合适。

7.7.3 动态可靠性优化

在机器人运动时，由于构态变换可能会产生运动误差，而机器人的动态可靠度的变换与输入角度偏差有关，所以需要监测这些偏差，若超过偏差范围，必须调整机器人输入端的电机脉冲数值才能重新工作。因此，为了确保机器人的正常运转，我们需要知道这一范围。设优化变量为第一输入端角度偏差值上界 θ_{sp1} 和第二输入端角度偏差值上界 θ_{sp2}，求出满足安全可靠度为 $R_0=0.9995$ 的条件下目标函数的最大值。对算例进行优化时，均取区间界限值作为优化变量。

优化数学模型如下：

$$
\begin{aligned}
&X_s=[\theta_{sp1},\theta_{sp2}]\\
&\text{find } X_s\\
&\max F_s(X)=\min(\theta_{sp1},\theta_{sp2})\\
&\text{s.t.}\begin{cases}\theta_{sp1}=-\theta_{rp1}\in[5\times10^{-5}\,\text{rad},2\times10^{-4}\,\text{rad}]\\ \theta_{sp2}=-\theta_{rp2}\in[5\times10^{-5}\,\text{rad},2\times10^{-4}\,\text{rad}]\\ R\geqslant R_0=0.9995\end{cases}
\end{aligned}
\tag{7.84}
$$

式中，θ_{rp1} 和 θ_{rp2} 分别为第一输入端和第二输入端角度偏差值下界。运用 7.6.2 节优化方法对式(7.84)进行优化计算，结果如图 7.27 所示。

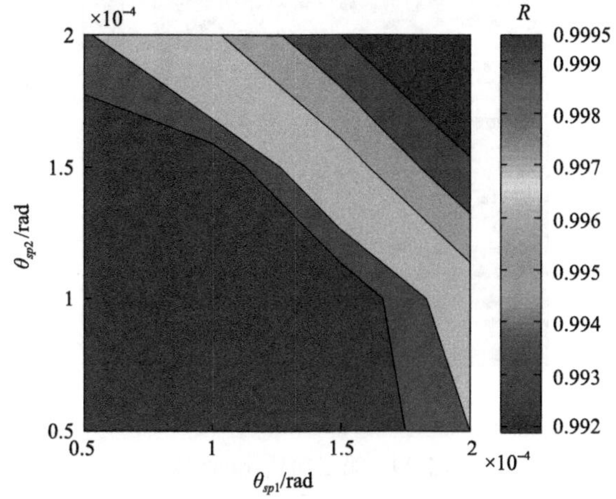

图 7.27 第一次优化的结果

第一次优化是在大范围内进行的，优化的变量范围中并非全部都是优化计算所关注的，其计算结果精度会有一定的偏差，为了获得更加准确的计算结果，从中选出第二次优化的范围。根据第一次优化的可靠度结果(图 7.27)和目标函数的变化情况(图 7.28)，可知第一次优化结果：$F_s(X)=1\times10^{-4}\,\text{rad}$，$R=1$。基于此，运用 7.6.2 节的优化方法进行第二次优化。由图 7.27 和图 7.28 可知，当 $\theta_{sp1},\theta_{sp2}>1.5\times10^{-4}\,\text{rad}$ 时，$R<R_0$，当 $\theta_{sp1},\theta_{sp2}>1.1\times10^{-4}\,\text{rad}$ 时，$R\geqslant R_0$，因此，$\theta_{sp1},\theta_{sp2}\in[1.1\times10^{-4},\ 1.5\times10^{-4}]\text{rad}$ 是 $F_s(X)$ 出现最优值的可能范围，根据这一范围进行第二次优化，结果如图 7.29 所示。第二次优化确保只对最优值附近存在的范围进行优

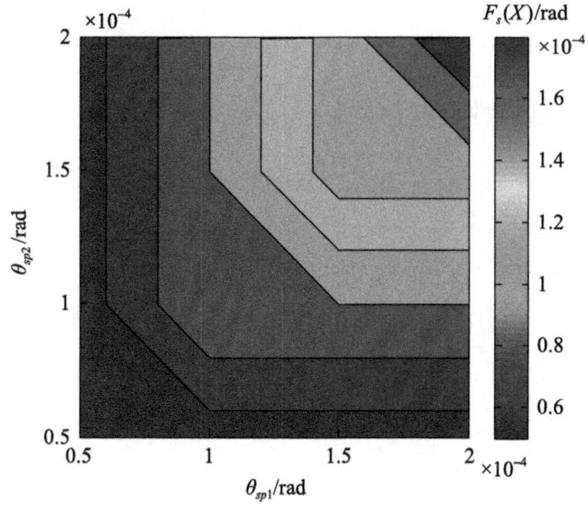

图 7.28 目标函数范围

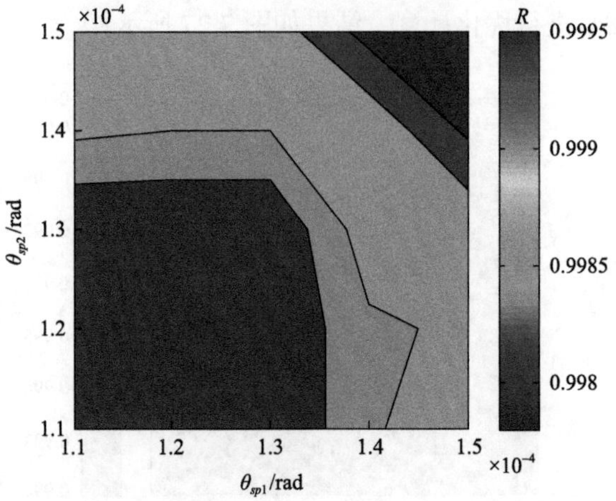

图 7.29　第二次优化的结果

化，得到了相应的范围和对应关系，这样做一方面可以减少优化过程计算量，另一方面可得到变量范围内的目标函数分布情况。在运动控制中可以针对该范围制定相应的控制策略。

运用 7.6.2 节优化方法和遗传算法对采用基于神经网络的蒙特卡罗法进行优化，计算结果如表 7.7 所示。可见优化结果满足要求，两种方法的计算结果误差较小，说明 7.6.2 节方法具有一定的准确性。

表 7.7　可靠度计算结果对比

计算方法	$F_s(X)$/rad	R
遗传算法	1.33×10^{-4}	>0.9995
7.6.2 节优化方法	1.27×10^{-4}	>0.9995

7.7.4　考虑共振时的可靠性分析与优化

为了解内冲击力频率$\omega_e(\omega_e = 2\pi f_e)$对机器人可靠性的影响，考虑$f_e$为非概率区间变量，$f_e \in [10\text{Hz}, 22\text{Hz}]$，进行振动可靠性分析。经计算得到一阶固有频率均值$f_{r1} = 16\text{Hz}$，因此，在运用 7.6.2 节方法进行计算时，将$f_e$的区间分为$[10\text{Hz}, 13\text{Hz}]$、$(13\text{Hz}, 15\text{Hz}]$、$(15\text{Hz}, 16\text{Hz}]$、$(16\text{Hz}, 17\text{Hz}]$、$(17\text{Hz}, 20\text{Hz}]$和$(20\text{Hz}, 22\text{Hz}]$，进行分段计算。不确定变量与 7.7.2 节一致。对应不同的f_e，构态变换后的可靠度R如图 7.30 所示，可见在f_e接近f_{r1}时R有所减小，在偏离f_{r1}时R均接近 1。θ_{sp1}和θ_{sp2}与可靠度的关系如图 7.31 所示。

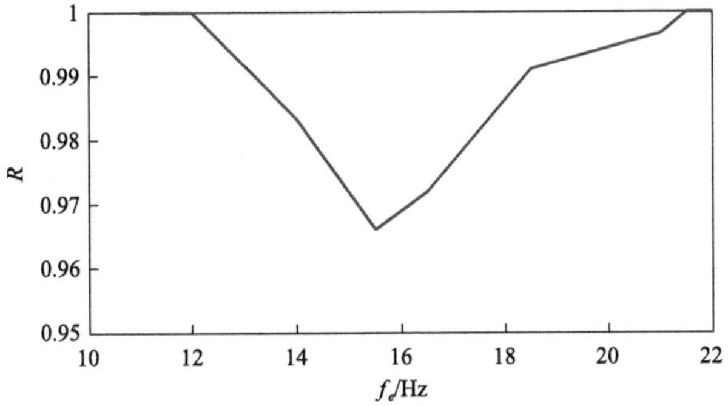

图 7.30 f_e 与 R 变化关系图

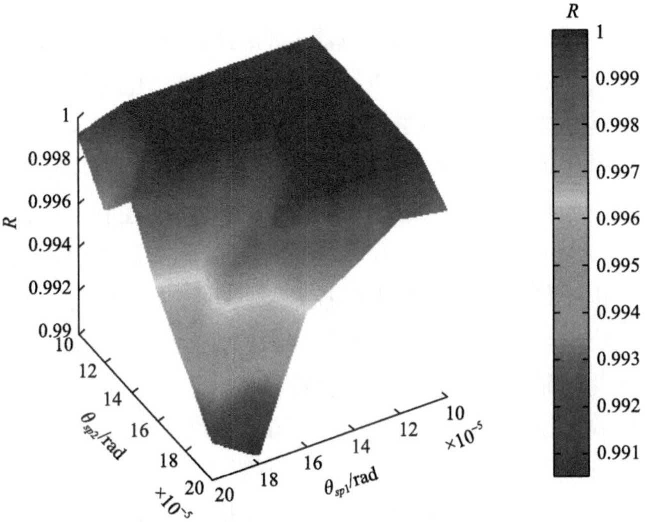

图 7.31 θ_{sp1}、θ_{sp2} 与可靠度的关系图

若 θ_{sp1} 和 θ_{sp2} 的范围保持不变，当 f_e 位于区间[10Hz, 12Hz]和[21.5Hz, 22Hz]内时，$R \geqslant R_0$，则该区间内可避免共振引起可靠度下降。若 f_e 位于区间[10Hz, 22Hz]，图 7.31 中 θ_{sp1} 和 θ_{sp2} 最深色区域为 $R \geqslant R_0$ 的区域，则在该范围内即使发生共振也能满足可靠度约束条件，从而得出避免发生共振失效的 f_e 以及 θ_{sp1} 和 θ_{sp2} 的对应范围。

第8章　变胞式码垛机器人性能分析试验

面向任务的变胞机构系统的轨迹规划、动力学建模与分析和动态可靠性研究，是根据实际工况对机构系统的数学建模推导进行的。试验研究则是对相关理论的数学建模与分析进行求证，是验证本书所提出的理论方法能否反映实际工程条件下机构可靠性的重要手段。

为了实现可控变胞式码垛机器人的轨迹规划，需要针对该机器人给出可行的硬软件实现方法。考虑到变胞式码垛机器人的结构特点，在分析其轨迹规划的实现方法时，不仅需要考虑传统工业机器人的控制精度、响应速度等指标，还需要考虑如何使各个构态之间的切换更加流畅、快速。从目前工业机器人控制系统的研究现状来看，基于通用运动控制器的开放式控制系统，模块化程度高且响应速度快，可以适应变胞机构多种构态以及构态切换所需的控制精度，因此本章选用“计算机+通用运动控制器”的上下位机模式作为变胞式码垛机器人控制系统的基本框架。同时，由于传统工业机器人的控制系统并没有考虑与构态变换相关的内容，所以需要给出能够实现快速构态变换以及稳定运行新型变胞工作路径的轨迹规划的方法，在此基础上开展轨迹规划验证试验。

动态可靠性验证试验是在动态响应验证试验的基础上开展的。在可靠性验证方面，为了得到准确的结果，一般采用蒙特卡罗法，通过大量的试验采集相应的数据，然后计算各组数据所对应的失效函数，从而得出可靠度。但是由于实际条件有限，无法进行大量试验。针对这一问题，众多学者对可靠性试验进行了研究[198-203]。总体来说，目前对于结构较为复杂的机构的可靠度试验主要是对理论模型进行修正以及验证，考虑效率问题，往往采用仿真或有限数组拟合的方法，仍少见面向实际工程任务的变胞机构可靠性试验方面的研究。

本章对变胞式码垛机器人进行轨迹规划、动态响应和可靠性试验，并对这些理论分析进行验证。本书作者团队研发了变胞式码垛机器人物理样机，首先介绍其控制系统的硬件/软件实现方法，然后开展试验验证，并对试验结果进行分析计算，将计算结果与运用理论方法得出的计算结果进行对比，验证所提理论分析方法的正确性。

8.1　控制系统的硬件实现方法

8.1.1　机器人样机结构

由图 8.1 可以看出，该机器人主体主要包括主连杆、辅助连杆、底座平台、抓手、变胞部件以及驱动电机等。其中，主连杆(对应机构简图中连杆 *AB*、连杆 *DE*、连杆 *BF* 以及三角板 *CDN*)构成平面变胞机构，可实现平面运动；辅助连杆(对应机构简图中连杆 *HI*、连杆 *IJ*、连杆 *JK* 和连杆 *KG*)保证抓手位姿始终朝下；底座平台(对应机构简图中 *O* 点)可绕底座转轴旋转，如图 8.2 所示；抓手部分包括抓手轴(对应机构简图中连杆 GG_1)、抓手盘(对应机构简图中连杆 O_1G_2)和抓手电磁铁(对应机构简图中 G_2 点)，三个抓手电磁铁位于抓手盘上，并且可绕抓手轴转动，如图 8.3 所示。

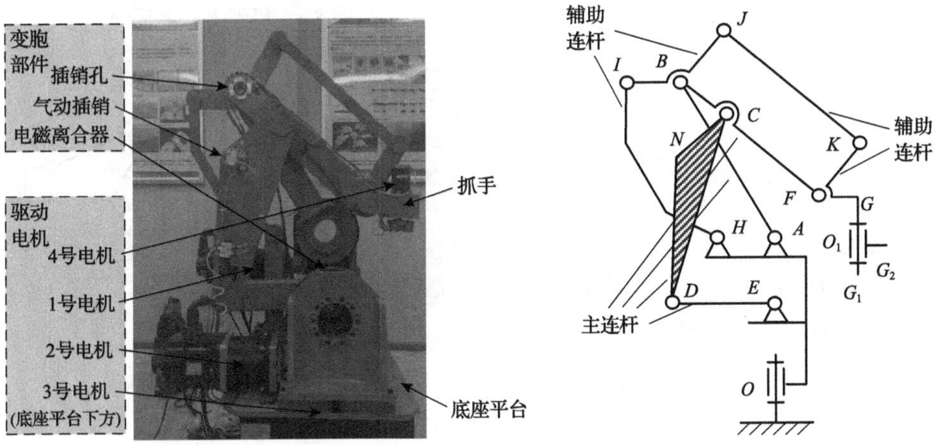

(a) 机器人主体(停机状态)　　(b) 机器人机构简图

图 8.1　变胞式码垛机器人样机结构及机构简图

变胞式码垛机器人机构在其工作平面内能够实现一自由度构态和二自由度构态的切换。当 *B*、*N* 两点重合，且三角板 *CDN* 与连杆 *BF* 合并为一个构件时，该变胞机构在其工作平面内为一自由度构态，此时气动插销插入插销孔中，电磁离合器两片分离即离合器打开，机器人状态如图 8.4(a)所示。在该构态下，机器人机构工作平面内的主动件仅为连杆 *AB*(后面简称 1 号轴)，因此机构运行更稳定，配合底座平台的转动能够完成物料的快速搬运。

当 *B*、*N* 两点分离时，该变胞机构在其工作平面内为二自由度构态，此时气动插销完全拔出，电磁离合器两片合并即离合器闭合，机器人状态如图 8.4(b)所示。在该构态下，机器人机构工作平面内的主动件为连杆 *AB* 和连杆 *DE*(后面简称 2 号轴），因此机构能够完成多种轨迹，配合抓手部分的转动与抓手电磁铁可以实现更加灵巧的抓取和卸载。

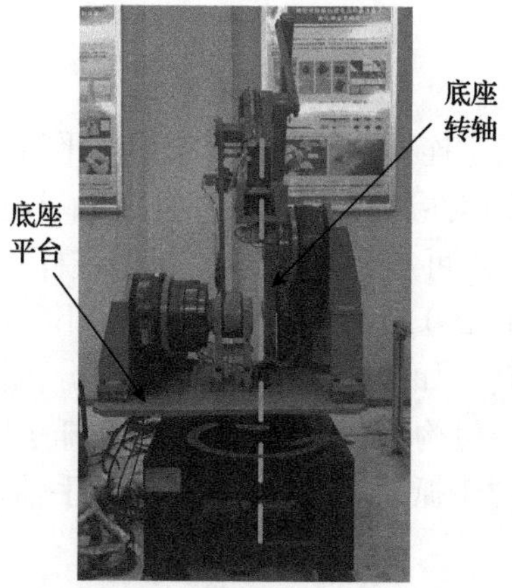

图 8.2　底座平台及底座转轴

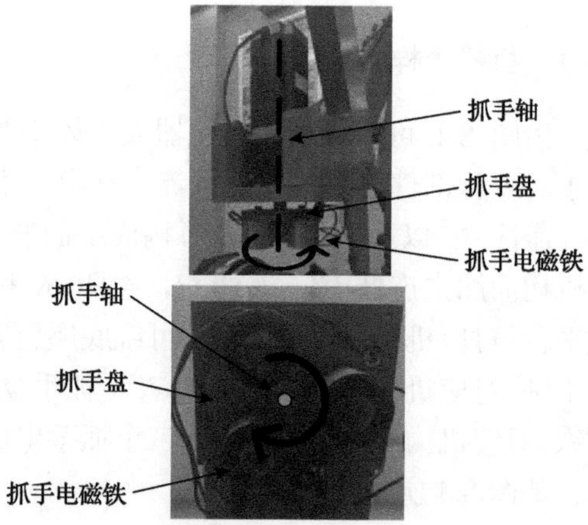

图 8.3　机器人抓手部分

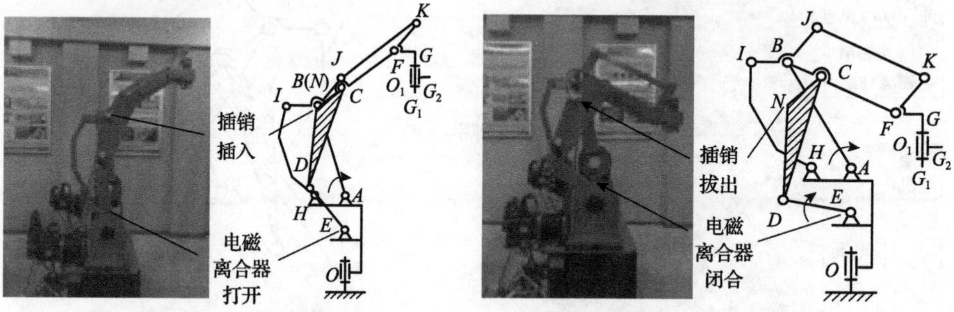

(a) 一自由度构态及机构　　　　(b) 二自由度构态及机构

图 8.4　机器人两种构态及机构简图

8.1.2　控制系统硬件整体方案

由于变胞机构的构态变换特点，设计其控制系统硬件平台时，需要额外考虑变胞动作的影响。为保证机器人能够稳定、快速地进行码垛作业，控制系统硬件平台的总体方案在设计时有如下要求：

(1)能够长期安全、可靠运行。

(2)在满足控制要求的条件下尽可能简单、经济。

(3)具有良好的可拓展性，可以适应后续控制要求的提高。

(4)能够实现对变胞动作及变胞码垛路径的调试。

为满足变胞式码垛机器人的控制要求，机器人控制系统硬件采用“PC+通用运动控制器”的模式，其硬件拓扑图如图 8.5 所示。其中，运动控制器主卡为固高 GTS-400-PG-VB 运动控制卡，1、2 轴电机为松下 A5 伺服电机，3、4 轴电机选用闭环步进电机。运动控制器通过通信线与电机驱动器相连，进而控制相应的伺服电机及步进电机；通过数字 I/O 接口连接三个继电器，分别控制电磁离合器、气动插销和抓手电磁铁；通过数字 I/O 接口连接四个光电限位开关，后面将详细介绍光电限位开关的应用。PC 通过协议控制信息(protocol control information，PCI)插槽与运动控制器相连以获取运动控制器内部数据，同时负责人机交互界面显示。运动控制器、电机驱动器及继电器均布置于电气控制柜中，具体布局如图 8.6 所示。其中，设置四个 24V 直流电源，主要负责为运动控制器及继电器等供电。

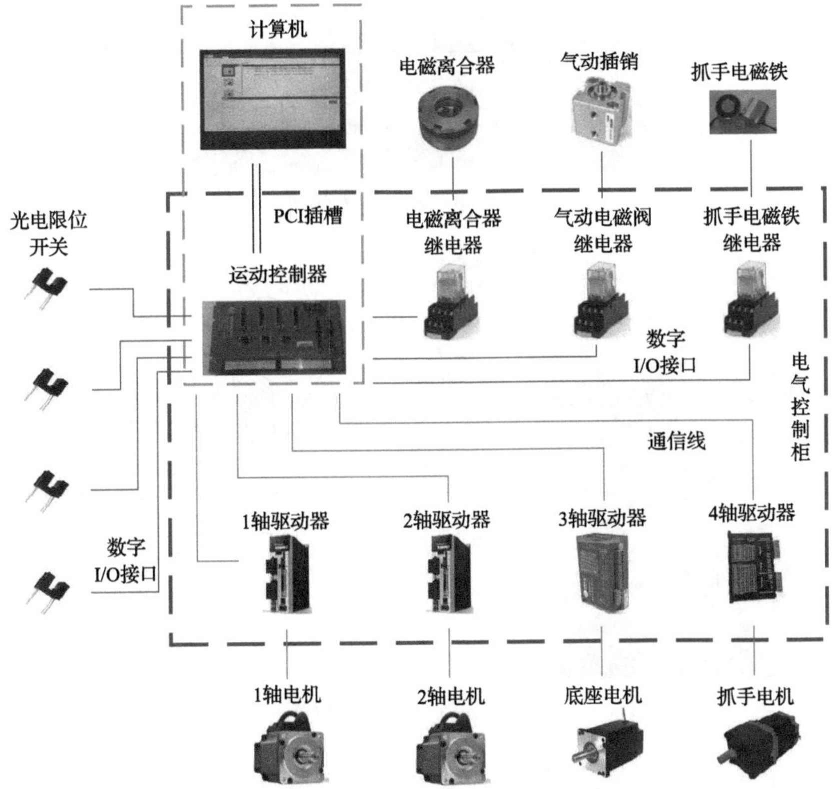

图 8.5　控制系统硬件拓扑图

8.1.3　光电开关的布置及应用

光电开关选用槽型光电开关，共四个，分别为两个调零光电开关、一个变胞位光电开关、一个轴位光电开关，如图 8.7 所示。其中，两个调零光电开关设置在两轴末端，如图 8.8(a)及图 8.8(b)所示；变胞位光电开关用来识别机器人是否已经进入变胞点附近，设置在插销孔附近，如图 8.8(c)所示；轴位光电开关用来保证三角板 *CDN* 不会高于连杆 *BF*，防止机器人发生碰撞，设置在三角板 *CDN* 不高于连杆 *BF* 的铰接点附近，如图 8.8(c)所示。

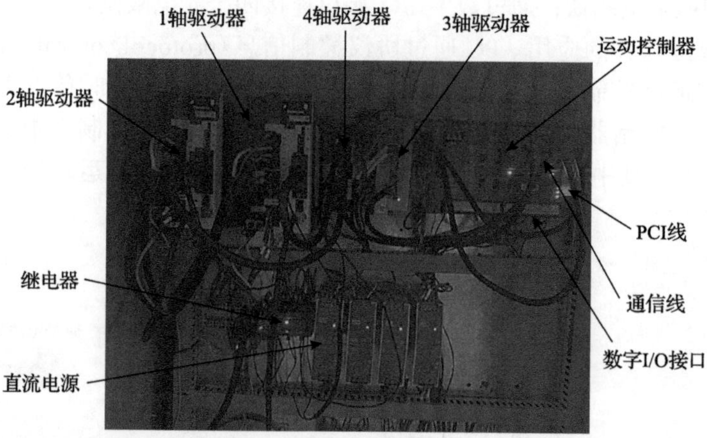

图 8.6　电气控制柜实物图

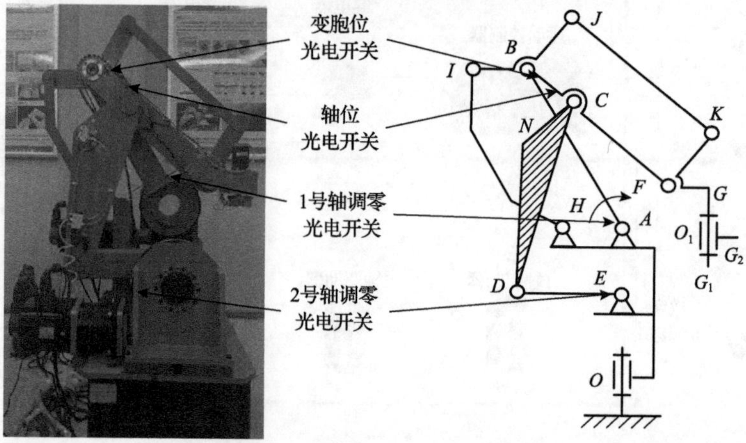

图 8.7　四个光电开关位置

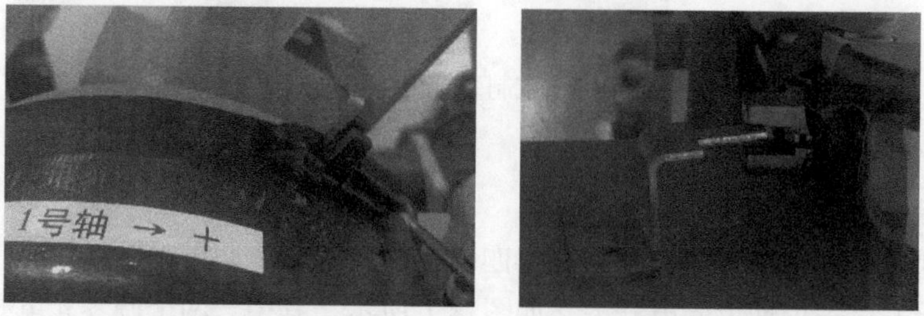

(a) 1号轴(*AB*杆)调零光电开关　　(b) 2号轴(*DE*杆)调零光电开关

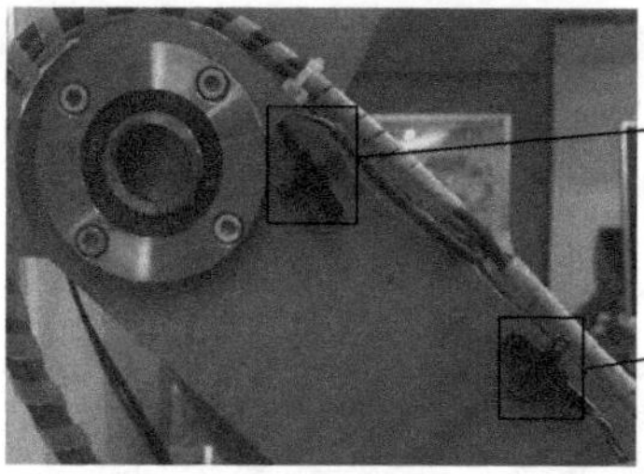

(c) 变胞位光电开关及轴位光电开关

图 8.8　光电开关实际位置

8.1.4　变胞动作的硬件实现策略

由前面变胞式码垛机器人的工作原理可以看出，机器人采用了光电开关、气动插销及电磁离合器组合的方案以实现构态变换。但由于实际工况条件限制和机器人自重或负载等因素影响，在变胞过程中，两片离合器之间以及插销与插销孔之间会产生一定偏差，从而导致变胞失败。为了能够稳定可靠地实现变胞动作，本节结合变胞部件，设计了变胞式码垛机器人实际变胞动作的实现策略，具体如下。

1. 静止变胞

当机构需要从一自由度构态变换到二自由度构态时，由于杆件重力的影响等，在一自由度构态运动后，两片离合器之间会产生一定的偏差，2 号轴需运行一定数量的补偿脉冲以对齐离合器，该补偿脉冲值记为 C_{p1}。在对齐离合器并闭合后，如图 8.9(a)所示，需要使 2 号轴再次运行一定的补偿脉冲使机器人运行至变胞位光电开关处，该补偿脉冲值记为 C_{p2}。最后拔出插销，如图 8.9(b)所示，完成构态变换。

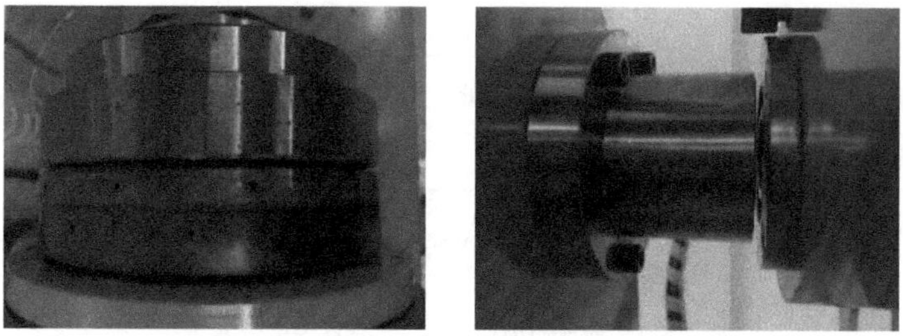

(a) 闭合离合器　　(b) 拔出插销

图 8.9　一自由度构态变换为二自由度构态

当机构需要从二自由度构态变换到一自由度构态时，首先使机器人运行至变胞位光电开关处并插入插销，如图 8.10(a)所示。由于杆件的重力作用以及插销与插销孔存在间隙，远离 2 号轴电机一侧的离合器将发生径向偏移和周向旋转。为了配合后续的构态变换，此时 2 号轴需要运行一定的补偿脉冲，该补偿脉冲值记为 C_{p3}。机器人运行完该补偿脉冲后，才可打开离合器，如图 8.10(b)所示。随后机器人反向运行至补偿脉冲值 C_{p3}，构态变换结束。

(a) 变胞位光电开关到位并插入插销

(b) 打开离合器

图 8.10 二自由度构态变换为一自由度构态

另外，由第 3 章的两种工况可以看出，工况一在构态变换时，1 号轴仍处于运动状态，而工况二在构态变换时，1 号轴处于静止状态，因此本节将工况一的构态变换方式称为运动变胞，将工况二的构态变换方式称为静止变胞。

2. 运动变胞

运动变胞的实现方法与静止变胞类似，区别在于：静止变胞在构态变换过程中，1 号轴保持静止，2 号轴、离合器及插销依次进行动作；而运动变胞在构态变换前后以及构态变换过程中，1 号、2 号轴处于低速运动状态，同时 2 号轴需要额外运行至补偿脉冲值位置，并且离合器或插销分别进行相应动作。两种构态变换实现策略的时序图如图 8.11 所示。

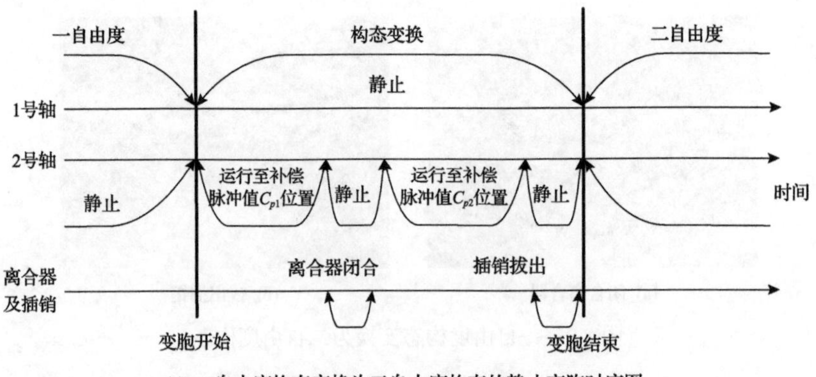

(a) 一自由度构态变换为二自由度构态的静止变胞时序图

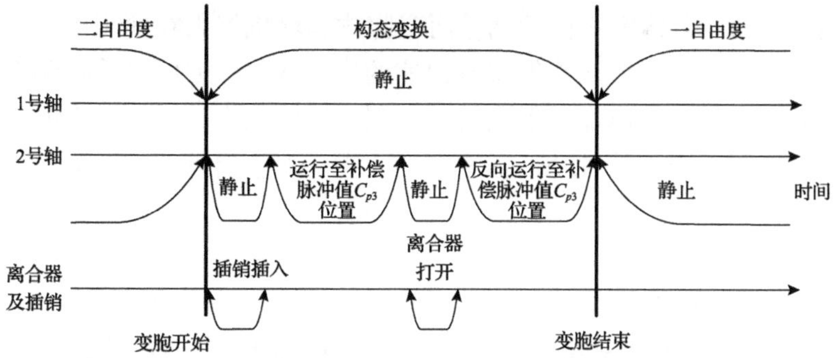

(b) 二自由度构态变换为一自由度构态的静止变胞时序图

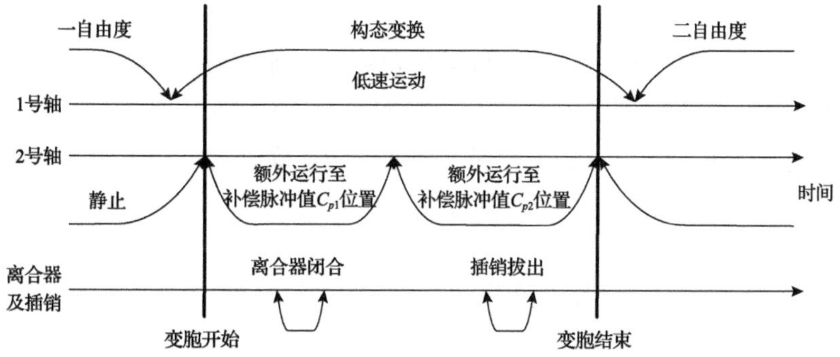

(c) 一自由度构态变换为二自由度构态的运动变胞时序图

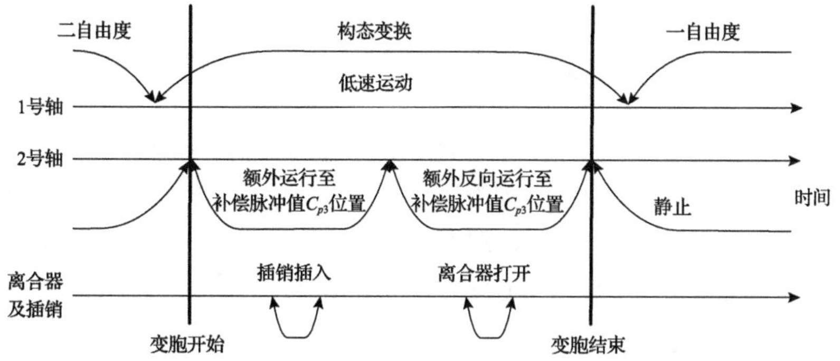

(d) 二自由度构态变换为一自由度构态的运动变胞时序图

图 8.11　硬件动作时序图

8.2　控制系统的软件实现方法

8.2.1　功能需求分析

码垛机器人在工业上主要应用于物件的装箱和码垛，实现单元化物料的装卸、搬运、存储、运输等物流活动。而变胞式码垛机器人在使用中不仅需要完成基本的码垛作业，还要求能够实现快速的构态变换。因此设计控制系统软件时，其功能需求与一般码垛机器人有所不同。从变胞式码垛机器人的使用需求上考虑，将控制系统的软件功能需求分为 3 类：安全启停需求、运动需求和调试需求。

1)安全启停需求

针对变胞式码垛机器人运动控制的硬件部分，软件需要实现硬件连接及断开功能。同时，软件需要使机器人在启动和关闭前，按照一定操作顺序对硬件进行连接或断开，以保证设备运行的安全性。

2)运动需求

变胞式码垛机器人的最终运动目标是实现变胞轨迹运动，以便于工业使用。具体来说，软件需要分别实现多自由度运动及变胞动作等子功能。同时，软件需要给出变胞补偿值的计算方法，确保变胞动作的正确进行。在运行码垛轨迹后，软件还需要将运动数据导出，以便数据的后续处理。

3)调试需求

变胞式码垛机器人出现运行错误等特殊情况时，软件需要提供相应的解决方案。例如，当变胞部件未能实现正确变胞动作时，软件需要提供单步操作变胞部件的功能，使变胞部件复位，或当机器人某个轴运动异常时，软件需要提供将该轴复位的功能等。

8.2.2　软件模块划分及实现方法

为满足 8.2.1 节 3 类功能需求，软件开发过程中采用了模块化思想，将软件功能分为 4 个功能模块，即启停管理模块、运动测试模块、数据分析处理模块和管理员操作模块。为适应控制系统硬件，在 Windows 平台上基于微软基础类库(microsoft foundation classes，MFC)进行上位机软件开发。

1. 启停管理模块

启停管理模块主要用于实现对试验平台硬件的操作，包括运动控制器的连接与断开，各轴的使能与禁能，机器人运动至预设的开机初始位或停机位等。为实现该模块功能，本软件调用了运动控制器中与硬件配置相关的应用程序接口(application program interface，API)(如 GT_Open( )、GT_AxisOn( )、GT_AxisOff( )、GT_Close( )等)，并通过更改 Button 控件的 Enable 属性，确保按钮之间的操作逻辑关系正确，如图 8.12 所示；调用了运动控制器中与轴组点位运动相关的 API(如 GT_Update( )等)，使机器人在每次开机时可以准确运行至开机初始位(例如，可预设为图 3.22 中预抓取位 P_0)以及每次关机时可以准确回到停机位。

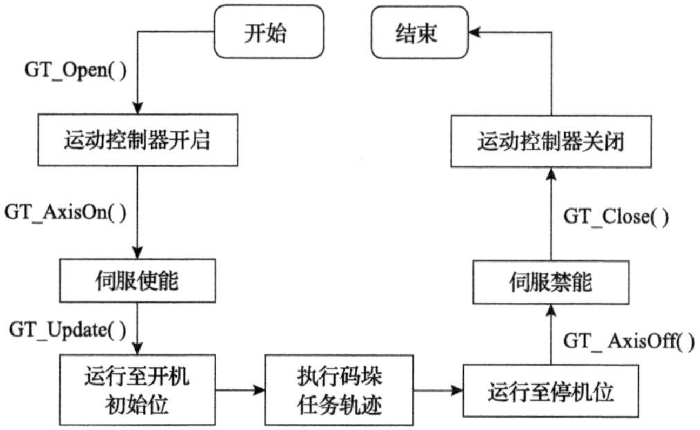

图 8.12　启停管理模块 API 调用顺序图

2. 运动测试模块

运动测试模块主要用于对机器人的运动轨迹进行测试，并根据实际需求确定码垛轨迹，以便实际工业应用。运动测试模块包括 4 个子模块，即单轴运动、抓手动作、运动变胞调试和循环轨迹运动。

其中，单轴运动属于轴组运动的子功能，其实现方法将在后面介绍轴组运动的实现方法时详细介绍。

抓手动作子模块主要利用运动控制器中与数字 I/O 接口相关的 API(如 GT_SetDo( )等)实现抓手电磁铁处的吸力切换。

运动变胞调试子模块需要配合变胞位光电开关与计时器实现，其具体实现方法如下：

(1)通过运动学逆解计算变胞位置附近的 1 号、2 号轴脉冲值。

(2)给定二自由度构态变一自由度构态的构态变换时间，则该子模块自动运行一次二自由度构态变一自由度构态的运动变胞过程，若构态变换不成功，则需要重新给定二自由度构态变一自由度构态的构态变换时间。

(3)给定一自由度构态变二自由度构态的相关脉冲补偿值、时间以及 1 号和 2 号轴的速度，则子模块自动运行一次一自由度构态变二自由度构态的运动变胞过程，若构态变换不成功，则需要重新给定一自由度构态变二自由度构态的构态变换相关参数。

循环轨迹运动子模块相对复杂，本节将其实现流程分为 3 步，其设计流程如图 8.13 所示。

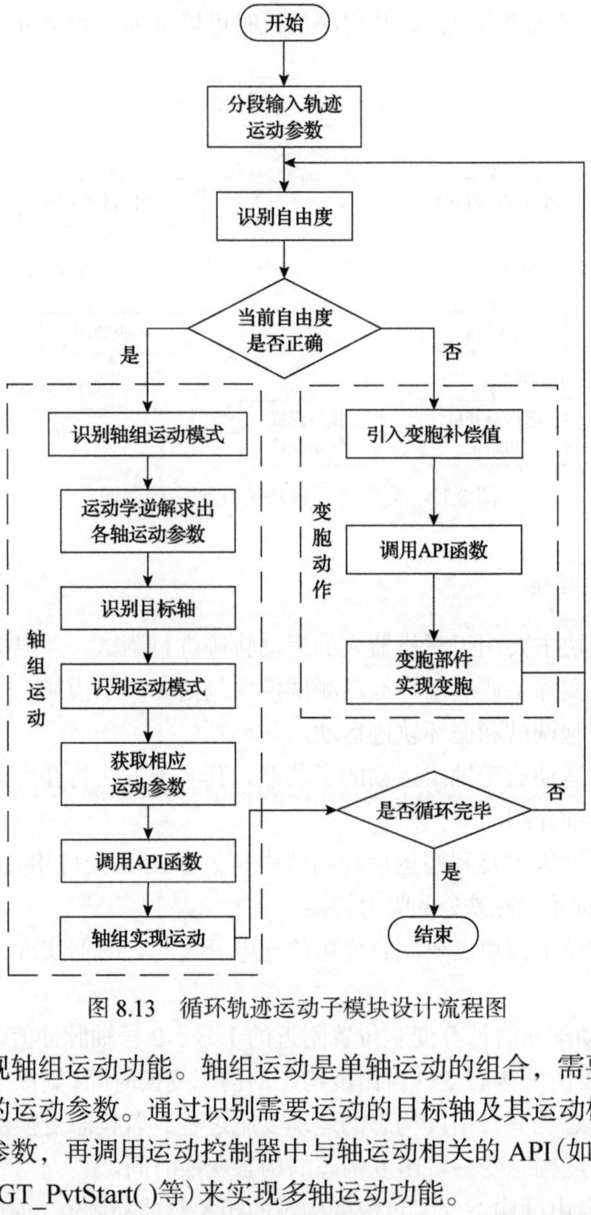

图 8.13　循环轨迹运动子模块设计流程图

首先，实现轴组运动功能。轴组运动是单轴运动的组合，需要利用运动学逆解求出各个轴的运动参数。通过识别需要运动的目标轴及其运动模式，并获取目标轴相应运动参数，再调用运动控制器中与轴运动相关的 API(如 GT_Update( )、GT_PtStart( )、GT_PvtStart( )等)来实现多轴运动功能。

其次，实现变胞动作功能。通过引入变胞补偿值(可在后面数据分析处理模块中计算)，利用运动控制器中与数字 I/O 接口相关的 API(如 GT_GetDi( )、GT_SetDo( )、GT_GetDo( )等)对变胞部件进行操作，以实现机器人的变胞动作。

最后，实现循环轨迹运动。创建自定义类，定义轨迹参数输入格式。在输入完整的变胞运动轨迹运动参数后，软件将依次运行每段轨迹。当下一段轨迹与当前轨迹的自由度相同时，执行多轴运动功能；反之，则需要先执行变胞动作功能，再执行多轴运动功能，直到循环完毕，这样便可实现机器人的循环轨迹运动。

3. 数据分析处理模块

数据分析处理模块主要负责实现运动状态与运动参数的获取以及脉冲补偿值的计算。其中，前者的实现方法为：应用 MFC 中的“Timer”控件，结合运动控制器中与电机编码盘数据相关的 API（如 GT_GetAxisEncPos( )、GT_GetAxisEncVel( )、GT_GetAxisEncAcc( )等），获取一系列目标轴的转角、转速等运动参数，并显示在数据分析处理模块中。而后者的步骤如下：

(1) 使机器人以二自由度构态移动至变胞位置附近，即变胞位光电开关到位。

(2) 微调 2 号轴使插销可以顺畅插拔，记录当前的 x 轴及 y 轴坐标，并记当前 2 号轴脉冲数为 C_g。

(3) 插入插销后，打开离合器，使机器人以一自由度构态往复运动回到变胞位置，记录当前的 2 号轴脉冲值，记为 C_a。

(4) 调整 2 号轴使离合器的齿能够对齐，离合器可以稳定开合，记录当前的 2 号轴脉冲值，记为 C_b。

(5) 计算补偿脉冲值。当前位置的二自由度构态变一自由度构态的补偿脉冲值 C_{p3} 为 $C_a - C_g$；一自由度构态变二自由度构态的补偿脉冲值 C_{p1} 为 $C_a - C_b$，补偿脉冲值 C_{p2} 为 $C_b - C_g$。

4. 管理员操作模块

管理员操作模块主要用于实现对变胞动作的调试以及运行出错后机器人的复位操作。为实现对各轴的监控，软件调用运动控制器中与获取轴状态相关的 API（如 GT_GetSts( )等），对各轴状态（正限位、负限位、紧急停止等）进行实时显示。一旦发现轴状态异常或规划运动参数与实际运动参数相差过大，则判定机器人运动出错。

在机器人运动出错后，软件使用多轴运动功能，配合调零光电开关对各轴进行回零操作。回零操作的设计流程如图 8.14 所示。图中，接近调零光电开关指需调零的轴与调零光电开关的距离在一个范围内（如 5mm 以内等）；给定阈值脉冲指给定需调零的轴一个固定脉冲（如 20000 脉冲/转等），以配合该轴与调零光电开关的距离。

若该轴在运动过程中接触到调零光电开关，则终止当前点位运动，并调整运动为向停机位的点位运动。若该轴在运动完成后，并未接触到调零光电开关，说明手动调整该轴时该轴与调零光电开关距离较远，此时机器人各轴之间位置不确定，需要立即停止所有轴的运动，并报错“该轴位置与停机位相差较远”。在各轴调零完毕后，调用更改轴状态的 API(如 GT_ClrSts( )等)，重置各轴的状态，使机器人恢复至初始状态。

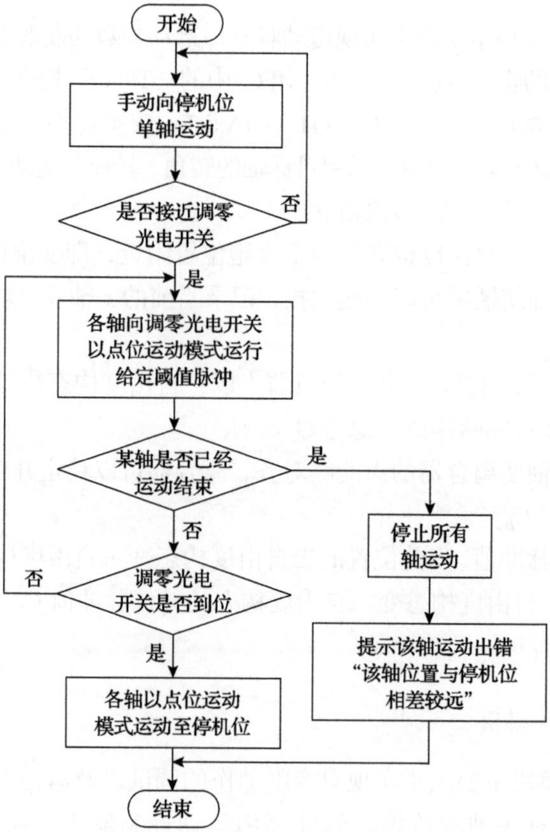

图 8.14　回零操作设计流程图

8.2.3　软件界面设计

根据各功能模块设计控制软件[204]主界面及调试界面，如图 8.15 所示。在设计时按照上述模块划分布局，用户可以快速找到所需的功能模块。其中，主界面实现启停管理模块、运动测试模块及数据分析处理模块的功能；调试界面实现管理员操作模块的功能。

8.2.4　新型变胞工作路径的实现方法

为了快速、安全地运行新型变胞工作路径，软件需要设置状态检测功能。若插销插拔或离合器开闭未成功，则自动停止变胞动作，以保证机器人的安全性。

本节根据前面介绍的静止变胞、运动变胞两种变胞轨迹方式，分别设计了主程序实现方法。

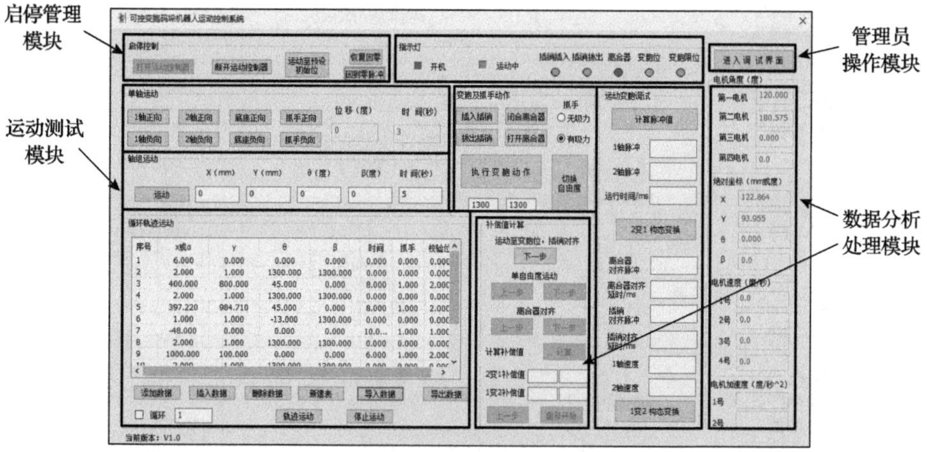

(a) 软件主界面

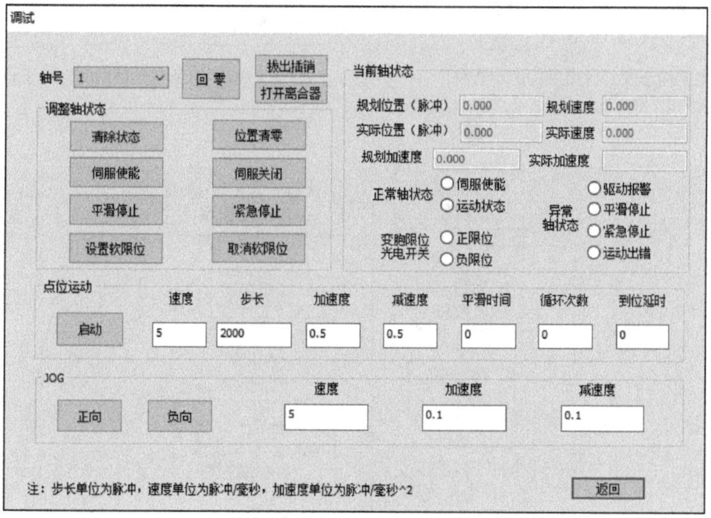

(b) 软件调试界面

图 8.15　软件界面设计

1. 静止变胞

静止变胞码垛轨迹控制程序流程图如图 8.16 所示。运行静止变胞码垛轨迹控制程序时，变胞动作与轴组动作不同时进行，即仅在静止状态下进行离合器的开闭以及插销的插拔。

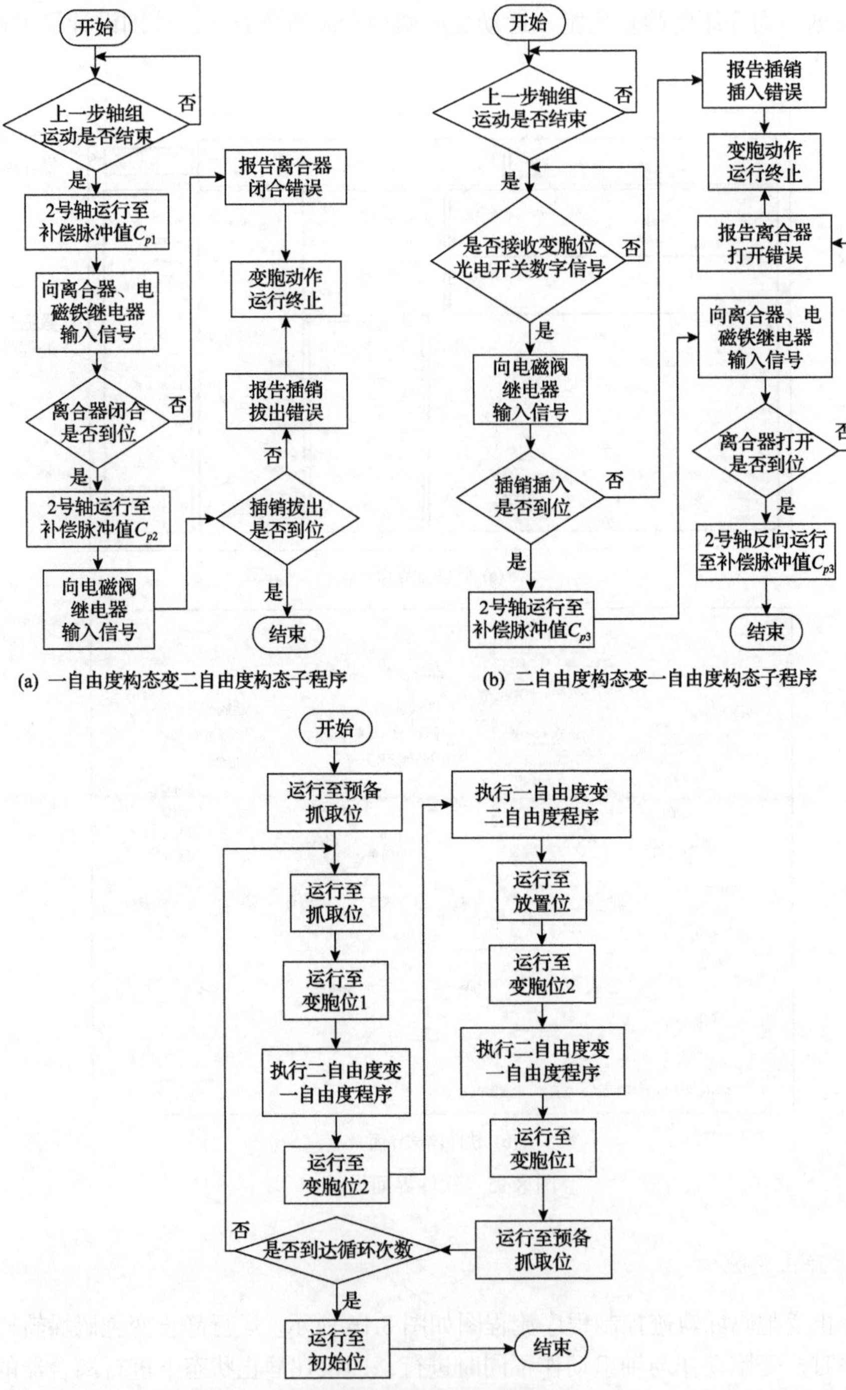

(a) 一自由度构态变二自由度构态子程序　　(b) 二自由度构态变一自由度构态子程序

(c) 静止变胞码垛轨迹主控制程序

图 8.16　静止变胞码垛轨迹控制程序流程图

2. 运动变胞

运行运动变胞码垛轨迹控制程序时，变胞动作与轴组动作同时进行，即在轴组运动状态下进行离合器的开闭以及插销的插拔。该运动方式需要更为可靠的控制，因此本节采用多线程配合计时器的方式进行设计。运动变胞码垛轨迹控制程序流程图如图 8.17 所示。

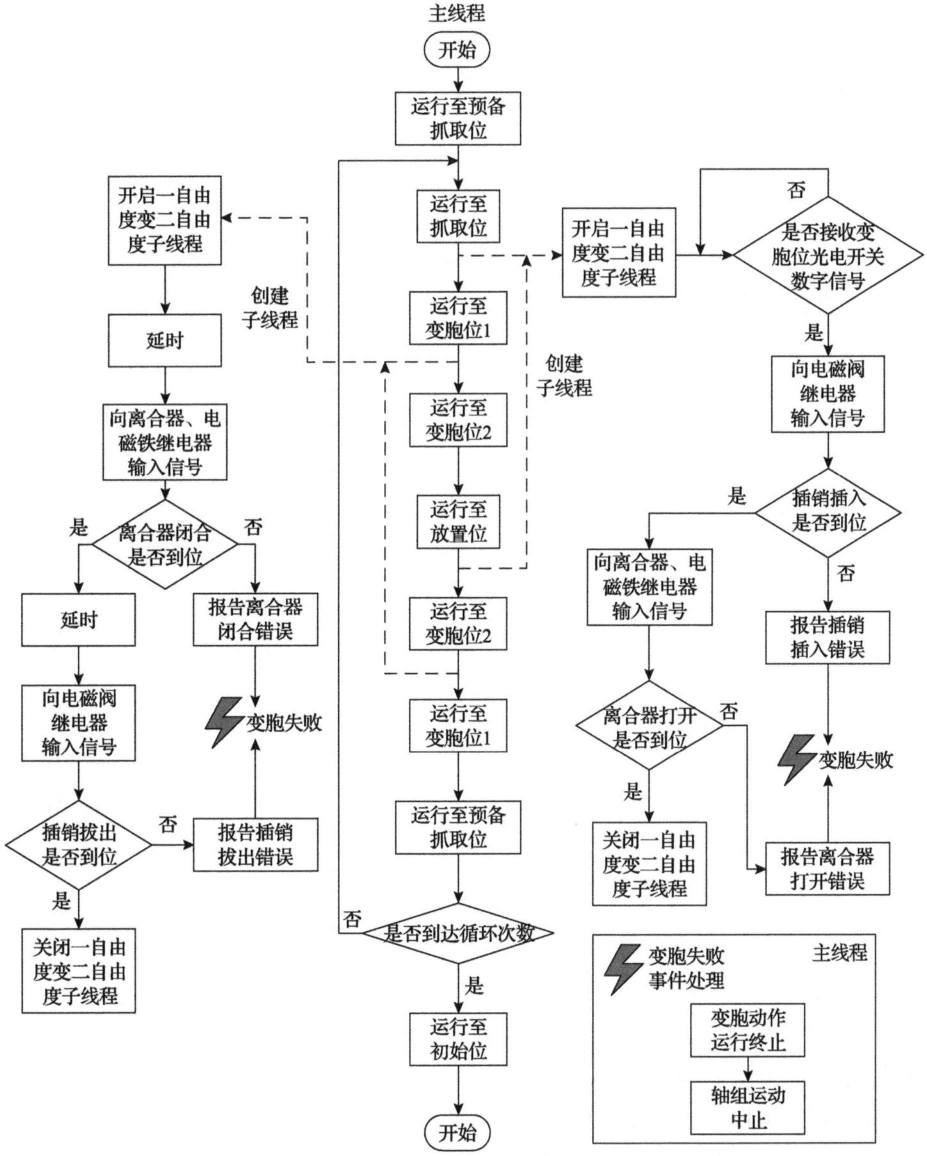

图 8.17　运动变胞码垛轨迹控制程序流程图

8.3 试验验证

8.3.1 轨迹规划试验

为了准确测量机器人末端的实际工作轨迹，采用三轴加速度传感器，对机器人运行时的加速度进行测量。该传感器在 x 、y 、z 三个方向的灵敏度分别为 $10.26\text{mV/(m/s}^2)$ 、$9.795\text{mV/(m/s}^2)$ 、$10.26\text{mV/(m/s}^2)$，满足测量精度要求。由于 G 点处的抓手转动速度较慢，对构态变换及 G 点实际位移影响较小，为了不妨碍机器人执行正常的抓取任务，将三轴加速度传感器放置于 F 点，如图 8.18 所示。

三轴加速度传感器局部坐标系的位置关系，如图 8.18 和图 8.19 所示。从图 8.19 中可以看出，三轴加速度传感器局部坐标系中的 x_l 轴、y_l 轴分别与变胞平面内坐标系的 x_2 轴、y_2 轴方向相同；三轴加速度传感器局部坐标系中的 z_l 轴与变胞平面的转角 θ_b 方向垂直，且正方向与 F 点绕 y 轴逆时针转动时的线速度方向相反。

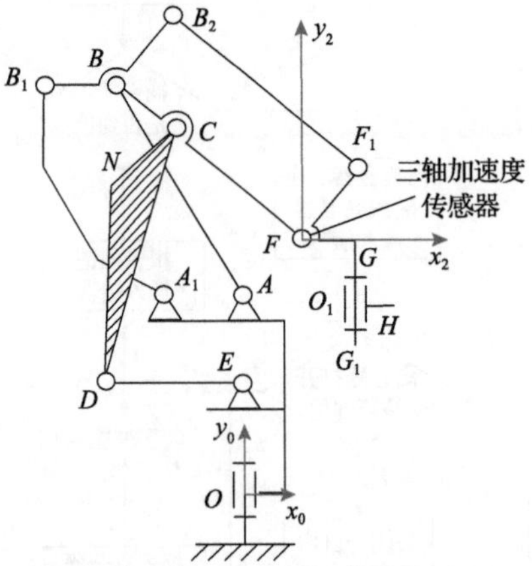

图 8.18　三轴加速度传感器的布置位置

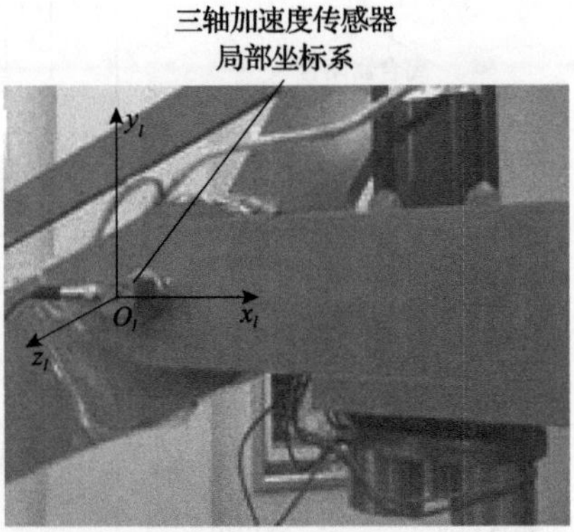

图 8.19　三轴加速度传感器的局部坐标系

三轴加速度传感器输出的信号需要通过数据采集分析系统进行采样、放大、滤波等处理。数据采集分析系统主要分为两部分，即数据采集仪和数据分析软件。本节采用 DH5922D 动态信号测试分析仪，并在单系统工作模式下，将三轴加速度传感器的三个输出端分别接于数据采集仪的三个通道，同时上位机通过 USB3.0 接口与数据采集仪相连，采用与数据采集仪配套的 DHDAS 动态信号采集分析软件进行数据分析处理(放大、滤波等)。

下面主要针对数据后处理的方法及估计跟踪误差的分析方法介绍验证试验的原理。

1. 数值积分算法

由于三轴加速度传感器获取的数据为离散数据，无法直接通过积分转化为位移数据，所以通过连续域中加速度、速度及位移的关系，推导离散域中的数值积分算法。为不失一般性，假设从 t_0 时刻开始采样，则从 t_0 时刻到 t 时刻，连续时间域中位移 $s(t)$、速度 $v(t)$ 和加速度 $a(t)$ 的关系如下：

$$\begin{cases} s(t) = \int_{t_0}^{t} v(t)\mathrm{d}t + s(t_0) \\ v(t) = \int_{t_0}^{t} a(t)\mathrm{d}t + v(t_0) \end{cases} \tag{8.1}$$

式中，$s(t_0)$ 与 $v(t_0)$ 分别为 t_0 时刻测量点的位移与速度。

当采样时间 Δt 足够小时，物体在每个采样区间内可看作匀速运动，如图 8.20 所示，则 $v(t)$ 可以写为

$$\begin{aligned} v(t) &= \int_{t_0}^{t} a(t)\mathrm{d}t + v(0) \\ &= \frac{a(t_0)+a(t_1)}{2}(t_1-t_0)+\frac{a(t_1)+a(t_2)}{2}(t_2-t_1)+\cdots \\ &\quad +\frac{a(t_{n-1})+a(t_n)}{2}(t_n-t_{n-1})+v(0) \end{aligned} \tag{8.2}$$

式中，$\Delta t = t_1 - t_0 = t_2 - t_1 = \cdots = t_n - t_{n-1}$；$v(0)$ 表示测量点的初始速度，即从 0 时刻到 t_0 时刻加速度函数的积分，其值等于 $v(t_0)$。

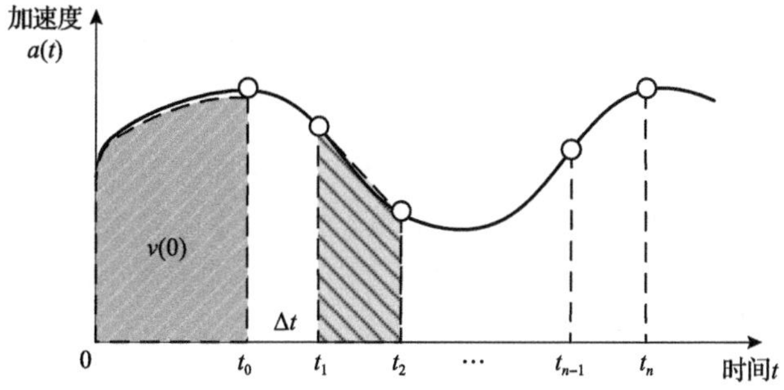

图 8.20　数值积分原理图

当 $n>1$ 时，有

$$v(t)=\sum_{k=1}^{n}\frac{a(t_{k-1})+a(t_k)}{2}\Delta t+v(0) \tag{8.3}$$

假设三轴加速度传感器的第 k 个采样数据为 $a(k)$，则离散域中第 n 个采集点的速度 $v(n)$ 为

$$v(n)=\sum_{k=1}^{n}\frac{a(k-1)+a(k)}{2}\Delta t+v(0) \tag{8.4}$$

同理，可以得到离散域中位移 $s(n)$ 为

$$s(n)=\sum_{k=1}^{n}\frac{v(k-1)+v(k)}{2}\Delta t+s(0) \tag{8.5}$$

式中，$s(0)$ 表示测量点的初始位移，其值等于 $s(t_0)$。

将式(8.4)及式(8.5)展开，可以得到

$$v(n)=v(0)+\frac{\big(a(0)+a(n)\big)\Delta t}{2}+\big(a(1)+a(2)+\cdots+a(n-1)\big)\Delta t \tag{8.6}$$

$$\begin{aligned}s(n)&=s(0)+\sum_{k=1}^{n}\frac{v(k-1)+v(k)}{2}\Delta t\\&=s(0)+\frac{\big(v(0)+v(n)\big)\Delta t}{2}+\big(v(1)+v(2)+\cdots+v(n-1)\big)\Delta t\end{aligned} \tag{8.7}$$

将式(8.6)代入式(8.7)得到

$$\begin{aligned}s(n)=s(0)+nv(0)\Delta t+\big((n-1)a(1)+(n-2)a(2)\\+\cdots+a(n-1)\big)\Delta t^2+\frac{\big(a(0)+a(n)\big)\Delta t^2}{4}\end{aligned} \tag{8.8}$$

因此，只需知道测量点的初始位移 $s(0)$、初始速度 $v(0)$ 以及三轴加速度传感器的输出加速度 $a(k)$，即可求出测量点的位移。然而，当 n 较大时，式(8.8)需要很大的计算量。因此，采用动态规划的方法[205]来简化计算过程。

由式(8.6)可得

$$v(n)-v(n-1)=\frac{a(n-1)+a(n)}{2}\Delta t \tag{8.9}$$

即

$$v(n)=v(n-1)+\frac{a(n-1)+a(n)}{2}\Delta t \tag{8.10}$$

由式(8.7)可得

$$s(n)-s(n-1)=\frac{v(n-1)+v(n)}{2}\Delta t=v(n-1)\Delta t+\frac{\left(a(n-1)+a(n)\right)\Delta t^2}{4} \tag{8.11}$$

即

$$s(n)=s(n-1)+v(n-1)\Delta t+\frac{\left(a(n-1)+a(n)\right)\Delta t^2}{4} \tag{8.12}$$

因此，由式(8.11)及式(8.12)可知，第 n 个采样点的速度 $v(n)$ 和位移 $s(n)$ 可以通过第 $n-1$ 个采样点的速度 $v(n-1)$、位移 $s(n-1)$ 及第 n 个采样点的加速度 $a(n)$ 得到。由以上结论，三轴加速度传感器在三个方向上的速度及位移可以表示为

$$\begin{cases} v_x(n)=v_x(n-1)+\dfrac{a_x(n-1)+a_x(n)}{2}\Delta t \\ v_y(n)=v_y(n-1)+\dfrac{a_y(n-1)+a_y(n)}{2}\Delta t \\ v_z(n)=v_z(n-1)+\dfrac{a_z(n-1)+a_z(n)}{2}\Delta t \end{cases} \tag{8.13}$$

$$\begin{cases} s_x(n)=s_x(n-1)+v_x(n-1)\Delta t+\dfrac{\left(a_x(n-1)+a_x(n)\right)\Delta t^2}{4} \\ s_y(n)=s_y(n-1)+v_y(n-1)\Delta t+\dfrac{\left(a_y(n-1)+a_y(n)\right)\Delta t^2}{4} \\ s_z(n)=s_z(n-1)+v_z(n-1)\Delta t+\dfrac{\left(a_z(n-1)+a_z(n)\right)\Delta t^2}{4} \end{cases} \tag{8.14}$$

至此，将采集点的速度及位移按照时间序列相连，即可求得测量点在三轴加速度传感器局部坐标系下的运动轨迹。

2. 坐标变换方法

机器人在运动过程中，三轴加速度传感器所在的坐标系也随之变化，为了方便后续的数据对比，在本节中讨论坐标变换方法。

由图 3.16 可以得到第 n 次采样时，机器人末端点在变胞平面内的实际坐标为

$$\begin{cases} x_{Ga}(n) = s_x(n) + L_8 \\ y_{Ga}(n) = s_y(n) - L_9 \end{cases} \tag{8.15}$$

式中，$x_{Ga}(n)$ 和 $y_{Ga}(n)$ 分别为机器人末端点在变胞平面内 x_2 轴和 y_2 轴的实际坐标；$s_x(n)$ 和 $s_y(n)$ 分别为三轴加速度传感器在 x_l 方向和 y_l 方向位移的大小。

由图 3.15 和图 8.1 可知，变胞平面绕 y 轴转动的实际角加速度 $\alpha_{ba}(n)$ 可以写为

$$\alpha_{ba}(n) = \frac{a_z(n)}{s_x(n)} \tag{8.16}$$

进一步，可以得到 $n \geqslant 1$ 时的实际角速度 $\omega_{ba}(n)$ 为

$$\omega_{ba}(n) = \omega_{ba}(0) + \frac{(\alpha_{ba}(n-1) + \alpha_{ba}(n))\Delta t}{2} = \omega_{ba}(0) + \frac{\Delta t}{2}\left(\frac{a_z(n-1)}{s_x(n-1)} + \frac{a_z(n)}{s_x(n)}\right) \tag{8.17}$$

式中，$\omega_{ba}(0)$ 为变胞平面绕 y 轴转动的初始角速度。

同理，可以得到 $n=1$ 时实际角位移 $\theta_{ba}(n)$ 为

$$\theta_{ba}(1) = \theta_{ba}(0) + \frac{(\omega_{ba}(0) + \omega_{ba}(1))\Delta t}{2} \tag{8.18}$$

当 $n \geqslant 2$ 时，有

$$\begin{aligned} \theta_{ba}(n) &= \theta_{ba}(0) + \frac{(\omega_{ba}(n-1) + \omega_{ba}(n))\Delta t}{2} \\ &= \theta_{ba}(0) + \omega_{ba}(0)\Delta t + \frac{\Delta t^2}{4}\left(\frac{a_z(n-2)}{s_x(n-2)} + \frac{2a_z(n-1)}{s_x(n-1)} + \frac{a_z(n)}{s_x(n)}\right) \end{aligned} \tag{8.19}$$

式中，$\theta_{ba}(0)$ 为变胞平面绕 y 轴转动的初始角位移。

同时，结合图 8.19，可得被测量点在初始状态下的参数，即

$$\begin{cases} s_x(0) = x_{F0} \\ s_y(0) = y_{F0} \end{cases} \tag{8.20}$$

式中，x_{F0} 和 y_{F0} 分别为 F 点在初始状态下变胞平面内 x_2 轴方向和 y_2 轴方向的坐

标值。

3. 误差分析方法

由上述计算方法可以进一步获得一系列实际工作轨迹坐标点。为了合理分析理论工作轨迹与实际工作轨迹坐标点之间的轨迹跟踪误差，将轨迹跟踪误差分为三类：变胞平面内 x_2 轴方向误差 x_e、变胞平面内 y_2 轴方向误差 y_e 及变胞平面绕 y 轴转动 θ_b 角的角位移误差 θ_e。令变胞平面内理论工作轨迹曲线为 $F_{\text{tra}}(x,y)=0$，3 号轴的理论工作曲线(角位移曲线)为 $\theta_b=\theta_{bt}(t)$，则 $t(k)$ $(k=1,2,\cdots,n)$ 时刻，理论工作轨迹与实际工作轨迹坐标点之间的误差定义如下：

$$\begin{cases} x_e(k)=x_{Ga}(k)-x_{Gt}(k) \\ y_e(k)=y_{Ga}(k)-y_{Gt}(k) \\ \theta_e(k)=\theta_{ba}(k)-\theta_{bt}(k) \end{cases} \tag{8.21}$$

式中，$x_{Gt}(k)$ 为轨迹曲线 $F_{\text{tra}}(x,y)=0$ 与直线 $y=y_{Ga}(k)$ 交点的横坐标；$y_{Gt}(k)$ 为轨迹曲线 $F_{\text{tra}}(x,y)=0$ 与直线 $x=x_{Ga}(k)$ 交点的纵坐标；$\theta_{bt}(k)$ 为 3 轴的理论工作曲线与直线 $t=t(k)$ 交点的纵坐标，如图 8.21 所示。

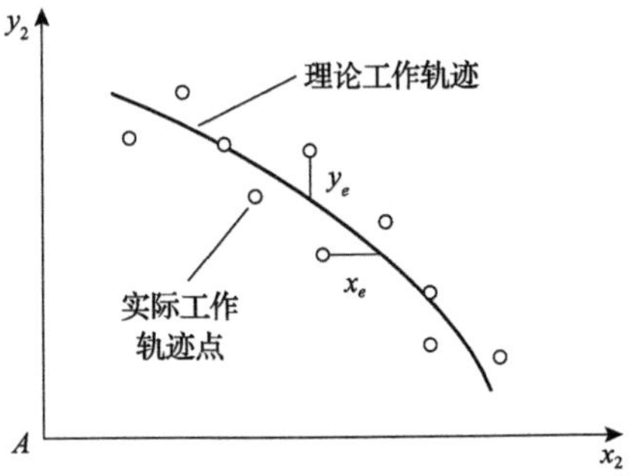

(a) x_e及y_e的定义

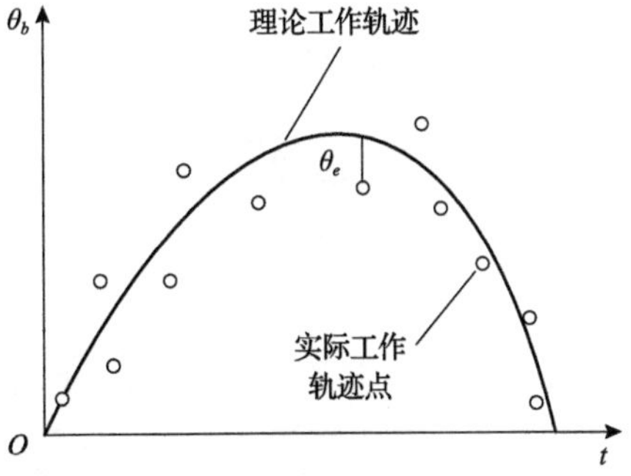

(b) θ_e的定义

图 8.21　误差定义

针对这三类轨迹跟踪误差，给出了两个判别指标：最大误差与平均误差。其计算公式分别如下：

$$\begin{cases} x_{e\max}=\max\limits_{k=1,2,\cdots,n}\{|x_e(k)|\} \\ y_{e\max}=\max\limits_{k=1,2,\cdots,n}\{|y_e(k)|\} \\ \theta_{e\max}=\max\limits_{k=1,2,\cdots,n}\{|\theta_e(k)|\} \end{cases} \tag{8.22}$$

$$\begin{cases} \overline{x}_e = \dfrac{1}{n}\sqrt{\sum\limits_{k=1}^{n} x_e^2(k)} \\ \overline{y}_e = \dfrac{1}{n}\sqrt{\sum\limits_{k=1}^{n} y_e^2(k)} \\ \overline{\theta}_e = \dfrac{1}{n}\sqrt{\sum\limits_{k=1}^{n} \theta_e^2(k)} \end{cases} \tag{8.23}$$

本节中两种工况下的试验步骤如下：

(1)将规划的位移曲线输入上位机进行计算，如图 8.5、图 8.6、图 8.9 及图 8.10 所示。

(2)得到机器人末端的实际工作轨迹。

(3)计算最大误差与平均误差。

(4)为了减少随机误差，重复 9 次前三个步骤，得到 10 组最大误差与平均误差，取其最大值。

通过上述试验步骤，分别对两种工况进行分析。

1)工况一

工况一试验测试现场如图 8.22 所示。

图 8.22　工况一试验测试现场

利用 8.1.4 节和 8.2.2 节的脉冲补偿值方法，得到补偿脉冲值分别为第一次构态变换处的 $C_{p3}=-3000$ 脉冲以及第二次构态变换处的 $C_{p1}=-3000$ 脉冲，$C_{p2}=6000$ 脉冲，并对 3.6 节的理论驱动函数进行完善，得到实际输入的关节驱动函数，如图 8.23 所示，得到的轨迹和转角对比以及 x_2、y_2、θ_b 方向误差如图 8.24 和图 8.25（图中竖直虚线代表不同的运行阶段）所示。工况一下的最大误差及平均误差如表 8.1 所示。

图 8.23 工况一下实际输入的关节驱动函数

(a) x_2 和 y_2 方向的轨迹对比　　　　(b) θ_b 方向误差

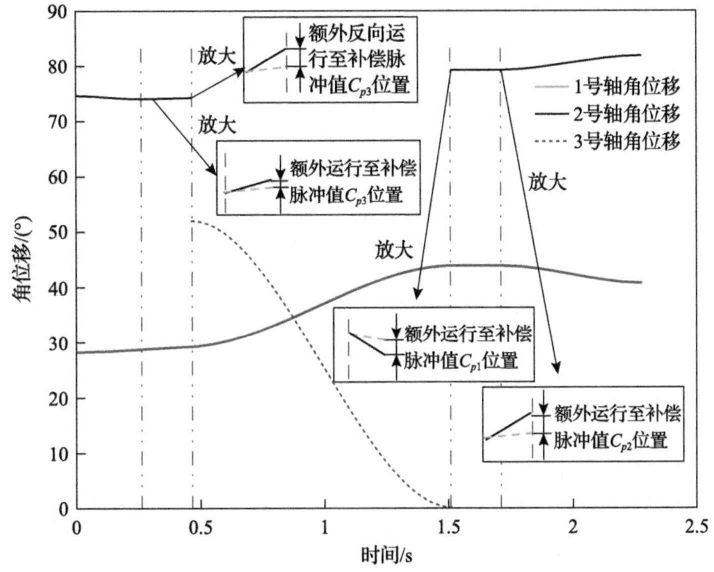

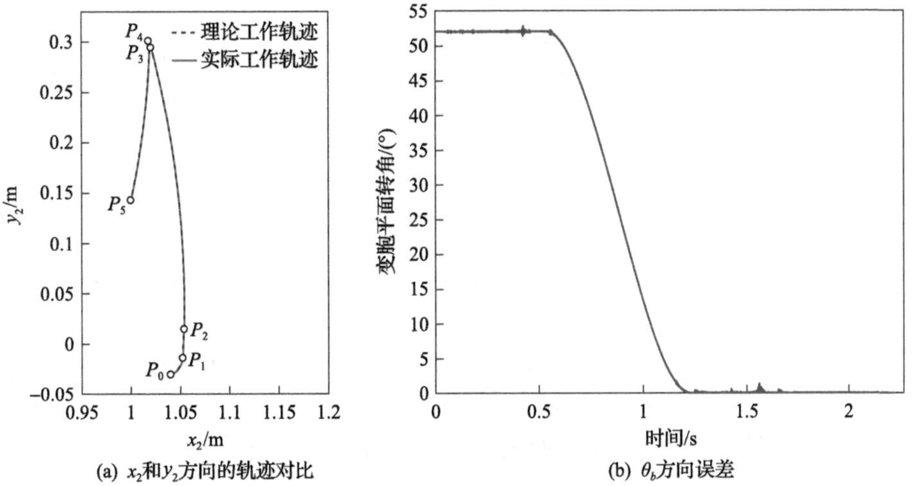

图 8.24 工况一轨迹和转角对比图

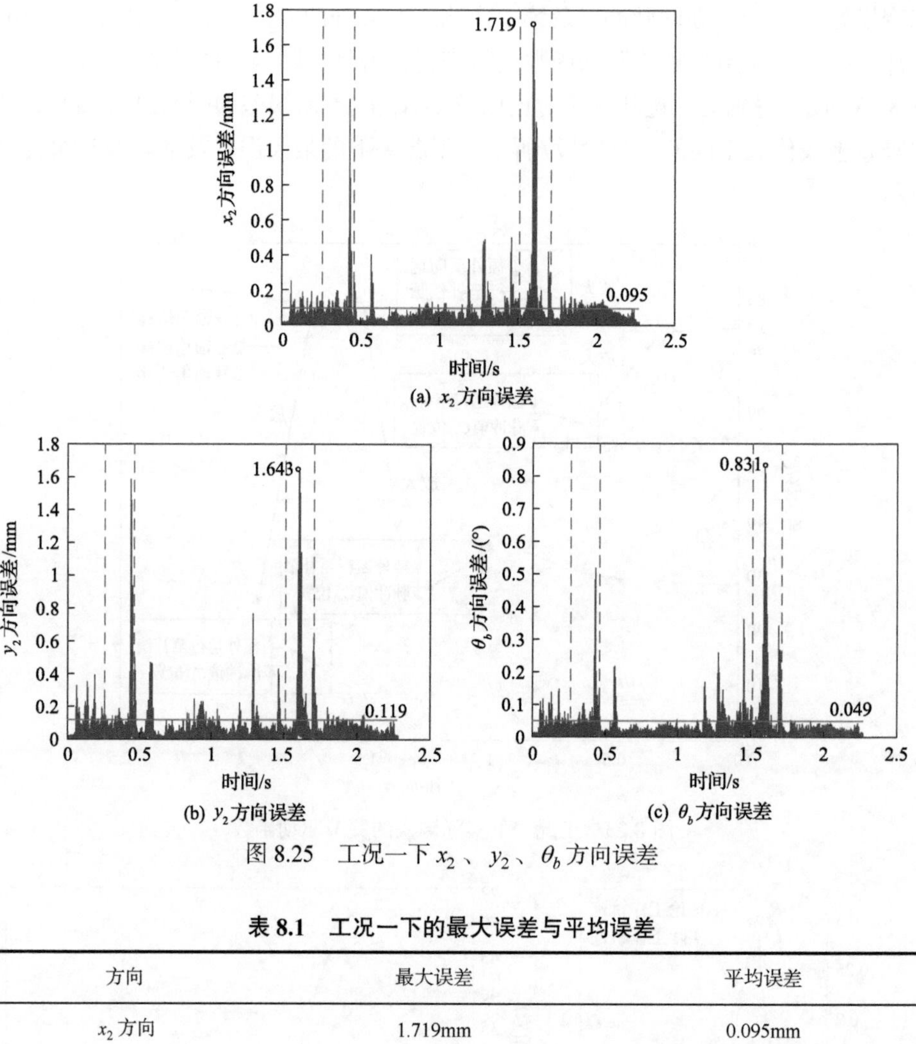

(a) x_2方向误差

(b) y_2方向误差　　(c) θ_b方向误差

图 8.25　工况一下 x_2 、 y_2 、 θ_b 方向误差

表 8.1　工况一下的最大误差与平均误差

方向	最大误差	平均误差
x_2 方向	1.719mm	0.095mm
y_2 方向	1.643mm	0.119mm
θ_b 方向	0.831°	0.049°

2）工况二

工况二试验测试现场如图 8.26 所示。同理，得到补偿脉冲值分别为第一次构态变换处的 $C_{p3}=-8500$ 脉冲以及第二次构态变换处的 $C_{p1}=-1500$ 脉冲，$C_{p2}=9500$ 脉冲，进而得到实际输入的关节驱动函数，如图 8.27 所示。

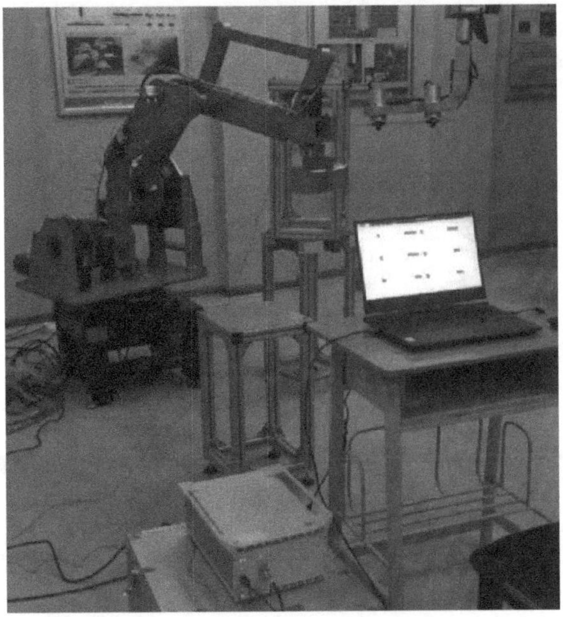

图 8.26　工况二试验测试现场

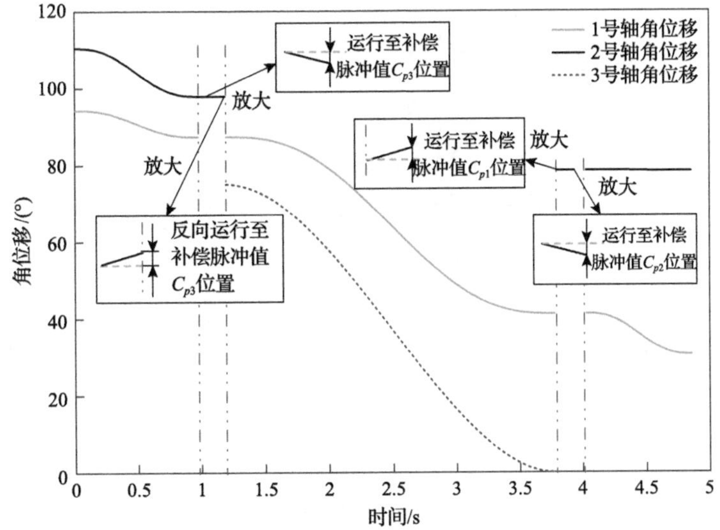

图 8.27　工况二下实际输入的关节驱动函数

试验结果及对比如图 8.28 和图 8.29 所示。最大误差及平均误差如表 8.2 所示。

由表 8.1 及表 8.2 可以看出，变胞平面内最大误差不超过 1.8mm，变胞平面转角的最大误差不超过 1.5°，该误差符合码垛机器人的使用要求，证明了本节控制系统的可行性以及第 3 章轨迹规划算法的正确性。

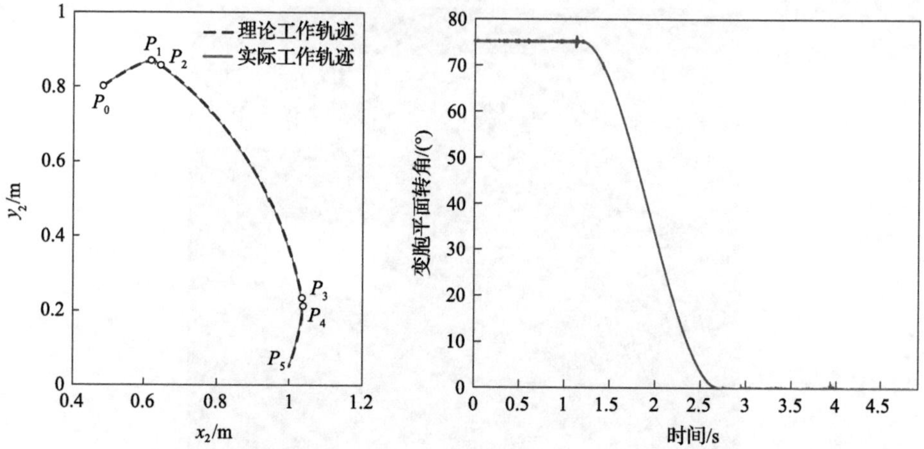

(a) x_2和y_2方向的轨迹对比 (b) θ_b方向误差

图 8.28 工况二轨迹和转角对比图

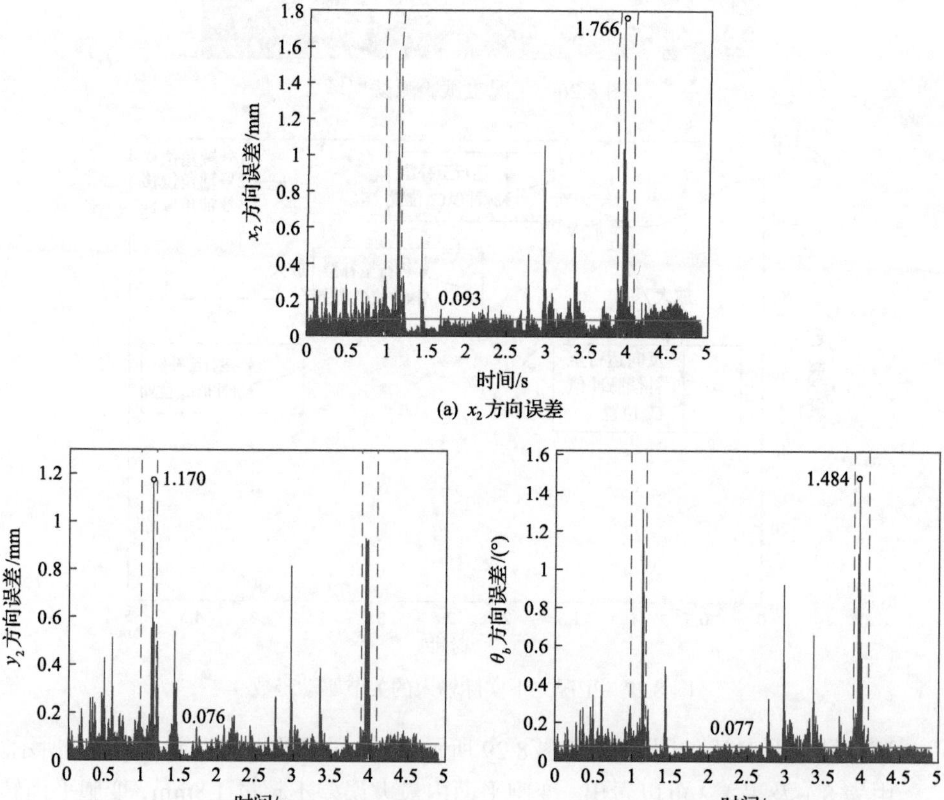

(a) x_2方向误差

(b) y_2方向误差 (c) θ_b方向误差

图 8.29 工况二下 x_2、y_2、θ_b 方向误差

表 8.2　工况二下的最大误差与平均误差

方向	最大误差	平均误差
x_2 方向	1.766mm	0.093mm
y_2 方向	1.170mm	0.076mm
θ_b 方向	1.484°	0.077°

8.3.2　动态响应的试验验证

试验中采用的测试仪器与 8.3.1 节相同。通过该测试仪器对由应变片组成的电桥的输出信号进行采集，由仪器配套的计算机采集系统对所采集的信号进行处理，最终获取相应的输出量。

物理样机的结构参数和运行参数与 7.7.2 节相同，动态响应试验现场如图 8.30 所示，在 *BF* 杆的 *C* 点上下表面分别各贴上两片应变片，形成全桥连接，然后由电线接入 DH5922D 动态信号测试分析仪获取相应的数据，进一步通过计算机软件进行后处理，最终获得 $\theta_{sp1}=0$ 、$\theta_{sp2}=0$ 和 $m_p=\mu(m_p)$ 条件下机器人在坐标点(1.020m, 52°, 0.297m)实现由二自由度构态变换成一自由度构态后输出端带负载时 *C* 点的应变 δ_C 的时域响应。试验数据与数值分析数据对比如图 8.31 所示，试验结果与数值仿真结果较为接近，说明第 5 章的解析方法具有较高的合理性和可行性。误差的存在是由实际机构系统存在的诸多因素造成的，如系统实际阻尼、加工与装备导致的摩擦以及安装间隙、测试误差等，这些因素未在第 4 章的动力学建模全部呈现，导致理论分析与试验结果存在一定偏差。

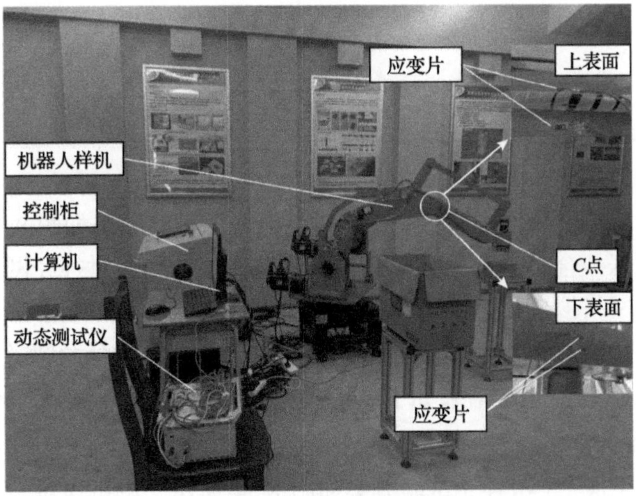

图 8.30　动态响应试验现场

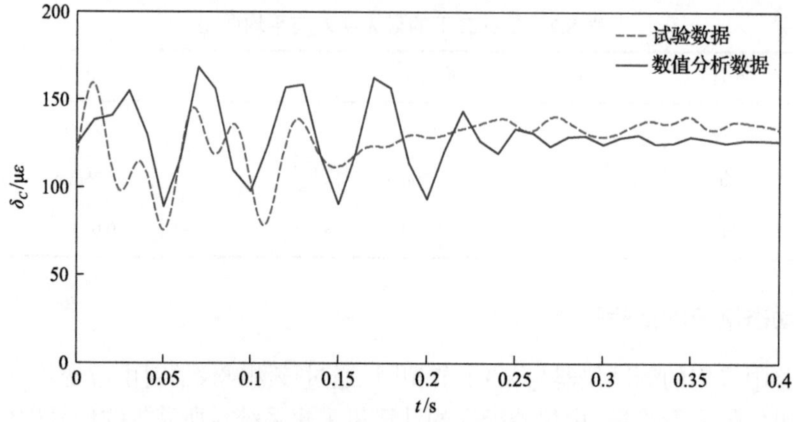

图 8.31 应变时域响应的试验数据与数值分析数据对比

8.3.3 构态变换动态可靠性分析的试验验证

试验中物理样机的结构、不确定变量和运行参数与 7.5 节一致。选取可控变量负载 m_p、第一输入端角度偏差 θ_{sp1} 和第二输入端角度偏差 θ_{sp2} 作为因素。每个可控变量的因素和水平如表 8.3 所示。

表 8.3 可控变量的因素和水平

水平	因素 1：负载重量 m_p /kg	因素 2：第一输入端角度偏差 θ_{sp1} /rad	因素 3：第二输入端角度偏差 θ_{sp2} /rad
1	4	-3×10^{-4}	-3×10^{-4}
2	4.5	-1.5×10^{-4}	-1.5×10^{-4}
3	5	0	0
4	5.5	1.5×10^{-4}	1.5×10^{-4}
5	6	3×10^{-4}	3×10^{-4}

选用正交设计法，进行 25 组试验，试验方案如图 8.32 所示。以式(7.33)所得的失效函数值作为评价指标，正交设计试验对应的试验结果如图 8.33 所示。神经网络在进行数据拟合时具有较大的灵活性，采用遗传算法对神经网络参数进行优化，得到神经网络拟合模型，由该模型生成大样本数据后运用蒙特卡罗法计算可靠度。在对图 8.33 中的试验数据进行归一化处理后，进行神经网络拟合，相关参数设置与 7.5.2 节相同，结果如下。第一种构态变换：$S_e=3.2\times10^{-12}\varepsilon^2$，$S_m=2.0\times10^{-6}\varepsilon$，$R_c=0.9652$；第二种构态变换：$S_e=2.3\times10^{-12}\varepsilon^2$，$S_m=2.0\times10^{-6}\varepsilon$，$R_c=0.9821$。生成 25 组补充试验方案如图 8.34 所示，测试该试验数据，作为补

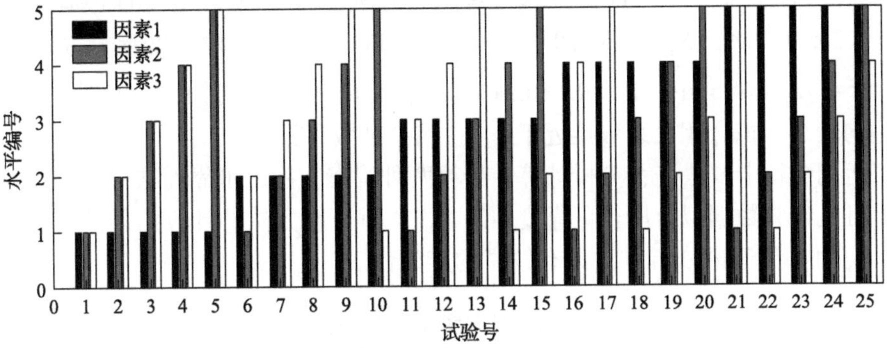

图 8.32　各因素不同水平组成的试验方案

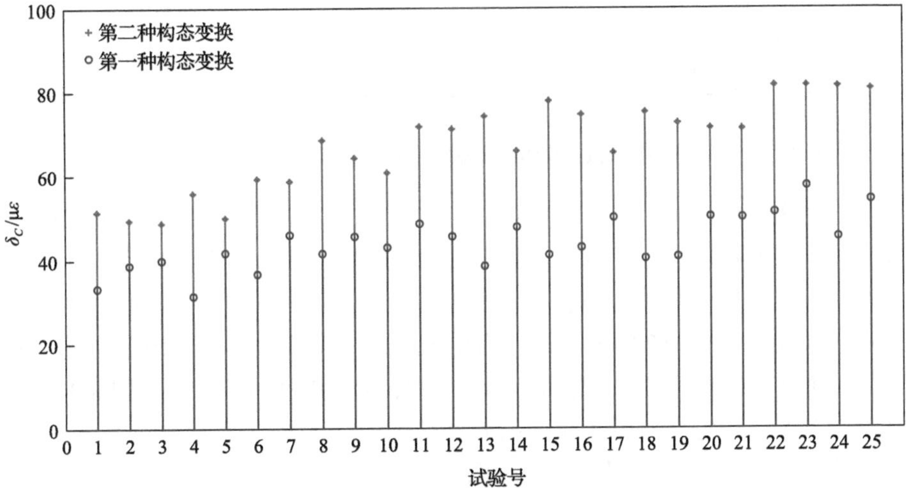

图 8.33　试验数据

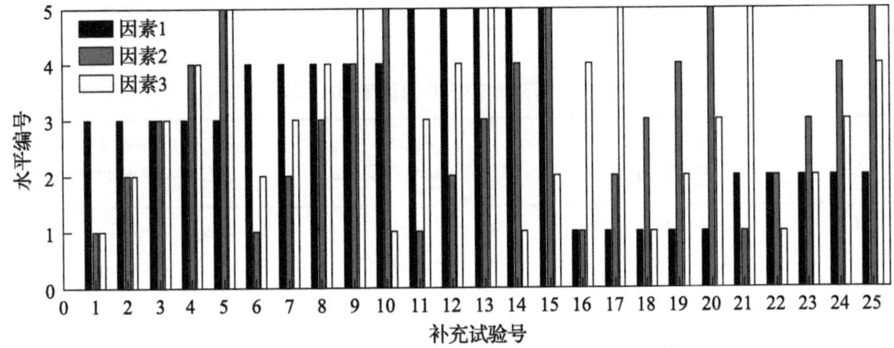

图 8.34　补充试验方案

充数据对该神经网络拟合模型进行检验，检验结果如下。第一种构态变换：$S_e = 1.2\times10^{-12}\varepsilon^2$，$S_m = 2.3\times10^{-6}\varepsilon$，$R_c = 0.9637$；第二种构态变换：$S_e = 4.2\times10^{-12}\varepsilon^2$，$S_m = 4.6\times10^{-6}\varepsilon$，$R_c = 0.9432$。由拟合分析结果可知，均方误差和最大误差均较小，拟合相关系数接近于 1，说明拟合效果较好。

运用蒙特卡罗法进行分析计算，计算两种构态变换的可靠度结果如表 8.4 所示。可见试验数据拟合所得可靠度结果与 7.4 节分析方法的计算结果的误差均较小，说明本节理论分析方法具有较高的准确性。

表 8.4　可靠度计算结果对比

方法	第一种构态变换	第二种构态变换
试验数据拟合的可靠度	1	0.9359
运用本节理论分析方法与 7.4 节分析方法所得结果的计算误差	0.0%	1.65%

8.3.4　多失效模式动态可靠性分析的试验验证

试验中物理样机的结构、运动过程和不确定变量与 7.7.2 节一致。通过试验分析验证 7.6 节所提可靠性计算与优化方法的准确性，以机器人机构的 *BF* 杆中 *C* 点沿杆轴线方向应变相关的刚度、强度和疲劳失效所构成的失效模型为例，对在坐标点(1.020m, 52°, 0.297m)实现二自由度构态变换成一自由度构态的过程进行分析。不确定变量的因素和水平如表 8.5 所示，正交设计试验方案如图 8.32 所示，各试验号对应的构态变换后 0.3s 内的 *C* 点应变值如图 8.35 所示。

同理，采用神经网络拟合模型对图 8.35 中的试验数据进行归一化处理，相关参数设置与 7.5.2 节相同，再进行神经网络拟合，结果如图 8.36 所示。由拟合分析结果可知，均方误差 S_e 较小，拟合相关系数 R_c 接近于 1，说明拟合效果较好。

表 8.5　不确定变量的因素和水平

水平	因素 1：负载重量 m_p /kg	因素 2：第一输入端角度偏差 θ_{sp1} /rad	因素 3：第二输入端角度偏差 θ_{sp2} /rad
1	9	-2×10^{-4}	-2×10^{-4}
2	9.5	-1×10^{-4}	-1×10^{-4}
3	10	0	0
4	10.5	1×10^{-4}	1×10^{-4}
5	11	2×10^{-4}	2×10^{-4}

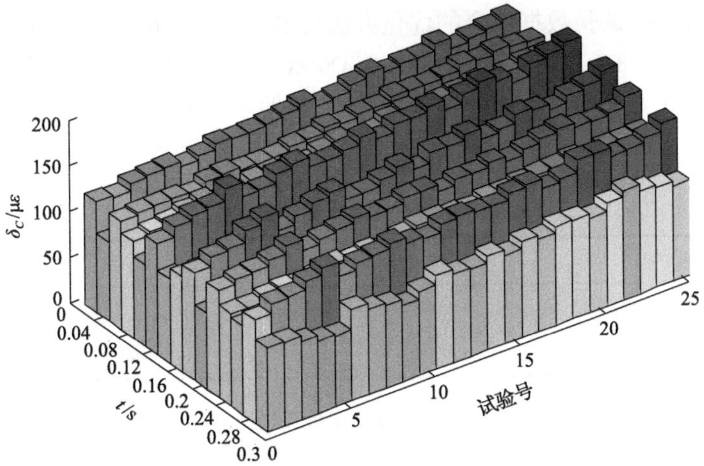

图 8.35　正交设计试验结果

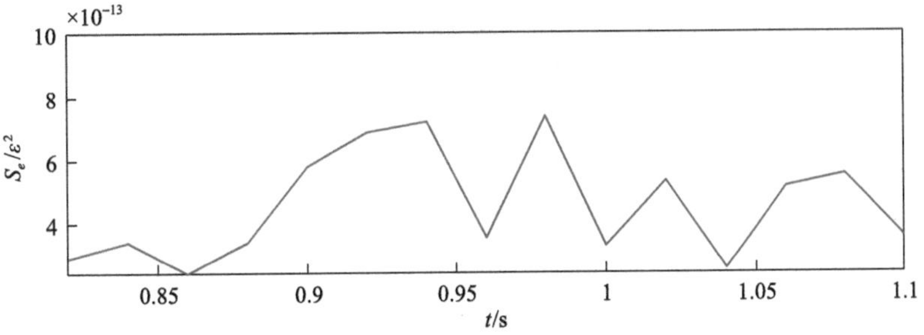

(a) 均方误差

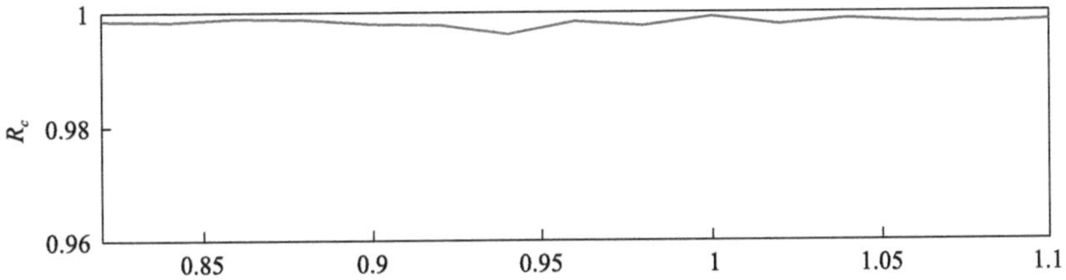

(b) 拟合相关系数

图 8.36　相关拟合系数

将由 25 组补充试验方案(图8.34)所得的数据与该神经网络拟合模型生成的数据进行对比分析，可得 $S_e = 9.4\times10^{-11}\varepsilon^2$，$R_c$=0.9395，说明该拟合模型具有一定的合理性。

运用蒙特卡罗法计算该神经网络拟合模型的可靠度,其结果与 7.6.1 节可靠性计算方法所得结果如表 8.6 所示。进一步，运用遗传算法对该神经网络模型进行可靠度优化计算(试验数据拟合的优化方法),其结果与 7.6.2 节可靠度优化方法所得结果对比如表 8.7 所示。对比可知，试验数据拟合的优化方法所得可靠度结果与 7.6.2 节优化方法计算结果的误差均较小,说明本节理论分析方法具有较高的准确性。

表 8.6 可靠度计算结果对比

计算方法	R_{s1}	R_{s2}	R_{s3}	R
试验数据拟合的优化方法	0.9904	1	1	0.9904
7.6.1 节计算方法	0.9921	1	0.9999	0.9920

表 8.7 可靠度优化计算结果对比

计算方法	优化结果	可靠度
试验数据拟合的优化方法	1.55×10^{-4}	>0.9995
7.6.2 节优化方法	1.46×10^{-4}	>0.9995

参考文献

[1] Dai J S, Rees Jones J. Mobility in metamorphic mechanisms of foldable/erectable kinds[J]. Journal of Mechanical Design, 1999, 121(3): 375-382.

[2] Gan D M, Dai J S, Liao Q Z. Constraint analysis on mobility change of a novel metamorphic parallel mechanism[J]. Mechanism and Machine Theory, 2010, 45(12): 1864-1876.

[3] Ye W, Fang Y F, Zhang K T, et al. Mobility variation of a family of metamorphic parallel mechanisms with reconfigurable hybrid limbs[J]. Robotics and Computer-Integrated Manufacturing, 2016, 41: 145-162.

[4] Xu K, Li L, Bai S P, et al. Design and analysis of a metamorphic mechanism cell for multistage orderly deployable/retractable mechanism[J]. Mechanism and Machine Theory, 2017, 111: 85-98.

[5] Tian H B, Ma H W, Ma K. Method for configuration synthesis of metamorphic mechanisms based on functional analyses[J]. Mechanism and Machine Theory, 2018, 123: 27-39.

[6] Wang R G, Liao Y F, Dai J S, et al. The isomorphic design and analysis of a novel plane-space polyhedral metamorphic mechanism[J]. Mechanism and Machine Theory, 2019, 131: 152-171.

[7] Jia G L, Li B, Huang H L, et al. Type synthesis of metamorphic mechanisms with scissor-like linkage based on different kinds of connecting pairs[J]. Mechanism and Machine Theory, 2020, 151: 103848.

[8] Kang X, Feng H J, Dai J S, et al. High-order based revelation of bifurcation of novel Schatz-inspired metamorphic mechanisms using screw theory[J]. Mechanism and Machine Theory, 2020, 152: 103931.

[9] Yang Q, Hao G B, Li S J, et al. Practical structural design approach of multiconfiguration planar single-loop metamorphic mechanism with a single actuator[J]. Chinese Journal of Mechanical Engineering, 2020, 33(1): 77.

[10] Chai X H, Kang X, Gan D M, et al. Six novel 6R metamorphic mechanisms induced from three-series-connected Bennett linkages that vary among classical linkages[J]. Mechanism and Machine Theory, 2021, 156: 104133.

[11] Han Y C, Guo W Z, Peng Z K, et al. Dimensional Synthesis of the reconfigurable legged mobile lander with multi-mode and complex mechanism topology[J]. Mechanism and Machine Theory, 2021, 155: 104097.

[12] Dai J S, Wang D L, Cui L. Orientation and workspace analysis of the multifingered metamorphic hand—Metahand[J]. IEEE Transactions on Robotics, 2009, 25(4): 942-947.

[13] Cui L, Dai J S. Reciprocity-based singular value decomposition for inverse kinematic analysis of the metamorphic multifingered hand[J]. Journal of Mechanisms and Robotics, 2012, 4(3):

34502-34506.

[14] Wei G W, Dai J S, Wang S X, et al. Kinematic analysis and prototype of a metamorphic anthropomorphic hand with a reconfigurable palm[J]. International Journal of Humanoid Robotics, 2011, 8(3): 459-479.

[15] Tang Z, Qi P, Dai J S. Mechanism design of a biomimetic quadruped robot[J]. Industrial Robot: An International Journal, 2017, 44(4): 512-520.

[16] Zhang C S, Dai J S. Continuous static gait with twisting trunk of a metamorphic quadruped robot[J]. Mechanical Sciences, 2018, 9(1): 1-14.

[17] Zhang C S, Dai J S. Trot gait with twisting trunk of a metamorphic quadruped robot[J]. Journal of Bionic Engineering, 2018, 15(6): 971-981.

[18] Zhang C S, Zhang C, Dai J S, et al. Stability margin of a metamorphic quadruped robot with a twisting trunk[J]. Journal of Mechanisms and Robotics, 2019, 11(6): 064501.

[19] 王圣捷，戴建生．变胞四足机器人倾覆后的变胞恢复机理及其特性研究[J]．中国机械工程，2021, 32(11): 1274-1282, 1292.

[20] Chen I M, Li H S, Cathala A. Mechatronic design and locomotion of amoebot—A metamorphic underwater vehicle[J]. Journal of Robotic Systems, 2003, 20(6): 307-314.

[21] Xu K, Ding X L. Typical gait analysis of a six-legged robot in the context of metamorphic mechanism theory[J]. Chinese Journal of Mechanical Engineering, 2013, 26(4): 771-783.

[22] 张满慧，胡逢源，胡胜海，等．空间变胞机构运动及误差的全构态四元数模型[J]．哈尔滨工程大学学报, 2015, 36(9): 1252-1258.

[23] Hu S H, Zhang M H, Zhang B P, et al. Design and accuracy analysis of a metamorphic CNC flame cutting machine for ship manufacturing[J]. Chinese Journal of Mechanical Engineering, 2016, 29(5): 930-943.

[24] 牛建业，王洪波，史洪敏，等．变自由度轮足复合机器人轨迹规划验证及步态研究[J]．农业工程学报, 2017, 33(23): 38-47.

[25] 荣誉，曲梦可．基于变胞机构的性能可变机械臂研制[J]．机械工程学报，2018, 54(15): 41-51, 59.

[26] 刘超，谭稀岑，姚燕安，等．一种新型可变形轮腿式机器人的设计与分析[J]．机械工程学报, 2022, 58(3): 65-74.

[27] Russo M, Herrero S, Altuzarra O, et al. Kinematic analysis and multi-objective optimization of a 3-UPR parallel mechanism for a robotic leg[J]. Mechanism and Machine Theory, 2018, 120: 192-202.

[28] Du X Q, Li Y C, Wang P C, et al. Design and optimization of solar tracker with U-PRU-PUS parallel mechanism[J]. Mechanism and Machine Theory, 2021, 155: 104107.

[29] 田保林，于海涛，高海波，等．一种垂直起降运载器支腿构型设计与尺度优化[J]．机械工

程学报, 2021, 57(15): 33-44.

[30] 胡建平, 靳合琦, 常燕超, 等. 基于Delta并联机构钵苗移栽机器人尺度综合与轨迹规划[J]. 农业机械学报, 2017, 48(5): 28-35.

[31] Zhang D S, Xu Y D, Yao J T, et al. Analysis and optimization of a spatial parallel mechanism for a new 5-DOF hybrid serial-parallel manipulator[J]. Chinese Journal of Mechanical Engineering, 2018, 31(3): 54-63.

[32] Nabavi S N, Shariatee M, Enferadi J, et al. Parametric design and multi-objective optimization of a general 6-PUS parallel manipulator[J]. Mechanism and Machine Theory, 2020, 152: 103913.

[33] Zhao J, Wu C C, Yang G L, et al. Kinematics analysis and workspace optimization for a 4-DOF 3T1R parallel manipulator[J]. Mechanism and Machine Theory, 2022, 167(2): 104484.

[34] Salunkhe D H, Michel G, Kumar S, et al. An efficient combined local and global search strategy for optimization of parallel kinematic mechanisms with joint limits and collision constraints[J]. Mechanism and Machine Theory, 2022, 173: 104796.

[35] Zhang W X, Wu T, Ding X L. An optimization method for a novel parallel metamorphic mechanism[C]. Proceeding of the 11th World Congress on Intelligent Control and Automation, Shenyang, 2014: 3642-3647.

[36] Zhang W X, Wu T, Ding X L. An optimization method for metamorphic mechanisms based on multidisciplinary design optimization[J]. Chinese Journal of Aeronautics, 2014, 27(6): 1612-1618.

[37] 曲梦可, 王洪波, 荣誉. 军用轮、腿混合四足机器人设计[J]. 兵工学报, 2018, 39(4): 787-797.

[38] 孙伟. 平面连杆变胞机构构型综合推演方法及应用[D]. 武汉: 武汉科技大学, 2019.

[39] Chen H Q, Zhou N Q, Wang R G. Design and dimensional optimization of a controllable metamorphic palletizing robot[J]. IEEE Access, 2020, 8: 123061-123074.

[40] 康熙, 戴建生. 机构学中机构重构的理论难点与研究进展: 变胞机构演变内涵、分岔机理、设计综合及其应用[J]. 中国机械工程, 2020, 31(1): 57-71.

[41] 田娜, 丁希仑, 戴建生. 一种新型的变结构轮/腿式探测车机构设计与分析[C]. 第十四届全国机构学学术研讨会暨第二届海峡两岸机构学学术交流会, 重庆, 2004: 278-280.

[42] 张克涛, 方跃法, 房海蓉. 基于变胞原理的一种探测车机构设计与分析[J]. 北京航空航天大学学报, 2007, 33(7): 838-841.

[43] Dai Z D, Sun J R. A biomimetic study of discontinuous-constraint metamorphic mechanism for gecko-like robot[J]. Journal of Bionic Engineering, 2007, 4(2): 91-95.

[44] Bruzzone L, Bozzini G. A flexible joints microassembly robot with metamorphic gripper[J]. Assembly Automation, 2010, 30(3): 240-247.

[45] Gao C, Huang H, Li Y, et al. Design and analysis of a three-fingered deployable metamorphic robotic grasper[J]. Journal of Mechanical Design, 2022, 144(8): 083302.
[46] 丁希仑, 徐坤. 一种新型变结构轮腿式机器人的设计与分析[J]. 中南大学学报(自然科学版), 2009, 40(S1): 91-101.
[47] 甄伟鲲, 康熙, 张新生, 等. 一种新型四足变胞爬行机器人的步态规划研究[J]. 机械工程学报, 2016, 52(11): 26-33.
[48] 金子涵, 侯宇, 王强, 等. 基于变胞机构的仿生爬管机器人结构设计与力学分析[J]. 机械传动, 2021, 45(11): 92-98.
[49] 张程, 张卓. 码垛机器人运动学分析及关节空间轨迹规划研究[J]. 组合机床与自动化加工技术, 2020(2): 19-21,25.
[50] Zhang C, Zhang Z. Research on joint space trajectory planning of SCARA robot based on SimMechanics[C]. IEEE 3rd Information Technology, Networking, Electronic and Automation Control Conference (ITNEC), Chengdu, 2019: 1446-1450.
[51] Zhao R, Ratchev S. On-line trajectory planning with time-variant motion constraints for industrial robot manipulators[C]. IEEE International Conference on Robotics and Automation (ICRA), Singapore, 2017: 3748-3753.
[52] 张玲. 基于三次样条曲线的码垛机器人平滑轨迹规划方法[J]. 高技术通讯, 2018, 28(1): 78-82.
[53] Gasparetto A, Zanotto V. A new method for smooth trajectory planning of robot manipulators[J]. Mechanism and Machine Theory, 2007, 42(4): 455-471.
[54] 朱世强, 刘松国, 王宣银, 等. 机械手时间最优脉动连续轨迹规划算法[J]. 机械工程学报, 2010, 46(3): 47-52.
[55] 管成, 王飞, 张登雨. 基于 NURBS 的挖掘机器人时间最优轨迹规划[J]. 吉林大学学报(工学版), 2015, 45(2): 540-546.
[56] 王喆, 曾侠, 刘松涛, 等. 一种 2 自由度高速并联机械手的轨迹规划方法[J]. 天津大学学报(自然科学与工程技术版), 2016, 49(7): 687-694.
[57] 谭冠政, 王越超. 工业机器人时间最优轨迹规划及轨迹控制的理论与实验研究[J]. 控制理论与应用, 2003, 20(2): 185-192.
[58] 曾关平, 王直杰. 基于改进遗传算法的机械臂时间最优轨迹规划[J]. 科技创新与应用, 2020, (22): 6-9.
[59] Sengupta A, Chakraborti T, Konar A, et al. Energy efficient trajectory planning by a robot arm using invasive weed optimization technique[C]. Third World Congress on Nature and Biologically Inspired Computing, Salamanca, 2011: 311-316.
[60] 施祥玲, 方红根. 工业机器人时间-能量-脉动最优轨迹规划[J]. 机械设计与制造, 2018, (6): 254-257.

[61] Han S J, Shan X C, Fu J X, et al. Industrial robot trajectory planning based on improved PSO algorithm[J]. Journal of Physics: Conference Series, 2021, 1820(1): 012185.

[62] 江鸿怀, 金晓怡, 邢亚飞, 等. 基于粒子群优化算法的五自由度机械臂轨迹规划[J]. 机械设计与研究, 2020, 36(1): 107-110.

[63] 陈学锋. 码垛机器人轨迹规划算法研究[J]. 控制工程, 2018, 25(5): 925-929.

[64] Wang J N, Lei X Y. On-line kinematical optimal trajectory planning for manipulator[C]. 10th International Conference on Intelligent Human-Machine Systems and Cybernetics (IHMSC), Hangzhou, 2018: 319-323.

[65] 浦玉学, 舒鹏飞, 蒋祺, 等. 工业机器人时间-能量最优轨迹规划[J]. 计算机工程与应用, 2019, 55(22): 86-90, 151.

[66] 王汝贵, 董奕辰, 陈辉庆. 一种变胞式工业机器人时间最优轨迹规划[J]. 机械工程学报, 2023, 59(5): 100-111.

[67] 董奕辰. 新型可控变胞式码垛机器人轨迹规划与实现[D]. 南宁: 广西大学, 2022.

[68] 金国光. 变胞机构结构学、运动学及动力学研究[R]. 北京: 北京航空航天大学, 2003.

[69] Jin G G. Dynamic modeling of metamorphic mechanism[J]. Chinese Journal of Mechanical Engineering (English Edition), 2003, 16(1): 94.

[70] 金国光, 丁希仑, 张启先. 变胞机构全构态动力学模型及其数值仿真研究[J]. 航空学报, 2004, 25(4): 401-405.

[71] 金国光, 贠今天, 杨世明, 等. 柔性变胞机构动力学建模及仿真研究[J]. 华中科技大学学报(自然科学版), 2008, 36(11): 76-79.

[72] Yun J T, Jin G G, Li K. Study on dynamic modeling and variable structure control of spaceborne antenna with multi-configuration[C]. International Conference on Information Technology and Computer Science, Washington D.C., 2009: 605-608.

[73] 刘艳茹, 金国光, 畅博彦. 双连杆柔性变胞机构的动力学[J]. 机械设计与研究, 2015, 31(3): 13-16.

[74] 杨世明, 金国光, 贠今天, 等. 变胞机构冲击运动的研究[J]. 中国机械工程, 2009, 20(13): 1608-1612.

[75] Zhang W X, Ding X L. Research on configuration transformation and kinematics of metamorphic mechanism for operating the hatch door[C]. 7th World Congress on Intelligent Control and Automation, Chongqing, 2008: 9066-9071.

[76] Gan D, Dai J S, Dias J. Unified inverse dynamics of variable topologies of a metamorphic parallel mechanism using screw theory[J]. Transactions of the ASME: Journal of Mechanical Design, 2013, 5(3): 031004.

[77] 畅博彦, 刘艳茹, 金国光. 3PUS-S(P)变胞并联机构逆动力学分析[J]. 农业机械学报, 2014, 45(11): 317-323.

[78] Chang B Y, Jin G G. Kinematic and dynamic analysis of a 3PUS-S(P) parallel metamorphic mechanism used for bionic joint[M]//Ding X, Kong X, Dai J. Advances in Reconfigurable Mechanisms and Robots II. Cham: Springer, 2016: 471-480.

[79] 金国光, 吴文娟, 畅博彦, 等. 3PUS-S(P)变胞并联机构力传递性能研究[J]. 机械科学与技术, 2016, 35(12): 1817-1823.

[80] Valsamos C, Moulianitis V C, Synodinos A I, et al. Introduction of the high performance area measure for the evaluation of metamorphic manipulator anatomies[J]. Mechanism and Machine Theory, 2015, 86: 88-107.

[81] 胡胜海, 郭春阳, 余伟, 等. 基于变胞原理的舰炮装填机构刚-柔耦合动力学建模及误差分析[J]. 兵工学报, 2015, 36(8): 1398-1404.

[82] 荣誉, 刘双勇, 王洪斌, 等. 一种3-DOF并联机械手的研制[J]. 中国机械工程, 2018, 29(3): 253-261.

[83] Rong Y, Zhang X C, Qu M K. Unified inverse dynamics for a novel class of metamorphic parallel mechanisms[J]. Applied Mathematical Modelling, 2019, 74: 280-300.

[84] Yang X Z, Sun J, Lam H K, et al. Fuzzy model based stability analysis of the metamorphic robotic palm[J]. IFAC-PapersOnLine, 2017, 50(1): 8630-8635.

[85] 李烨勋. 新型可控变胞式码垛机器人机构非线性动力学研究[D]. 南宁: 广西大学, 2015.

[86] 王汝贵, 陈辉庆, 戴建生. 新型可控变胞式码垛机器人机构动态稳定性研究[J]. 机械工程学报, 2017, 53(13): 39-47.

[87] Wang R G, Chen H Q, Li Y X, et al. Super harmonic resonance analysis of a novel controllable metamorphic palletizing robot mechanism with impact as its configuration change[M]//Tan J, Gao F, Xiang C. International Conference on Mechanical Design. Singapore: Springer, 2018: 1273-1289.

[88] Zhang W X, Liu F, Lv Y X, et al. Design and analysis of a metamorphic mechanism for automated fibre placement[J]. Mechanism and Machine Theory, 2018, 130: 463-476.

[89] 李树军, 王洪光, 李小彭, 等. 面向作业任务的约束变胞机构设计方法[J]. 机械工程学报, 2018, 54(3): 26-35.

[90] 刘秀莲. 并联变胞切割机构的构型综合与性能优化研究[D]. 哈尔滨: 哈尔滨工程大学, 2018.

[91] Song Y Q, Ma X S, Dai J S. A novel 6R metamorphic mechanism with eight motion branches and multiple furcation points[J]. Mechanism and Machine Theory, 2019, 142: 1-19.

[92] 宋艳艳, 畅博彦, 金国光, 等. 变胞机构构态切换时的冲击问题分析与仿真研究[J]. 机械工程学报, 2020, 56(17): 48-58.

[93] Song Y Y, Chang B Y, Jin G G, et al. An approach for the impact dynamic modeling and simulation of planar constrained metamorphic mechanism[J]. Shock and Vibration, 2020, 2020:

1-18.

[94] Song Y Y, Chang B Y, Jin G G, et al. Research on dynamics modeling and simulation of constrained metamorphic mechanisms[J]. Iranian Journal of Science and Technology, Transactions of Mechanical Engineering, 2021, 45(2): 321-336.

[95] 宋艳艳, 金国光, 畅博彦, 等. 基于综合性能指标的串联变胞机器人冲击性能优化[J]. 机械工程学报, 2021, 57(23): 66-76.

[96] 李小彭, 郭军强, 孙万琪, 等. 混合工作模式欠驱动手设计及其接触力分析[J]. 机械工程学报, 2021, 57(1): 8-18.

[97] 周杨, 畅博彦, 金国光, 等. 面向变胞机构动力学建模的变拓扑构型数学描述方法[J]. 机械工程学报, 2022, 58(9): 49-61.

[98] Chen H Q, Wang R G, Dong Y C, et al. Dynamic reliability analysis for configuration transformation of a controllable metamorphic palletizing robot[J]. Proceedings of the Institution of Mechanical Engineers, Part C: Journal of Mechanical Engineering Science, 2022, 236(10): 5208-5222.

[99] Wang R G, Chen H Q, Dong Y C, et al. Reliability analysis and optimization of dynamics of metamorphic mechanisms with multiple failure modes[J]. Applied Mathematical Modelling, 2023, 117: 431-450.

[100] 陈辉庆. 新型可控变胞式码垛机器人动态可靠性研究[D]. 南宁: 广西大学, 2022.

[101] 张义民. 机械可靠性设计的内涵与递进[J]. 机械工程学报, 2010, 46(14): 167-188.

[102] 张义民, 孙志礼. 机械产品的可靠性大纲[J]. 机械工程学报, 2014, 50(14): 14-20.

[103] 何正嘉, 曹宏瑞, 訾艳阳, 等. 机械设备运行可靠性评估的发展与思考[J]. 机械工程学报, 2014, 50(2): 171-186.

[104] 谢里阳. 机械可靠性理论、方法及模型中若干问题评述[J]. 机械工程学报, 2014, 50(14): 27-35.

[105] 张义民. 机械动态与渐变可靠性理论与技术评述[J]. 机械工程学报, 2013, 49(20): 101-114.

[106] Vanmarcke E. Random Fields, Analysis and Synthesis[M]. Cambridge: MIT Press, 1984.

[107] Haldar A, Mahadevan S. Probability, Reliability, and Statistical Methods in Engineering Design[M]. New York: John Wiley & Sons, 2000.

[108] Zhao Y G, Ono T. Moment methods for structural reliability[J]. Structural Safety, 2001, 23(1): 47-75.

[109] 刘善维. 机械零件的可靠性优化设计[M]. 北京: 中国科学技术出版社, 1993.

[110] Adelman H M, Haftka R T. Sensitivity analysis of discrete structural systems[J]. AIAA Journal, 1986, 24: 823-832.

[111] Robinson T J, Borror C M, Myers R H. Robust parameter design: A review[J]. Quality and

Reliability Engineering International, 2004, 20(1): 81-101.

[112] Zang C, Friswell M I, Mottershead J E. A review of robust optimal design and its application in dynamics[J]. Computer and Structures, 2005, 83(4-5): 315-326.

[113] Yu S, Wang Z L. A novel time-variant reliability analysis method based on failure processes decomposition for dynamic uncertain structures[J]. Journal of Mechanical Design, 2018, 140(5): 051401.

[114] Kanjilal O, Manohar C S. Estimation of time-variant system reliability of nonlinear randomly excited systems based on the Girsanov transformation with state-dependent controls[J]. Nonlinear Dynamics, 2019, 95(2): 1693-1711.

[115] Li H S, Wang T, Yuan J Y, et al. A sampling-based method for high-dimensional time-variant reliability analysis[J]. Mechanical Systems and Signal Processing, 2019, 126: 505-520.

[116] Qian H M, Li Y F, Huang H Z. Time-variant system reliability analysis method for a small failure probability problem[J]. Reliability Engineering and System Safety, 2021, 205: 107261.

[117] Lu C, Fei C W, Feng Y W, et al. Probabilistic analyses of structural dynamic response with modified Kriging-based moving extremum framework[J]. Engineering Failure Analysis, 2021, 125: 105398.

[118] Keshtegar B, Bagheri M, Fei C W, et al. Multi-extremum-modified response basis model for nonlinear response prediction of dynamic turbine blisk[J]. Engineering with Computers, 2021, 38(2): 1243-1254.

[119] Fei C W, Liu H T, Liem P R, et al. Hierarchical model updating strategy of complex assembled structures with uncorrelated dynamic modes[J]. Chinese Journal of Aeronautics, 2022, 35(3): 281-296.

[120] 崔允浩, 李树军. 变胞机构构态变换可靠性分析模型[J]. 机械与电子, 2016, 34(1): 31-34.

[121] 孙本奇, 杨强, 孙志礼, 等. 平面约束变胞机构构态切换能力的概率评估模型[J]. 航空学报, 2023, 44(4): 266-278.

[122] 刘胜利, 王兴东, 孔建益, 等. 多源不确定性下平面变胞机构运动可靠性分析[J]. 机械工程学报, 2021, 57(17): 64-75.

[123] 张义民, 贺向东, 刘巧伶, 等. 非正态分布参数的车辆零件可靠性稳健设计[J]. 机械工程学报, 2005, 41(11): 102-108.

[124] 张义民, 黄贤振, 贺向东, 等. 平面连杆机构运动精度可靠性灵敏度设计[J]. 工程设计学报, 2008, 15(1): 25-28.

[125] 张义民, 黄贤振, 张旭方, 等. 不完全概率信息牛头刨床机构运动精度的可靠性优化设计[J]. 中国机械工程, 2008, (19): 2355-2358.

[126] Yang Z, Zhang Y M, Zhang X F, et al. Reliability sensitivity-based correlation coefficient calculation in structural reliability analysis[J]. Chinese Journal of Mechanical Engineering,

2012, 25(3): 608-614.

[127] Zhou D, Zhang X F, Zhang Y M. Dynamic reliability analysis for planetary gear system in shearer mechanisms[J]. Mechanism and Machine Theory, 2016, 105: 244-259.

[128] Zhang X F, He W, Zhang Y M, et al. An effective approach for probabilistic lifetime modelling based on the principle of maximum entropy with fractional moments[J]. Applied Mathematical Modelling, 2017, 51: 626-642.

[129] Wang W, Zhang Y M, Li C Y, et al. Effects of wear on dynamic characteristics and stability of linear guides[J]. Meccanica, 2017, 52(11): 2899-2913.

[130] Huang X Z, Li Y X, Zhang Y M, et al. A new direct second-order reliability analysis method[J]. Applied Mathematical Modelling, 2018, 55: 68-80.

[131] 吕震宙, 岳珠峰, 张文博. 弹性连杆机构广义刚度可靠性分析的数值模拟法[J]. 计算力学学报, 2004, 21(1): 62-66.

[132] Lu Z Z, Sun J. General response surface reliability analysis for fuzzy-random uncertainty both in basic variables and in state variables[J]. Chinese Journal of Aeronautics, 2005, 18(2): 116-121.

[133] 张春宜, 白广忱, 向敬忠. 基于极值响应面法的柔性机构可靠性优化设计[J]. 哈尔滨工程大学学报, 2010, 31(11): 1503-1508.

[134] 韩彦彬, 白广忱, 李晓颖, 等. 柔性机构动态可靠性分析的新方法[J]. 计算力学学报, 2014, 31(3): 291-296.

[135] Fei C W, Choy Y S, Hu D Y, et al. Dynamic probabilistic design approach of high-pressure turbine blade-tip radial running clearance[J]. Nonlinear Dynamics, 2016, 86(1): 205-223.

[136] Song L K, Fei C W, Bai G C, et al. Dynamic neural network method-based improved PSO and BR algorithms for transient probabilistic analysis of flexible mechanism[J]. Advanced Engineering Informatics, 2017, 33: 144-153.

[137] Fei C W, Choy Y S, Bai G C, et al. Multi-feature entropy distance approach with vibration and acoustic emission signals for process feature recognition of rolling element bearing faults[J]. Structural Health Monitoring, 2018, 17(2): 156-168.

[138] Song L K, Bai G C, Fei C, et al. Transient probabilistic design of flexible multibody system using a dynamic fuzzy neural network method with distributed collaborative strategy[J]. Proceedings of the Institution of Mechanical Engineers, Part G: Journal of Aerospace Engineering, 2018, 233: 4077-4090.

[139] Wang W X, Gao H S, Zhou C C, et al. Reliability analysis of motion mechanism under three types of hybrid uncertainties[J]. Mechanism and Machine Theory, 2018, 121: 769-784.

[140] Wang Z H, Wang Z L, Yu S, et al. Time-dependent mechanism reliability analysis based on envelope function and vine-copula function[J]. Mechanism and Machine Theory, 2019, 134:

667-684.
[141] Zhang F, Xu X Y, Cheng L, et al. Mechanism reliability and sensitivity analysis method using truncated and correlated normal variables[J]. Safety Science, 2020, 125: 1.
[142] Gao Y, Zhang F, Li Y Y. Reliability optimization design of a planar multi-body system with two clearance joints based on reliability sensitivity analysis[J]. Proceedings of the Institution of Mechanical Engineers, Part C: Journal of Mechanical Engineering Science, 2019, 233(4): 1369-1382.
[143] Zhan Z H, Zhang X M, Jian Z C, et al. Error modelling and motion reliability analysis of a planar parallel manipulator with multiple uncertainties[J]. Mechanism and Machine Theory, 2018, 124: 55-72.
[144] Zhan Z H, Zhang X M, Zhang H D, et al. Unified motion reliability analysis and comparison study of planar parallel manipulators with interval joint clearance variables[J]. Mechanism and Machine Theory, 2019, 138: 58-75.
[145] Geng X Y, Li M, Liu Y F, et al. Non-probabilistic kinematic reliability analysis of planar mechanisms with non-uniform revolute clearance joints[J]. Mechanism and Machine Theory, 2019, 140: 413-433.
[146] Zhuang X C, Yu T X, Liu J Y, et al. Kinematic reliability evaluation of high-precision planar mechanisms experiencing non-uniform wear in revolute joints[J]. Mechanical Systems and Signal Processing, 2022, 169: 108748.
[147] Chen X L, Gao S. Dynamic accuracy reliability modeling and analysis of planar multi-link mechanism with revolute clearances[J]. European Journal of Mechanics—A/Solids, 2021, 90: 104317.
[148] 王汝贵，陈辉庆. 变胞机构多失效模式运动可靠性分析与优化[J]. 机械工程学报，2021, 57(11): 184-194.
[149] 王汝贵，陈辉庆，董奕辰. 可控变胞式码垛机器人非线性动态可靠性分析[J]. 机械工程学报, 2023, 59(11): 189-200.
[150] 高峰. 机构学研究现状与发展趋势的思考[J]. 机械工程学报, 2005, 41(8): 3-17.
[151] 刘辛军，谢福贵，汪劲松. 当前中国机构学面临的机遇[J]. 机械工程学报，2015, 51(13): 2-12.
[152] 王汝贵，陈辉庆，孙家兴，等. 一种变胞机构式码垛机器人：201711082276.9[P]. 2018-9-21.
[153] 王汝贵，陈辉庆. 一种变胞式码垛机器人: 202011042641.5[P]. 2020-09-28.
[154] Ting K L, Liu Y W. Rotatability laws for *N*-bar kinematic chains and their proof[J]. Journal of Mechanical Design, 1991, 113(1): 32-39.
[155] 李辉. 混合驱动可控压力机的基础理论研究[D]. 天津：天津大学, 2003.

[156] Gao F, Zhao X Q, Zhang Y S. Distribution of some properties in physical model of the solution space of 2-DOF parallel planar manipulators[J]. Mechanism and Machine Theory, 1995, 30(6): 811-817.

[157] Salisbury J K, Craig J J. Articulated hands: Force control and kinematic issues[J]. The International Journal of Robotics Research, 1982, 1(1): 4-17.

[158] 黄田, 汪劲松, Whitehouse D J. Stewart 并联机器人局部灵活度与各向同性条件解析[J]. 机械工程学报, 1999, 35(5): 41-46.

[159] Yoshikawa T. Dynamic manipulability of robot manipulators[C]. Proceedings of 1985 IEEE International Conference on Robotics and Automation, St. Louis, 1985: 1033-1038.

[160] 邵克勇, 王婷婷, 宋金波. 最优控制理论与应用[M]. 北京: 化学工业出版社, 2011.

[161] Zhao Y. Intelligent control and planning for industrial robots[D]. Berkeley: University of California, Berkeley, 2018.

[162] 孙军艳, 陈智瑞, 牛亚儒, 等. 基于嵌套遗传算法的拣货作业联合优化[J]. 计算机应用, 2020, 40(12): 3687-3694.

[163] 刘闯, 于忠清, Yu J Q, 等. 求解分布式混合流水线调度问题的改进双层嵌套式遗传算法[J]. 现代制造工程, 2020, (4): 27-35,12.

[164] 张友鹏, 苏中集, 石磊, 等. 基于嵌套粒子群结构的复杂系统维修决策优化方法[J]. 计算机集成制造系统, 2023, 29(11): 3800-3811.

[165] 钟伟杰, 李小兵, 常昊天, 等. 基于嵌套 PSO 算法的反无人机集群防空部署模型[J]. 电光与控制, 2021, 28(12): 6-10,16.

[166] 段旭洋, 王皓, 赵勇, 等. 基于嵌套粒子群算法的平面机构尺度综合与构型优选[J]. 机械工程学报, 2013, 49(13): 32-39.

[167] 王峻峰, 励敏, 李世其. 基于复合嵌套分割算法的装配序列规划[J]. 机械制造与自动化, 2017, 46(1): 39-42, 136.

[168] 邹汪平. 基于嵌套细菌觅食优化算法的 WSN 分簇路由协议研究[J]. 攀枝花学院学报, 2016, 33(5): 32-36.

[169] 张勇, 巩敦卫. 先进多目标粒子群优化理论及其应用[M]. 北京: 科学出版社, 2016.

[170] 张策, 黄永强, 王子良, 等. 弹性连杆机构的分析与设计[M]. 2 版. 北京: 机械工业出版社, 1997.

[171] John J C. Introduction to Robotics[M]. New York: Addison-Wesley Publishing Company, 1986.

[172] 陈树辉. 强非线性振动系统的定量分析方法[M]. 北京: 科学出版社, 2007.

[173] 单德山, 李乔. 车桥耦合振动分析的数值方法[J]. 重庆交通学院学报, 1999, 18(3): 14-20.

[174] 秦元勋. 运动稳定性理论与应用[M]. 北京: 科学出版社, 1981.

[175] 吕金虎, 陆君安, 陈士华. 混沌时间序列分析及其应用[M]. 武汉: 武汉大学出版社, 2002.

[176] 罗利军, 李银山, 李彤, 等. 李雅普诺夫指数谱的研究与仿真[J]. 计算机仿真, 2005, 22(12): 285-288.

[177] Wolf A, Swift J B, Swinney H L, et al. Determining Lyapunov exponents from a time series[J]. Physica D: Nonlinear Phenomena, 1985, 16(3): 285-317.

[178] Eckmann J P, Ruelle D. Ergodic theory of chaos and strange attractors[J]. Reviews of Modern Physics, 1985, 57(3): 617-656.

[179] 杨绍清, 章新华, 赵长安. 一种最大李雅普诺夫指数估计的稳健算法[J]. 物理学报, 2000, 49(4): 636-640.

[180] Rosenstein M T, Collins J J, de Luca C J. A practical method for calculating largest Lyapunov exponents from small data sets[J]. Physica D: Nonlinear Phenomena, 1993, 65(1-2): 117-134.

[181] Kantz H. A robust method to estimate the maximal Lyapunov exponent of a time series[J]. Physics Letters A, 1994, 185(1): 77-87.

[182] 梁勇, 孟桥, 陆佶人. Lyapunov 指数的算法改进与加权预测[J]. 声学技术, 2006, 25(5): 463-467.

[183] 陈敏芳. 基于混沌理论和BP网络的气温预测技术与方法研究[D]. 南京: 南京信息工程大学, 2011.

[184] Packard N H, Crutchfield J P, Farmer J D, et al. Geometry from a time series[J]. Physical Review Letters, 1980, 45(9): 712-716.

[185] 陈铿, 韩伯棠. 混沌时间序列分析中的相空间重构技术综述[J]. 计算机科学, 2005, 32(4): 67-70.

[186] Brock W A, Hsieh D A, LeBaron B. Nonlinear Dynamics, Chaos, and Instability: Statistical Theory and Economic Evidence[M]. Cambridge: MIT Press, 1991.

[187] Kim H S, Eykholt R, Salas J D. Nonlinear dynamics, delay times, and embedding windows[J]. Physica D: Nonlinear Phenomena, 1999, 127(1-2): 48-60.

[188] Kugiumtzis D. State space reconstruction parameters in the analysis of chaotic time series—The role of the time window length[J]. Physica D: Nonlinear Phenomena, 1996, 95(1): 13-28.

[189] 龚祝平. 混沌时间序列的平均周期计算方法[J]. 系统工程, 2010, 28(12): 111-113.

[190] 郭书祥, 吕震宙, 冯元生. 基于区间分析的结构非概率可靠性模型[J]. 计算力学学报, 2001, 18(1): 56-60.

[191] 陈建军. 机械与结构系统的可靠性[M]. 西安: 西安电子科技大学出版社, 1994.

[192] 毛健, 赵红东, 姚婧婧. 人工神经网络的发展及应用[J]. 电子设计工程, 2011, 19(24): 62-65.

[193] 郭海丁, 路志峰. 基于 BP 神经网络和遗传算法的结构优化设计[J]. 航空动力学报, 2003, 18(2): 216-220.

[194] 王宏伟, 邢波, 骆红云. 雨流计数法及其在疲劳寿命估算中的应用[J]. 矿山机械, 2006, 34(3): 95-97.

[195] Huang W B. The frequency domain estimate of fatigue damage of combined load effects based on the rain-flow counting[J]. Marine Structures, 2017, 52: 34-49.

[196] 徐灏. 疲劳强度[M]. 北京: 高等教育出版社, 1988.

[197] Cui C, Zhang Q H, Bao Y, et al. Fatigue life evaluation of welded joints in steel bridge considering residual stress[J]. Journal of Constructional Steel Research, 2019, 153: 509-518.

[198] 王慧, 喻天翔, 雷鸣敏, 等. 运动机构可靠性仿真试验系统体系结构研究[J]. 机械工程学报, 2011, 47(22): 191-198.

[199] Wang H, Yu T X, Pang H, et al. Reliability simulation analysis for complex mechanism based on support vector machine[C]. International Conference on Consumer Electronics, Communications and Networks, Xi'an, 2011: 546-550.

[200] 刘志全, 夏祥东, 宫颖. 航天器开关类机构可靠性验证试验方法[J]. 航天器工程, 2011, 20(6): 126-129.

[201] Wu J N, Yan S Z, Zuo M J. Evaluating the reliability of multi-body mechanisms: A method considering the uncertainties of dynamic performance[J]. Reliability Engineering and System Safety, 2016, 149: 96-106.

[202] 刘柏希, 陈宏石, 屈涛, 等. 多因素耦合下机构运动精度可靠性仿真试验及寿命评估[J]. 机械传动, 2017, 41(7): 119-125.

[203] 王博文, 谢里阳, 樊富友, 等. 考虑共因失效的折叠翼展开机构可靠度分析[J]. 机械工程学报, 2020, 56(5): 161-171.

[204] 王汝贵, 董奕辰, 陈辉庆. 可控变胞码垛机器人控制软件 v1.0: 2020SR1870548[CP/CD]. 2020-12-22.

[205] 任明泉. 基于加速度传感器的运动物体轨迹检测系统的研究[D]. 南京: 南京邮电大学, 2013.